食品加工技术丛书

# 米酒米醋加工技术

于 新　杨鹏斌　编著

中国纺织出版社

## 内 容 提 要

本书共分三章,深入浅出地介绍了酒曲和醋曲的制备,以及常见的80多种米酒、米醋等米类酿造产品的起源、营养价值、原料与配方、加工方法、操作要点及产品特色,内容涉及我国各地区、各民族具有代表性的传统制品以及一些新开发的产品。本书内容全面,条理清晰,易于理解,理论联系实际,具有较好的实用性。

本书可供米酒米醋酿造企业、个体加工作坊、餐饮企业从业人员以及广大城乡居民家庭参考使用。

### 图书在版编目(CIP)数据

米酒米醋加工技术／于新,杨鹏斌编著. — 北京：中国纺织出版社,2014. 6(2024.4重印)

(食品加工技术丛书)

ISBN 978－7－5180－0300－6

Ⅰ.①米… Ⅱ.①于… ②杨… Ⅲ.①糯米酒—食品加工②食用醋—食品加工 Ⅳ.①TS26

中国版本图书馆 CIP 数据核字(2014)第 000663 号

责任编辑:闫婷　　责任设计:品欣排版　　责任设计:王艳丽

中国纺织出版社出版发行

地址:北京市朝阳区百子湾东里 A407 号楼　邮政编码:100124

邮购电话:010— 87155894　传真:010— 87155801

http://www.c-textilep.com

E-mail:faxing@ c-textilep.com

官方微博:http://weibo.com/2119887771

北京虎彩文化传播有限公司印刷　各地新华书店经销

2014 年 6 月第 1 版　　2024 年 4 月第 7 次印刷

开本:880×1230　1/32　印张:8.75

字数:206 千字　定价:28.00 元

# 前　言

　　米酒和米醋制品是我国百姓餐桌上喜闻乐见的一类发酵制品。在中国几千年的饮食文化中，留下了浓墨重彩的一笔。

　　利用微生物进行谷物酿酒的历史，至少可追溯到距今四千多年的龙山文化时期。从各地"龙山文化遗址出土陶器中有不少樽、高脚杯、小壶等酒器"，证明这时期酿酒工艺已相当发达，谷物酒已成为当时较普遍的饮料了。中国历代有很多酿酒名家，如仪狄、杜康、刘白堕等酿酒的传说一直盛传不衰。古代酿酒专著也层出不穷，如公元五世纪北魏贾思勰的著作《齐民要术》，是我国保存最早最完整的一部古农书。这部书第七卷叙述的都是造曲酿酒的方法。像这样详细记述酿酒法的古籍，不仅在国内享誉盛名，而且还曾被译成英文发表，是世界化学工艺史上的重要参考资料。书中有关造曲酿酒的很多操作都与近代发酵工艺相吻合。

　　米醋在我国也已有两千多年的悠久历史，《周礼·天官》中即有"醯人主作酸"的记载。历代对醋的记载不少，《荀子·正名》里有"香、臭、芳、郁、腥、臊、洒、酸、奇臭以鼻异"。《隋书·酷吏传》有"宁饮三升醋，不见崔弘度"。可见当时醋已是普遍的调味品了。食醋是世界性的酸性调味品，在国外醋也具有悠久的历史。另外，醋可用来治疗疾病。西方医学的奠基人，希腊的希波克拉底医师曾经赞赏醋的医疗作用，并对呼吸系统的疾病及疹癣、狂犬咬伤等疾病使用醋治疗。《圣经》中也有食醋能辅助治疗疾病的记载。

1

由于我国饮食文化的多样性,米酒、米醋产品具有种类繁多,风味各异的特点。以醪糟生产为例,在各地都有着自己的特色产品,如四川的蒲江醪糟、清水醪糟,陕西临潼的桂花醪糟等。另外,米醋制品中尤以浙江的玫瑰米醋闻名全国。这些产品都具有悠久的历史,深受大众青睐。

中国的酿造工艺与时俱进,诞生了一批又一批的新型酿造企业及酿造产品。本着传承民族优良传统的精神,旨在让大众了解我国传统酿造工艺的原理,本书就酿造制品中的传统米酒和米醋的加工技术进行整理,同时也介绍了我国近年来在传统工艺的基础上,研发的新型米酒、米醋产品。本书共分为三章,第一章主要介绍了米酒、米醋制品的起源、食用价值、食用方法等。第二章和第三章重点介绍了米酒、米醋制品的原料配方、制作工艺、操作要点和产品特色等内容,旨在为广大读者认识和了解中国传统酿造工艺提供资料,同时也可供米酒、米醋酿造从业者使用,亦可作为科研、教学、检验、管理人员和美食爱好者的参考用书。

本书由仲恺农业工程学院于新、杨鹏斌编著,参加编写人员有马永全、黄雪莲、刘丽、刘文朵、孙萍、王少杰、张素梅、赵春苏、吴少辉、叶伟娟、赵美美。由于作者学识有限,书中不足和错误在所难免,恳请诸位学者、专家多加指教,不胜感谢。

编著者<br>2013 年 11 月

# 目　录

# 第一章　米酒、米醋概述

米酒和米醋都是日常生活中消费者喜爱的产品,其制作过程简单方便,原料和设备也很容易买到,而且此类产品都具有一定药理作用,食用和外敷都能起到很好的辅助治疗效果。此外,烹饪菜肴时加入米酒或米醋不仅能提高菜肴的风味还能赋予菜肴特殊的色泽,所以民间大都喜欢制作风味各异的米酒和米醋产品。本书介绍了国内制作米酒、米醋的传统工艺流程以及近代新型米酒、米醋制品,希望能为广大读者了解和尝试米酒、米醋的制作提供技术支持。

## 第一节　米酒概述

米酒是我们祖先最早酿制的酒种,几千年来一直受到人们的青睐。米酒是以米类(主要是大米类)为原料,加酒曲、酒母等发酵剂边糖化边发酵而成的产品,包括半固体产品和液体产品。半固体产品有醪糟(酒酿、甜酒、江米酒),各地品种浓淡不一,含酒精量较少,属于低度酒,口味香甜醇美,含酒精量极少;液体产品包括酿造米白酒以及部分黄酒。这些产品都是深受人们喜爱的发酵食品。

### 一、米酒史话

米酒是历史上最古老的谷物酿造酒。历史上有"有饭不尽,委余空桑,郁积成味,久蓄气芳"、"空乘秽饭,酝以稷麦,以成醇醪,酒之始也"的记载。著名的酿造学家方心芳先生认为:"仰韶文化前期(六七千年前),天然曲糵向人工曲糵发展,这时谷物酿酒起源了。"也有史

1

学家认为,传说中的神农氏炎帝和轩辕皇帝时代就已经产生了谷物酒酿。照此说法,米酒起源当有万年之久!

如果更可靠一点说,从发明酒曲和酒药算起,米酒的酿造,当在四千到五千年之间。这有新石器时代的酒具、陶器和考古文献证明。黍黄酒起源可能更早一点,甲骨文中有"鬯(古代祭祀用的酒)其酒"之语。鬯,系采用黑黍黄加郁金酿制而成的香酒,是我国最早出现的谷物酒。稻黄酿制的米酒,始于先秦时代。《诗经·豳风·七月》中记载:"八月剥枣,十月获稻。为此春酒,以介眉寿。"

中国米酒在周朝以前由于生产条件限制,品种单调,生产量很小。像商朝只有醴(甜酒)和鬯,基本上是汁渣同吃,酒质混浊、淡甜、单薄苦涩,颜色自然亦称不上漂亮,所以流行范围也不广泛,只能供皇宫贵族祭祀后饮用,《礼记·表记》中记有"粢盛(古代供祭祀用的谷类)盛矩鬯,以事上帝"。

据记载,殷商时代祭祀的规模很宏大,《殷墟书契前编》中有一条卜辞:"祭仰卜,卣(古代酒器,椭圆形),弹鬯百,牛百用。"足见其祭祀规模。

到了周朝,已经有了煮酒、盛酒和饮酒的器具,米酒酿造技术已经达到相当的水平,比如为了酿好和管好酒,他们还设置了"酒正"、"酒人"等官职;同时还制订了类似工艺、分类之文件,有五齐(泛齐、醴齐、盎齐、醍齐、沉齐)三酒(事酒、昔酒、清酒)等规定。酒人负责酿造各类酒汁,以供祭祀之用。祭祀天地先王为大祭,添酒三次;祭祀山川神社为中祭,添酒二次;祭祀风伯雨师为小祭,添酒一次。元老重臣则按票供酒,国王及王后不受此限。这时的酒是专为王室做的,专供统治阶级享用,当然也会流入社会变为商品。

到了东周和秦朝,提出了"唯酒无量,不及乱"的酒德问题。证明这个时期米酒的生产量加大,广泛流入社会后,怕饮酒乱德,引起社会问题。因此一些管理者提出，饮酒是无法约定数量的，要劝导饮酒的人不要过量，以不乱性为度。可能这是最早提出的酒文化问题。

米酒是美妙而奇特的物质，能在人们的社会生活中显现特殊的作用。古人常拿它作激励斗志的物品。《吕氏春秋》记载，"勾践师行之日，有献箪（古代盛饭的圆形竹器）醪者，投之上流，与士卒共饮，战气百倍。"说的是越王勾践为激励伐吴将士，把百姓献上的米酒，倒入江水的上流，与将士共饮，以激发斗志。

到了汉代，米酒的酿造技术已经很成熟，人们掌握了用曲技术，酿酒作坊迅速发展，酿造出更多更好的美酒佳酿。如1968年河北满城发掘出西汉中山靖王墓（刘胜夫妇），内有33件陶质大酒缸，出土时内壁尚有酒干后留下的痕迹，底部有白色粉末状渣子，似为酒的沉淀物。大多数缸的肩部有朱书文字，经辨识为"黍上尊酒十五石"、"甘醪十五石"、"黍酒十一石"、"稻酒十一石""……酒十石"。据考古学家估算共有四百多石，折合现在约4000kg即4吨。一个诸侯，在2100多年前，随葬有如此之多的黍酒和稻酒，而且品位、档次分门别类，确实证明当代酿制米酒的技术和生产能力已达很高水平，普及之广泛程度也十分惊人。

醪糟在南方又叫酒酿、甜酒酿、江米酒、酒娘儿，在北方叫甜米酒，是历史悠久、深受百姓喜爱的一种食品。它不仅能即食，而且还能与多种食品搭配烹调成各种美味可口的佳肴点心，并有一定的滋补调理保健作用。

醪糟的主要原料为糯米，糯米又称江米或酒米，故而醪糟也叫做江米酒。在众多的醪糟中，临潼县所产醪糟最著名，人称临潼醪糟或临潼桂花醪糟。其特点是汁浓味醇，烧开后糯米浮于水面，酒香扑鼻。因临潼有著名的温泉华清池，先前曾是风流天子唐明皇和绝代佳人杨玉环沐浴享乐的所在。而据传临潼醪糟是用温泉水酿制而成,所以平添了几分魅力。

《庄子·盗跖》和《后汉书》中都有关于醪糟的记载,可见醪糟确实历史久远。明人李实在《蜀语》中说:"不去滓酒曰醪糟,以熟糯米为之,故不去糟,即古之醪醴、投醪"。郭沫若《游西安》一文,称"浆米酒即杜甫所谓'浊醪',四川人谓之'醪糟',酒精成分甚少。"其实不只四川人,很多地方的人也把它叫做醪糟。各地均有用醪糟烹饪的菜肴,味道极佳。例如浙江的糟烩鞭笋,上海的糟田螺,北京的糟煨茭白,福建的淡糟鲜竹蛏,陕西的糟肉,都是用醪糟烹饪而成。由此可见醪糟在中国,无论南北、古今,都十分受人喜爱。

## 二、米酒的营养价值

米酒是米类(主要是大米)经过根霉(还有少量的毛霉和酵母)发酵后的产品,化学成分以及物理状态都发生了很大的变化。其中的淀粉转化为小分子的糖类,蛋白质部分分解成氨基酸和肽,脂类的变化以及维生素和矿物质等结合状态的变化都为它的营养功能的提高产生了有效的促进作用。它的营养功能也正是基于这种化学和物理变化而产生的。而且,在发酵的过程中产生的一些风味物质对于它的口味也有很大的提高。

大米中的淀粉转化成单糖和低聚糖,这更有利于它快速补充人体的能量,以及改变口味。主要的单糖和双糖有葡萄糖、果糖、麦芽糖、蔗糖、异麦芽糖。米酒的酸度对于米酒的口味以及刺激消化液的分泌有很重要的作用,这些有机酸大部分是大米淀粉在发酵过程中由根霉发酵产生的。所含的有机酸主有乳酸、乙酸、柠檬酸等。另外,大米中的蛋白质也起着积极的作用,大米中大部分的蛋白质是不溶于水的,经过发酵的过程有部分会被分解成为游离氨基酸和多肽类物质,这对于它的营养提升很有帮助。再有,大米中本身含有大部分的维生素和矿物质,酿制过程中它们的结合形式产生了变化,根霉在发酵时也会产生一些维生素(B 族维生素,维生素 E)和矿物质,也同样提高了米酒的营养价值。

**1. 米酒中的维生素**

米酒中的维生素来自原料和酵母的自溶物。米酒原料(大米、黍米、粟米)含有大量的 B 族维生素。此外,酿酒用的酵母也是维生素的宝库。由于米酒的发酵周期长,酵母细胞自溶释放出的维生素也较多,可作为人体维生素很好的来源。米酒中的 B 族维生素含量远高于啤酒和葡萄酒,例如古越龙山加饭酒中的维生素 $B_1$ 含量为 0.49 ~0.69mg/L,维生素 $B_2$ 含量为 1.50 ~ 1.64mg/L,维生素 PP 含量为 0.83 ~0.86mg/L,维生素 $B_6$ 含量为 2.0 ~4.2mg/L,此外还含维生素 C 5.71 ~43.20mg/L(随贮存期的延长而降低)。维生素 $B_1$ 能促进碳水化合物的氧化,维护神经系统、消化系统和循环系统的正常功能;维生素 $B_2$ 也是人体不可缺少的物质,它能促进蛋白质、碳水化合物的代谢,促进生长,维护皮肤和黏膜的健康,保护视力,刺激乳汁分泌;维生素 PP 能维护神经系统、消化系统和皮肤的正常功能;维生素 $B_6$ 除了对蛋白质的代谢很重要外,还可预防肾结石;维生素 C 有增强机体免疫力、防治坏血病、促进胶原蛋白合成的作用。

**2. 米酒中的营养元素**

米酒中的蛋白质为酒中之最,每升绍兴加饭酒的蛋白质含量达 16g 左右,是啤酒的 4 倍,是红葡萄酒的 16 倍。米酒中的蛋白质绝大部分以肽和氨基酸的形态存在,极易被人体吸收利用。肽除传统意义上的营养功能外,其生理功能是近年来研究的热点之一。氨基酸是重要的营养物质,绍兴米酒中的氨基酸达 21 种之多,其中有 8 种为人体必需氨基酸。绍兴加饭酒中的游离氨基酸含量达 4300 mg/L,其中必需氨基酸含量为 1500mg/L,半必需氨基酸含量为 1200 mg/L。

米酒中已检测出的无机盐有 18 种之多,包括钙、镁、钾、磷等常量元素和铁、铜、锌、硒等微量元素。镁既是人体内糖、脂肪、蛋白质代谢和细胞呼吸酶系统不可缺少的辅助因子,也是维持肌肉神经兴奋和心脏正常功能,保护心血管系统所必需的。人体缺镁时,易发生血管硬化、心肌损害等疾病。米酒含镁 200～300mg/L,比红葡萄酒高 5倍,比白葡萄酒高 10 倍,甚至比鳝鱼、鲫鱼还要高,能很好地满足人体需要。锌具有多种生理功能,是人体 100 多种酶的组成成分,在糖、脂肪和蛋白质等多种代谢及免疫调节过程中起着重要的作用。锌能保护心肌细胞,促进溃疡修复,并与多种慢性病的发生和康复相关。锌是人体内容易缺乏的元素之一。由于我国居民食物结构的局限性,人群中缺锌和由于缺锌而导致的疾病高达 50%。大量出汗也可导致体内缺锌,从而导致机体免疫功能低下、食欲不振、自发性味觉减退、性功能减退、创伤愈合不良及皮肤粗糙、脱发、肢端皮炎等症状。米酒中含锌8.5mg/L,而啤酒仅为 0.2～0.4mg/L,干红葡萄酒为 0.1～0.5mg/L。健康成人每日约需 12.5mg 锌,喝米酒能补充人体对锌的需要量。

**3. 米酒中的功能性低聚糖**

米酒中功能性低聚糖含量较高,一些米酒中异麦芽糖、潘糖、异麦芽三糖三种异麦芽低聚糖的总含量为 7g/L 左右。异麦芽低聚糖又称为分支低聚糖,具有显著的双歧杆菌增殖功能,能改善肠道的微生态环境;促进 B 族维生素的合成和钙、镁、铁等矿物质的吸收,提高机体免疫力和抗病力;能分解肠道内毒素及致癌物质,预防多种慢性病;能降低血清中胆固醇及血脂水平。米酒中异麦芽低聚糖的来源分两部分:一是支链淀粉的酶解,大米中的淀粉几乎全部是支链淀粉,淀粉酶对它的分支点不易切断,因而在酒中残留的分支低聚糖较多,这也是米酒的口味较甜厚的原因;二是由麦曲中微生物分泌的葡萄糖苷转移酶通过转糖苷合成。自然界中只有少数几种食品中含有天然的功能性低聚糖,目前已面市的功能性低聚糖大部分是由淀粉原料经生物技术即微生物酶合成的。有关研究表明,每天只需要摄入几克功能性低聚糖,就能起到显著的双歧杆菌增殖效果。米酒中的功能性低聚糖是葡萄酒、啤酒无法比拟的。因此,每天喝适量米酒,能起到很好的保健作用。

**4. 米酒中的 γ-氨基丁酸**

γ-氨基丁酸(GABA)是一种重要的抑制性神经递质,参与多种代谢活动,具有降低血压、改善脑功能、增强长期记忆、抗焦虑及提高肝、肾机能等生理活性。GABA 能作用于脊髓的血管运动中枢,有效促进血管扩张,达到降低血压的作用。据报道,黄芪等中药的有效成分即 GABA。GABA 还能提高葡萄糖磷酸酯酶的活性,使脑细胞活动旺盛,促进脑组织的新陈代谢和恢复脑细胞功能,改善神经机能。医学上,GABA 对脑血管障碍引起的症状,如偏瘫、记忆障碍等有很好的疗效,同时还用于尿毒症、睡眠障碍的治疗药物中。此外,日本研究者对富含 GABA 的食品进行医学试验,结果显示这些食品对亨廷顿病、阿尔茨海默症等病症有显著的改善效果。在正常情况下,植物体中 GABA 的含量为 3~206mg/kg,而一些米酒中 GABA 的含量为 167~360mg/L,说明米酒是一种较理想的富含天然 GABA 的保健饮品。

**5. 米酒中的酚类物质**

酚类物质被认为具有清除自由基、防止心血管病、抗癌、抗衰老等生理功能。米酒中的酚类物质来自原料(大米)和微生物(米曲霉、酵母)的转换。浙江古越龙山绍兴酒股份有限公司与江南大学合作,测定出了加饭酒中儿茶素、表儿茶素、芦丁、槲皮素、没食子酸、原儿茶酸、绿原酸、咖啡酸、阿魏酸、香草酸这些酚类物质的含量。

**6. 米酒中的生物活性肽**

米酒含有许多的生物活性肽,近年来的研究表明,这些生物活性肽具有比氨基酸更好的吸收性能,而且许多肽具有原蛋白质或其组成氨基酸所没有的生理功能,如促进钙吸收、降血压、降胆固醇、镇静神经、免疫调节、抗氧化、清除自由基、抗癌等功能。

## 三、米酒的食用方法

米酒既可直接饮用,同时也可作为菜肴烹饪过程中的好帮手,米酒的添加增加了菜肴的风味。

### 1. 米酒吃法

(1)凉喝:凉喝米酒,有消食化积、镇静安神的作用。对消化不良、厌食、心动过速、烦躁等有疗效。

(2)烫热:米酒烫热喝,能驱寒祛湿、活血化瘀,对腰背疼痛、手足麻木和震颤、风湿性关节炎及跌打损伤患者有益。

### 2. 不同季节饮用米酒

(1)夏季饮用米酒。很多人认为米酒后劲太足,在夏天饮酒对人体有害,其实这完全是对米酒的一种误解。夏季由于气温较高,人体代谢速度加快,体表通过大量出汗将体内的代谢产物排出体外,人体能量消耗很大,为维持机体正常的生理代谢功能,机体对各种营养素的需求量也随之增加,而人体所需的各种营养素在米酒中的含量比较全面,也相当高,且可为人体直接吸收。所以,夏季适量饮用米酒不但可以补充人体正常生理代谢所需的大量营养素,维持体内能量和营养平衡,而且可以促进血液循环,加速体内代谢产物的排泄,改善人体内环境,提高心血管系统的抗病能力。关于这一功能,医学家李时珍也有论述:"少饮则和血行气,壮神御寒……若夫暑月饮之,汗出而膈快身凉;赤目洗之,泪出而肿消赤散,此乃从治之方焉。"对于夏季米酒的饮用,可视各人兴趣爱好不同,既可与其他酒类或果汁调配后饮用,也可以冰镇或在酒中加冰块饮用,这样既解暑,又爽口。

（2）冬季饮用米酒。冬天温饮米酒，可活血祛寒、通经活络，能有效抵御寒冷刺激，预防感冒。这是因为米酒的酒精度适中，是较为理想的药引子。此外，米酒还是中药膏、丹、丸、散的重要辅助原料。米酒气味苦、甘、辛、大热，主行药势，能杀百邪恶毒、通经络、行血脉、温脾胃、养皮肤、散湿气、扶肝、除风下气、活血、利小便等。元红酒在饮用时需微温并以鸡、鸭肉等佐餐。若用黑枣浸泡后饮用，口味更佳。加饭酒在饮用时微温，酒味特别芳香醇厚，可用冷盘菜下酒，也可与元红酒兑后饮用。在冬季，米酒加点姜片煮后饮用，既可活血祛寒，又可开胃健脾。香雪酒不需加温，可在饭前或饭后饮用，如与汽水、冰块兑饮，效果更好。

**3. 米酒烹调妙用**

（1）炒蛋更松软：炒鸡蛋时，加些许米酒，不但可防止蛋老化，更能让炒蛋松软芳香且具光泽。另外，若在蛋里加点罗勒碎末，很适合坐月子中的妇女补身。

（2）增加肉鲜度：煎牛肉时，倒入些许米酒，让米酒稳定牛肉血色，并提高牛肉的鲜度。牛肉入锅前，先用一茶匙的米酒腌制，让肉质软化后入油锅。三分熟、七分熟与起锅前各加 1 茶匙米酒，口感更好。

（3）腊肉更陈香：腊肉入蒸锅前淋些米酒，会激发腊肉的陈香味，吃起来的口感更厚重。

（4）肉质更滑嫩：买回来的猪排放入冰箱冷冻前，可先抹上米酒与蛋液，除了保鲜，还可让肉质更滑嫩。

（5）海鲜可去腥：米酒有去腥、去泥味功效，在烹调鱼、贝壳类等海鲜时，加几滴米酒能让鱼肉更美味。用菜刀在鱼的两侧各划上 3 刀，在划开的部位与鱼肚处，淋上米酒静置约 10min 即可。

（6）煎鱼不粘锅：用蛋液涂抹鱼身，倒入米酒静置约 10min。入油锅煎煮，鱼皮完全不会粘锅。

（7）可快速解冻：冷冻的鱼若要快速解冻，可在鱼身上涂抹米酒，放入微波炉解冻，鱼因酒的燃点加温，可比平常的解冻速度快1/3。

**4. 米酒菜肴**

（1）米酒圆子：用优质白糯米为原料，经过水浸水磨后加工成糯米粉，将水磨糯米粉搓成小圆子待用。上等白糯米蒸熟后，按一定比例掺和进酵母，几天后即成香味四溢、甜糯适口的米酒。把水烧开放入小圆子，待其浮到水面，再加入米酒、白糖和蛋浆，搅匀勾芡，盛入碗后撒糖桂花即成。

（2）米酒炖银耳：干银耳25g，糯米酒100g，白糖400g。银耳用温水泡透，去掉黑根，洗净泥沙，再用开水泡发，使之慢慢地泡胀，用开水汆一下，捞出放在盆子里，加入开水、白糖，上笼蒸烂。将蒸好的银耳倒入锅内，加米酒烧开，调好甜味，盛入碗内。本品汤浓香甜，富有营养。

（3）樱桃米酒：鲜樱桃250g、米酒75g、鲜豌豆10g、白糖200g、糖桂花0.5g。樱桃洗净，去梗，去核，保持果形。米酒用筷子搅散。豌豆用沸水烫熟，捞入凉水中冷却，沥去水。炒锅置火上，舀入清水600g烧沸，放入米酒搅匀，加白糖、樱桃、豌豆、糖桂花煮沸，撇去汤面浮沫，离火，倒入汤碗内即成。此菜红、绿、白三色相映，甜如蜜汁，糯香味浓郁。

（4）米酒头焖米：米酒头5杯，圆糯米5杯，桂圆肉200g，糖400g。米洗净，用米酒头泡4h以上，再加入桂圆肉蒸50min，米熟透加入糖拌匀再蒸10min即可。

（5）米酒头焖醉虾：米酒头1碗，活虾10只，少许葱丝，盐适量。将所有材料倒入皿中搅拌均匀上盖，5min后滗去酒汁，倒入热铁板焖烧2min即可。

（6）麻油鸡：米酒1瓶，鸡1只，黑麻油，冰糖，姜10片。将3/4茶匙的黑麻油放入锅中烧热,再放入姜片、鸡块拌炒,直至鸡块约六分熟,再倒入一瓶米酒,最后放进1/4茶匙的冰糖炒匀即可。

(7)美肤草莓酒:草莓600g,米酒600 g,冰糖210 g,白酒50 g。用白酒清洗草莓,蒂头叶子拔除,沥干备用;以一层草莓、一层冰糖的方式放入玻璃瓶中;最后倒入米酒,然后封紧瓶口;放置于阴凉处,静置浸泡3个月后,即可开封滤渣装瓶饮用。本品含有丰富的维生素C、柠檬酸,对养颜美容非常有益;可改善低血压与贫血症状。

(8)木瓜酒:木瓜600 g,冰糖200 g,米酒600 g。木瓜洗净,完全晾干,切去头尾,切开后去籽,再切成小片(果皮保留);以一层木瓜片、一层冰糖的方式放入广口玻璃瓶中,再倒入米酒,然后封紧瓶口;放置于阴凉处,静置浸泡3个月后,即可开封滤渣装瓶饮用。

**5.科学饮用米酒**

科学饮酒就是根据饮酒者的年龄、性别、身体素质、经济状况、工作性质、心理状态、嗜好及所处的环境、季节、气候、所患疾病等因素,选择适宜的酒类饮料,根据酒量酌情饮用的饮酒养生法。

(1)变质的米酒不能喝:变质的米酒不能喝,否则会对人体造成危害,严重时可危及生命。变质的米酒进入人体的胃肠道后,其酸性和毒性物质会对胃肠道的黏膜和肌层产生一种强烈的刺激作用,并能麻痹胃肠道的毛细血管,抑制胃肠道的神经感受器。使胃肠道运动减弱、食物消化排泄迟缓、新陈代谢功能降低。这一系列病理变化均易引发某些病症。如食物中毒、胃与十二指肠溃疡、胃肠道出血等。病人可出现腹痛腹胀、恶心呕吐等症状。

(2)加热饮用极佳:米酒中含有微量的甲醇、醛、醚类等有机化合物,对人体健康不利。如将米酒隔水烫热至60~70℃再饮,这些不良成分就会随温度升高而蒸发,使酒味更加芬芳浓郁。

(3)切忌空腹饮酒:空腹饮酒,胃壁吸收酒精的速度比饭后快得多,这就是空腹饮酒易醉的原因。在饮酒之初,胃液分泌增加,胃液的酸度增高了,这时又没有食物供胃液消化,以致胃酸和酒精一起刺激胃黏膜,酒性越烈,对胃的刺激和损害也就越大,因此,不要空腹饮过量的烈性酒。

(4)切忌工作时间饮酒:由于酒精对神经系统的刺激和影响,易使大脑失去正常功能,所以工作时间都不要喝酒,尤其是汽车、飞机、轮船的驾驶人员均禁止饮酒,以免发生意外事故。

(5)酒后勿洗澡:酒后入浴,体内储存的葡萄糖会大量消耗,从而引起血糖下降,导致体温降低。同时。酒精抑制了肝脏的正常生理功能,阻碍肝脏对葡萄糖储存的恢复,造成机体疲劳,甚至导致低血糖性休克,故民间有"酒后不入浴"之谚语。

(6)切勿与西药混食:酒是化学性饮料,故不宜与许多西药同服。

(7)患有精神病、癫痫、急性或慢性肝炎和胃溃疡等病症者均应忌酒。

## 四、米酒的保健作用

米酒是很好的药用必需品,它既是药引子,又是丸、散、膏、丹的重要辅助材料。《本草纲目》一书记载:"诸酒醇不同,唯米酒入药用。"米酒具有通曲脉、厚肠胃、润皮肤、养脾气、扶肝、除风下气等治疗作用。米酒有丰富的营养,对人体有较好的保健作用,又有烹饪价值和药用价值。但在饮用米酒时也要注意不要酗酒、暴饮,不要空腹饮酒,不要与碳酸类饮料同喝(如可乐、雪碧),否则会促进乙醇的吸收。米酒具有补气养血、助运化、活血化瘀、祛风等作用,与寒性药同服,可缓其寒;与温性药同服,可助其走窜,加强通调气血、舒筋活络的作用。米酒中的酒精能溶解中药中的有效成分,更好地提高药效。而且酒精具有舒筋活血、促进血液循环的功能。米酒中的酒精比较适中,并含有多种营养物质,对人体十分有益。

(1)米酒是一种很好的营养剂:米酒中含有低聚糖、糊精、有机物、氨基酸和多种维生素等,具有很高的营养价值。

(2)促进消化:人到中年后,消化系统的功能开始下降,如饭前适量饮酒,可促进胰液和其他消化酶的大量分泌,从而增强胃肠道对食物的消化和吸收。

(3)减轻心脏负担,预防心血管疾病:少量饮酒可扩张血管,使血压降低;可扩张冠状动脉,使心绞痛发生减少;可升高体内高密度脂蛋白;可抑制血小板聚集并增强纤维蛋白的溶解等。

(4)可加速血液循环:适量饮酒能有效地调节和改善体内的生化代谢和神经传导。

(5)有益身心健康:适量的饮用米酒可缓解人们的忧虑和紧张心理,增强安定感,提高生活情趣,增加和谐气氛,提高睡眠质量等。

(6)护肤的功能:一位日本科学家发现米酒具有护肤功效,这是他在参观米酒酿造厂的时候发现的。他注意到酿酒老婆婆虽然脸上布满细细的皱纹,双手却非常细白嫩滑。经过多年验证后他发现,米酒在提炼的过程中,经天然酵母菌发酵后,会产生一种透明的液体代谢物。它与人体细胞结构相似,是极易被吸收的护肤成分。青春期油性皮肤者可以每周做一次米酒面膜,即用一半米酒兑一半护肤露涂于脸上,15min后洗掉,可以杀菌去油并美肤。

(7)增强记忆力的功能:日本科学家发现喝米酒可以增强记忆力。他们的实验显示,米酒中的一组酶抑制剂可以降低大脑中另一组会影响记忆力的酶的活力,从而起到增强记忆的作用。专家因此指出,适量饮用米酒对防止阿尔茨海默症具有很大的作用。但一定要注意,不要过量饮用,否则会起到相反效果。

## 五、米酒的生产规范

在社会生产力相对落后的时期,米酒都是自家自酿自用。随着改革开放和人民生活水平的提高和生活节奏的加快,米酒在市场上的销量也随之上升,生产也向小作坊和小工厂发展。但是由于不同米酒产品要求各不相同,质量也参差不齐。

为了保证食品质量安全,维护消费者权益各地区都纷纷制定了米酒的产品标准大致可分为以下几个方面:

### 1. 外观

米酒是一类消费者熟悉的传统食品,无明显可见固体的乳浊状或透明液体,但允许有少量粉状沉淀;具独特的米酒香气,无异味;味感柔和,香甜可口,无异杂味;具有米酒的独特风味。

### 2. 酒精度要求

酒精度技术指标在 5 ~ 15(20℃ ,％ VoL)。米酒作为一种饮用酒,其酒度较醪糟有很大所提高。

### 3. 卫生指标要求

重金属含量要求:铅(以 pb 计)≤0.3mg/kg、无机砷(以 As 计)≤0.15mg/kg。

微生物指标:细菌总数≤50cfu/g、大肠菌群≤3 MPN/g、致病菌不得检出。

## 六、醪糟的营养价值和食用方法

### 1. 醪糟的营养价值

醪糟甘甜芳醇,能刺激消化腺的分泌,增进食欲,有助消化。用醪糟汁炖制肉类能使肉质更加细嫩,易于消化。醪糟适用范围很广,一年四季均可饮用,特别在夏季因气温高,米易发酵,而更是消暑解渴的佳酿,深受人们的喜爱。用醪糟汁煮荷包蛋或加入部分红糖,是产妇和老年人的滋补佳品。

醪糟产热量高,富含碳水化合物、蛋白质、脂肪、B族维生素、钙、铁、磷和有机酸等,这些都是人体不可缺少的营养成分。醪糟里含有少量的酒精,而酒精可以促进血液循环,有助消化及增进食欲的功能。一般情况下成人每天饮用150~200g较为适宜。

**2. 醪糟的食用方法**

(1)直接食用:醪糟或纯醪糟液都可以直接食用。

(2)酒酿鸡蛋:醪糟放入盅内,加入适量的白糖、姜片,并加入少量的开水(也可不加开水),加盖,放在蒸笼内,蒸熟,磕入1~3个鸡蛋,蒸3~5min至鸡蛋黄成半熟时,取出,即为美味的酒酿鸡蛋。据资料记载,在江西赣南,新女婿上门,未来的丈母娘一定会用酒酿鸡蛋来款待未来的女婿。但用于款待未来女婿的酒酿鸡蛋,规定每盅放两个鸡蛋,而且必须在酒酿鸡蛋中加入少许食盐和滴入几滴油。这意味着二者有缘。因为两个鸡蛋表示男女二人,"油盐"与"有缘"近音,故寓意"二者有缘"。

(3)多味醪糟:将醪糟放入大瓷壶内,加入红枣、干龙眼肉、生姜、油炸豆腐、枸杞、片糖等,用白绵纸将壶的小嘴和大嘴口蒙住,加上口盖,放入水面低于壶口的水锅内,小火加热1h,至味出时,趁热食之。产妇食之最佳。

(4)琼浆美果:将醪糟放入大汤盅内,加入去皮、核并切成块的苹果、雪梨,以及红枣、橘瓣、山楂、白果仁、马蹄(去皮)、柠檬片,并加入姜片、冰糖等,用白绵纸蒙住盅口、加盖,上笼蒸半个小时,即为琼浆美果。它是宴席上的一款独特的甜食。

(5)凉镇醪糟:将醪糟放入大瓷壶内,置于水锅中,小火煮沸,当饮料食之。如在醪糟中加些干姜粉、红糖,再入水锅中煮沸,即为姜糖酒,其味更妙。煮沸后的水酒,冷却后入冰箱镇凉,夏日饮之极佳。

(6)醪糟煎蛋:炒锅上火,放入适量的花生油,下姜末炸香,放入鸡蛋液炒香,或将鸡蛋磕入锅中,两面煎香并煎黄,然后,加入少量水,并加入适量的醪糟、片糖末,煮开出锅食之。特别适合产妇食用。

(7)瓦瓮醪糟:醪糟放瓦瓮内,用草纸、荷叶封口,上压沙袋,瓮置于泥地上,在瓮脚的周围放置木炭、茅草,点燃煨滚饮之。

(8)药醪糟:将醪糟液灌入玻璃瓶或瓦瓮内,加入冰糖、桂花、菊花、茉莉花、枸杞、甘草、人参、川贝、蛇胆,浸泡一个月以上(浸泡时间越长越好),即为桂花酒酿、人参酒酿、蛇胆川贝酒酿……饮之,能强身健体,并对某些疾病有一定治疗作用。

(9)毛薯醪糟:毛薯去皮,制成泥,放入油锅中,摊煎成饼块,加入适量的水,并加入醪糟、白糖,略煮,出锅食之。尤其适合妇女和老年人食用。

(10)蜜酒(冬酒)醪糟:醪糟放入瓦瓮内,封口,置泥窖中过冬,到了次年,即为蜜酒,也称冬酒。其味既醇又香,甜似蜜汁。

(11)醪糟馅料:醪糟加入炒芝麻、熟花生仁、炒果仁、糖瓜条、红枣末、面包渣、奶油,拌匀成馅,用于制作汤圆、烙饼、煎饺、蒸包等,均佳。

(12)醪糟腌肉:鸡、鸭、鱼、肉等经过盐腌晒干,改刀成块,加入醪糟、红曲粉、辣椒粉、花椒粉、生姜末、蒜仁末、精盐、白糖拌匀,码入瓦坛内,压实封口,两周后,取之蒸食,其味极美,随取随用。

(13)醪糟红薯:红薯切成粗条,煮至半熟,晒至半干,蒸软,再晒至八成干,加入醪糟,拌匀,放入小口瓦瓮内,压实,封口,一个月后即成甘醇味美的"糟薯",随食随取。

(14)醪糟泡辣椒:醪糟液放入玻璃瓶或瓦坛内,加入适量的精盐,调匀,红辣椒剪去椒尖(以便酒液进入辣椒内部),放入醪糟液中,泡之,一周后,即成酸中有甜,并带有一种特殊香味的高级酒泡辣椒。这种泡椒用于烹调荤肴,其味极妙。

(15)醪糟泡菜:醪糟放入宽口瓦坛内,加入适量的精盐、白糖、花椒、生姜、蒜仁、干红辣椒等,调匀,再将晒瘪了的豆角、萝卜、胡萝卜、茭白、洋白菜、芥蓝菜、辣椒、黄瓜、白瓜、苦瓜等等放入坛内的醪糟汁中泡之,泡8~9d即可"成熟"。直接食之,或作为荤菜的辅料,均佳。

(16)醪糟大酱:红辣椒、蒜、生姜均剁成末,加入醪糟、精盐、白糖、豆豉、香油,拌匀,装入坛内,压实,上盖一层熟花生油,封口,随用随取,久存不变,用于菜肴的调味甚美。

(17)醪糟辣椒酱:红辣椒、蒜用刀略剁,放入盆内,加入醪糟、精盐、白糖,拌匀,用磨磨成极细腻的蓉,装入瓦坛内,上盖一层熟花生油,封口,随用随取。这种辣椒酱,色泽鲜美,品质细腻润滑,味道酸辣可口,实属调味佳品。

(18)醪糟汁:醪糟汁是一种极好的料酒,可用于各种菜肴的调味,无论是咸味类菜肴,还是甜味类菜肴均宜。

(19)醪糟果冻:在浓琼脂胶液中,加入适量的醪糟液,并加入白糖、葡萄干、蜜枣、果脯,调匀,盛入一次性的薄型塑料杯内,冷却后,入冰箱镇凉,即为美味的醪糟果冻。

(20)醪糟面种:醪糟的乳白色沉淀物,加适量面粉、精盐、白糖,调匀成糊,发酵8~12h,即为"面种"。用此面种发酵的面团,制成馒头、包子、花卷、煎饼、烙饼、发糕等,均格外的香甜可口(醪糟应该是未加热的,否则是起不到发酵作用的,因为加热会把酵母杀死)。

(21)醪糟卤:糟粕加入较多的加饭酒,并加入花椒、陈皮、生姜、精盐、白糖、味精、鱼露等,浸泡3d,过滤去渣,即得醪糟卤,用于菜肴的调味,成菜糟香鲜美。

(22)醪糟煮汤圆:首先,在锅中加入水烧开再放入醪糟,煮开后便可放入小汤圆了。等小汤圆浮上水面后,将打散后的鸡蛋倒入,用勺子在锅底搅拌免得粘底。然后,感觉差不多的时候,倒入藕粉迅速搅拌(藕粉最好先用一点点的冷水融化)直到藕粉成透明色,感觉有点黏稠,关火,放入洗过的枸杞子。

(23)醪糟腌萝卜:将白萝卜洗净后去皮,沥干水分后切段或纵切对半,均匀撒入盐并以手按压搓揉约5min,重复多次按压搓揉动作使盐分能加速渗入白萝卜,1d后即可将白萝卜沥干备用。将醪糟与白萝卜混合均匀,置于容器中加盖冷藏腌渍3~7d,待其入味后即可取出切片食用,冷藏约可保存一个月。

(24)醪糟蒸火腿:火腿切成薄片,放在碗中,加入醪糟汁、糖,用旺火上笼蒸6min,滗出卤汁,待用。取碗1个,先把蒸过的火腿横叠在碗中间,然后把酒酿、糖桂花和蒸火腿的卤汁搅拌一下,倒在火腿上,放在蒸笼里用中火蒸2min左右。生菜切丝,摆入盘中,蒸好的火腿片取出摆在生菜上,将糖桂花加少许糖和青红椒粒,用筷子搅拌一下,淋在火腿片上面即成。

(25)醪糟排骨:排骨放清水中泡一下,换几次水,让水变清为止。起油锅,放入排骨炒一炒,然后加点生抽再炒。倒入醪糟,炒匀后加开水没过排骨,盖上锅盖开中火煮45min左右。汁收得差不多时,加入北腐乳,用铲弄碎,与排骨翻炒拌匀,煮到收汁。

(26)醪糟炖山药:山药洗净去皮,切成小块用开水烫一下,取出放锅中加水500mL,烧开5min,倒入醪糟和白糖,再煮开即成。

## 七、醪糟的保健作用和生产规范

### 1. 醪糟的保健作用

醪糟富含大量的营养成分,因此常喝醪糟不仅有益于健康,而且对一些慢性病有辅助治疗功效。患有慢性萎缩性胃炎的病人及消化不良的人,常喝醪糟可以促进胃液分泌,增进食欲,帮助消化。患有高脂血症和动脉粥样硬化的病人,常喝醪糟可加快血液循环,提高高密度脂蛋白的含量,减少脂类在血管内的沉积,对降血脂、防治动脉粥样硬化有帮助。慢性关节炎病人常喝醪糟,有活血通络的作用。醪糟还有提神及解除疲劳的功效。大病初愈、身体虚弱、贫血、手术恢复期的病人,常喝点醪糟可起辅助治疗作用。

**2.醪糟的生产规范**

过去,醪糟一般都是家庭里面自酿自用。随着人民生活水平的提高和生活节奏的加快,醪糟在市场上的销量也随之上升,生产也向小作坊和小工厂发展。由于生产形式多是传统的手工操作方式,没有统一的国家或行业标准,所以这些小企业都是各自为政,制定自己的企业标准来进行酿造生产。产品要求各不相同,质量也参差不齐。

为了保证食品质量安全,维护消费者权益,促进该行业的健康发展,2007 年 10 月在食品加工企业全面实行生产许可证制度时,国家质检总局将醪糟的生产纳入了其他酒(其他发酵酒)的范围类别中,其理由依据是:醪糟含有一定量的酒精度数,且大于 0.5% VoL;醪糟是以大米为原料,经酒精发酵而生成的一种食品。基本符合饮料酒的定义,其生产工艺也大致与发酵酒类相似。

目前部分省市已制定了地方标准。大致可总结为以下几个方面:

(1)外观:目前市场上对醪糟的外观有着比较一致的看法:呈乳白色或微黄色,饭粒柔嫩,无肉眼可见异物;有明显纯正的酿香、酒香和米香,无酸气异味;饭粒不糊无生心,滋味鲜润,甜酸爽口协调;具有原汁酒酿醪糟的独特风味。

(2)分类:根据生产工艺的不同,目前醪糟产品一般可分为两大类:一类是经过加热灭菌的醪糟,这类产品质量相对稳定,且保存期较长,此类多为工厂生产的大规模投放市场销售的产品;另一类是不经过加热灭菌的醪糟,这类产品保存期较短,并随着保存时间的延长,酒精度数上升,糖度下降,最后转变成带糟的米白酒,此类多为民间自制自销产品。

(3)酒精度要求:酒精度指标为0.5% VoL～5.0% VoL(20℃)。依据是饮料酒的下限是0.5% VoL,小于0.5% VoL就不成为饮料酒,而是软饮料(无醇啤酒除外);食用醪糟主要是尝其甜中带酸的风味,所以酒精度的上限也不宜过高,5% VoL即可。过高则酒精感过于强烈,破坏了醪糟的口味平衡。目前市场上醪糟产品的酒精度基本上也在这个范围内。这个范围也比较适合大多数消费者的口味。

(4)总酸要求:酸度对醪糟风味有重要影响:酸度偏低,产品显得淡薄无味;酸度过高,则破坏了酸甜平衡,难以入口。醪糟中的酸主要是由在发酵过程中产生的乳酸和一些微量的其他酸组成。由于醪糟是发酵产品,加之消费者的喜好不同,总酸的范围应适当放宽,在3.0～9.0 g/L(以乳酸计)为宜。但总酸数值过高,则说明发酵失败,产品呈醋味,失去了本产品的独有风味,不符合本产品的食用要求了。

(5)总糖要求:醪糟中的甜度是发酵过程中淀粉分解生成的葡萄糖和部分双糖组成。根据醪糟产品的食用特性和市场,产品的大多数检验结果表明,醪糟中总糖应大于等于200g/L(以葡萄糖计)。这样较受消费者的欢迎。

(6)固形物要求:固形物是醪糟产品质量的一个重要指标,这和醪糟的产品特性有关。固形物含量过高则表明发酵不完全,产品尚未成熟;固形物含量过低则表明发酵过度,必然会使酒精度和酸度过高,而影响其风味。根据生产实际和产品在市场上的实践验证,固形物含量建议定在大于等于300 g/L。

(7)卫生指标要求:考虑到醪糟是一种半固态状食品,相对于液态而言灭菌的难度稍大些。目前,在大规模生产的醪糟中,菌落总数一般控制在 50 cfu/mL 以内。对未经过加热灭菌的醪糟,由于产品中含有大量活的微生物,难以进行菌落总数的检验,可参照啤酒中的鲜啤酒,不作菌落总数的检验。根据目前市场上检验的实际情况来看,大肠菌群指标建议制定在小于等于 3 MPN/100mL。而其他卫生指标如铅、肠道致病菌等则应严格按照 GB 2758《发酵酒卫生标准》中的规定,不得检出。

(8)保质期要求:根据目前市场上醪糟产品的销售情况,灭菌醪糟的保质期为 6 ~ 9 个月为宜,时间过长将影响到外观质量及口感。未经灭菌醪糟的保质期在秋季一般为 5 ~ 7d,冬季一般为 10 ~ 15d。

(9)其他要求:醪糟的生产应严格按照国家《醪糟食品生产许可审查通则》的要求和相关审查细则的要求来指导生产。在醪糟的生产中可以加入作为点缀用的天然植物类物质,例如桂花、枸杞等。生(鲜)醪糟的生产环境卫生条件除了应符合相关审查要求外,还应参照即食类食品的生产条件来严格把关。产品标签标志应符合 GB 7718《食品安全国家标准 预包装食品标鉴通则》和 GB 10344《预包装饮料酒包装通则》的规定执行。同时应标明是灭菌醪糟还是未经灭菌的醪糟。

## 第二节 米醋概述

### 一、米醋的历史

醋,国人烹调不可或缺的一种调味料。据考证,中国食用醋已有 2000 多年的历史。醋古称"酢",别名醯,又称苦酒和"食总管",是一种以粮食为原料发酵的酸味液态调味品。醋的种类繁多,有米醋、白醋、香醋、麸醋、酒醋等,以米醋和陈醋为最佳,著名的有山西老陈醋、镇江香醋和浙江玫瑰米醋等。

我国北方多用高粱、大麦、豌豆、小米、玉米等为原料制醋。南方则多用米、麸皮等制醋。也可用低度白酒为原料，用速酿法（只需 1～3d）制醋，但风味较差。此外，还可用食用冰醋酸加水和着色料配成，不加着色料即成白醋，无酯类香气。醋除含主要成分醋酸（又称乙酸）外，还含有可以帮助人们解除疲劳的柠檬酸、谷氨酸等多种有益成分。醋还散发着大米、麦子和各种谷物的清香，蕴含着大量的食物精华。醋是人类采用的最为古老的调味料之一，它可以在某种程度上代替盐和酱油，据研究，在很多料理中使用一点醋就可以减少一半的食盐摄取量。

米醋以优质大米为主要原料发酵而成，醋液呈透明的红色。常和白糖、白醋等调成甜酸盐水来制作凉菜，和野山椒辣酱等调成酸辣汁烹调热菜。

传说米醋是酿酒鼻祖，4千多年前夏朝的杜康工作"失误"的产物，如果说，酿酒是杜康的精心发明，那么制醋则为他偶然之中所得。据传，在一次酿酒时，一向下料如神，一粒米不多半颗饭不少的他，不知为什么淘米稍多，蒸好的饭拌曲入缸后，尚剩些许，他顺手弃之于大酒缸旁一只已不再作酿酒的小缸内，以后也没有管它。不料，二旬后黄昏时，他经过此缸时，忽然闻到一股香甘酸醇的特殊气味扑鼻而来。他好奇地走进小缸，伸手指沾指一尝，虽然不是一般的酒味，但给人另外一种鲜美爽口的特殊感觉。心想，这东西喝是不成的，但用来拌菜和煮汤如何，很值得一试。于是就唤来徒儿们，用它干拌了一盆黄瓜又煮了一盆鲫鱼汤来试试。弄好后大家一尝，无不拍手叫好。但这又酸又甜又微苦的家伙叫它什么好呢？一位徒弟说，它既是酒又不是酒，且是从那小缸中酿出来的，为了区别，就叫它"小酒"吧！（至今闽西、粤东和川、湘一些客家地区仍称醋为"小酒"）杜康觉得此说虽也有理,但似嫌俚俗,他略为沉思后说道,这"小酒"是入缸后第21天的傍晚(即古称之"酉时")成熟后被发现的,合而称之为"醋"不是很好吗?众徒一听又是一阵拍掌称妙。于是"醋"名就这样敲定了,至今我们民间小作坊和农家自酿米醋,仍遵第21日酉时开缸揭盖出醋的古制。杜康制成醋后,他的作坊既酿酒卖酒,也制醋售醋,此物便迅速在九州大地流传。

人们在食用醋的实践中,不断发现它有着许多奇妙的功能。如它既香又甜还略带点苦,不但本身滋味美,而且用于烹调,既能杀菌、去毒,保持营养成分和加快肉类成熟或酥烂;又可去腥臊、解油腻;还能调和与增益百味,如使肉类更加鲜醇,令咸、甜、辛、辣、麻诸味趋于和谐、适口。在保健养生方面,不但可以醒脾开胃,增进食欲,促进唾液分泌和提高胃液酸度,促进脂肪、蛋白质和淀粉的分解,有助于消化吸收;而且还是一味可口良药!外敷能疗烧烫伤、关节炎、腋臭和癣,内服可驱蛔虫,对高血压、肝炎、感冒、疟疾等均有一定的作用。诚如李时珍和陶弘景两位大医药学家所言:"……醋治诸疮肿积块,心腹疼痛,疾水血病,杀鱼、肉、菜及诸虫毒气……取其酸收之意,而又有散瘀解毒之功";"醋酒为用,无所不入,愈久愈良,亦谓之醯……"

## 二、米醋的营养成分和保健作用

### 1. 米醋的营养成分

米醋营养丰富,据中国烹饪协会测定,米醋的营养成分主要包括:每100g醋中含水分72.6~99.4g、热量25.1~38.1kJ、维生素 $B_1$ 0.03mg、维生素 $B_2$ 0.05mg、维生素 $B_6$ 0.02mg、维生素 $B_{12}$ 0.1μg、泛酸0.08mg、烟酸0.7mg、蛋白质2.1g、脂肪0.3g、碳水化合物4.9 g、钙17mg、铁6mg、磷96mg、钾351mg、钠262.1mg、铜0.04mg、镁13mg、锌

25mg、硒 2.43μg。

**2. 米醋的保健作用**

随着现代科技的进步、保健医学的飞速发展,米醋的保健医疗功能日益被认识和开发。

(1)美容功效:米醋具有良好的美容功效。以米醋养颜和保健在我国民间源远流长。想要肌肤润泽、青春长驻,关键是要减少体内的过氧化脂质。随着年龄的增长,人体中的过氧化脂质会不断增加,致使细胞的作用无法正常进行。如果这种现象出现在皮肤上,会使皮肤的新陈代谢能力减退,而易积存废物(如色素类物质),积聚在皮肤表面就形成乌斑,使皮肤的张力和弹性丧失,增加皮肤的皱纹和松弛。研究表明有一种叫做恶性淋巴腺肿的物质能够增加心脏中的过氧化脂质,将其给老鼠服用,能使鼠体内的过氧化脂质增加,若同时给予米醋,则能减少过氧化脂质的量,且其效果与摄入米醋量有关。

此外,米醋还可净化血液,缓解便秘,杀菌消肿,加速血液循环、促进皮肤新陈代谢,分解黑色素、淡化色斑。米醋对头发也有很好的滋养作用。

(2)降血脂、降血压和减肥功效:米醋能促进体内钠的排泄,改善钠的代谢异常,从而抑制体内盐分过盛所引起的血压升高。米醋对动脉硬化防治作用的基本原理是使体内乳酸的含量减少,减少血清中的胆固醇,使体液保持碱性,将硅酸排出体外四个方面。米醋可以抑制肠管吸收脂质,抑制脂肪运动,抑制肝脏脂质的合成以及促进末梢组织利用脂质,具有限制肥胖的作用。

(3)促进钙的吸收,预防骨质疏松:骨质疏松是引起骨损伤的最常见的原因。为了保证骨的质量,我们需要增加钙的吸收。米醋主要成分醋酸是肠道微生物产生的主要短链脂肪酸之一,这些短链脂肪酸能影响肠道功能和代谢。据有关研究表明,这些短链脂肪酸与肠道中钙的吸收有关。

我国钙的摄取量普遍偏低,在烧鱼或煮蚬和蛤类等海鲜时,加入一点米醋,矿物质就很容易溶解在汤汁中,这样钙的摄取量就可成倍地增加。

(4)增强人体免疫力:米醋可使血液中抗体增加,从而提高人体免疫力。有人发现,米醋厂工人很少患感冒。也有研究称,米醋能减弱致癌物质黄曲霉素的致癌作用。经科学研究发现,米醋是很好的抗癌、防癌物质。高温季节细菌繁殖速度特别快,细菌将人体内硝酸盐经过代谢转化为致癌性很强的亚硝胺,而米醋有强烈的破坏和分解亚硝酸盐的作用,并能抑制嗜碱性细菌的生长和繁殖,因而食用米醋可起到防癌的功效。

(5)抗菌、杀菌作用:米醋具有相当强大的杀菌、抑菌能力。中国预防医学科学院流行病学的研究表明,对甲种链球菌、卡他球菌、肺炎双球菌、白色葡萄球菌和流感病毒等呼吸道致病微生物,用米醋在室内熏30min后,除甲种链球菌尚有个别菌落外,其余全部被消灭。米醋有杀死白喉杆菌和流行性脑脊髓膜炎、麻疹、腮腺炎病毒的效力。

(6)缓解疲劳:1982年国际运动生化会议对疲劳概念的定义为:"机体生理过程不能将其机能持续在一特定水平或各器官不能维持其预定的运动强度"。疲劳是由于肌糖原损耗、低血糖或其他原因引起的。近代医学研究表明米醋有改善新陈代谢,防止和减轻疲劳的作用。

(7)促进食欲、护胃:米醋有促进食欲的作用,它能促使胃液、唾液分泌旺盛,从而促进食物的消化。

## 三、米醋的生产规范

(1)分类:米醋按产地可分为浙江玫瑰米醋、镇江米醋等几类,最著名的当属浙江玫瑰米醋。

（2）感官要求：生产的米醋在色泽和形态上应为玫瑰红色或褐色有光泽，澄清，无悬浮物、无杂质，允许有微量沉淀；在风味上应具有该品种特有的醋香气，无其他不良气味；口感上酸味柔和，稍有甜味，不涩，无异味。

（3）理化指标：总酸（以乙酸计，g/100mL）应在4.0或以上；可溶性无盐固形物（g/100mL）应在1.0或以上；全氮（以氮计，g/100mL）应在0.09或以上；还原糖（以葡萄糖计，g/100mL）应在1.00或以上。

（4）卫生标准：游离矿酸、总砷、铅、黄曲霉毒素 $B_1$、菌落总数、大肠菌群、致病菌按 GB/T 2719 规定执行。

# 第二章　米酒的生产

## 第一节　原辅材料及处理

米酒生产的原料主要有大米、黍米和粟米,辅料有小麦、大麦、麸皮等。原料与辅料和酒的产量、质量及其风格有密切关系,所以酿酒人把米喻为"酒之肉",把曲喻为"酒之骨",把水喻为"酒之血",表明了它们对米酒生产的重要性。

### 一、大米类原料

大米类原料种植比较广泛,其发酵后的产物香醇爽口,是历史最悠久的一类酿造原料,因此现在酿酒常以这类原料为主。

**1. 糯米**

糯米是糯稻脱壳的米,在中国南方称为糯米,而北方则多称为江米。从古至今都认为糯米是酿制米酒的最佳原料。籼糯粒长,呈细长形,精白后米粒易断,浸米浆水带黏性,蒸饭时易结块发糊。而米粒短、椭圆形的粳糯酿酒性能最好。所以说籼糯最适宜包粽子,粳糯宜酿酒。糯米所含的都是支链淀粉,黏性好,在蒸煮过程中很容易糊化,达到熟透而不糊的要求;易糖化,发酵速度快;残酒糟少,出酒率高;酒中残留的糊精和低聚糖较多,酒味醇厚。所以至今我国名优米酒大多以糯米为原料。

**2. 粳米**

粳米是禾本科草本植物稻(粳稻)的种子,又称大米、硬米。首先,粳米的直链淀粉含量平均在(18.4±2.7)%,所以呈硬性、不黏而松散的饭粒。粳米米酒酿造中,蒸煮必须采取"双蒸双泡"蒸饭法解决粳米米酒的这一难题。其次是粳米的糖化发酵由于淀粉粒原因而造成糯糊状态,影响酒的质量和产率。后来添加了纯种熟麦曲及糖化酶,解决了粳米米酒生产中的另一个难题,使粳米米酒生产得到了推广应用。现在很多地方的酒厂大多都采用粳米原料酿造米酒,既解决了糯米原料缺少的问题,又降低了米酒的生产成本。

**3. 籼米**

籼米是用籼型非糯性稻谷制成的米。籼米的直链淀粉高达23.7%~28.1%(最高值达35%),绝大多数为中等度,胶稠度硬,长度为25.5~33mm,早、中籼米粒伸长度为140%~180%,因此,蒸煮时吸水较多,米粒干燥蓬松,冷却后变硬,回生老化现象,影响糖化发酵作用。而饭粒中淀粉发糊状态比粳米更严重,故有出酒率较低、出糟较多等问题。后来,衢州采用熟麦曲加糖化酶及米酒活性干酵母为糖化发酵剂生产籼米米酒,而且酒的质量好、出酒率高、成本低。在蒸煮方面将浸米粉碎进行蒸煮,解决籼米颗粒蒸煮的繁琐操作。

## 二、其他原料以及辅料

除大米类原料外,因为各地的地理、气候、风俗、文化等条件的不同,也产生了一些采用其他谷类作物来酿制的米酒。

**1. 黍米原料**

黍米(大黄米)是禾本科植物,叶子线形,子实淡黄色,去皮后色泽光亮,颗粒饱满的金黄色米粒比粟米稍大,故称黄米或大黄米。

**2. 粟米原料**

粟米的叶子是条状披针形,有毛,穗状圆锥花序,子实圆形或椭圆形,脱壳碾除糠层后习惯称小米。小米在脱壳以前,北方习惯称谷子。谷子的谷壳率一般在 15% ~ 20%，千粒重在 1.5 ~ 5.1g。

## 三、原料的处理

糙米需经精白、洗米、浸米、蒸米等处理过程。

### (一)米的精白

糙米经碾米机加工过程的擦离、碾削作用而精白至规定的加工精度。一般糙米经碾米机碾白后，表面较粗糙，含糠、含碎粒往往超过规定，故加工精度高的大米，还要采取刷米、去碎、凉米的处理，使之达到符合规定的成品质量要求。精度低的标准二等大米，如碎米不超过规定时，则可省去刷、凉环节。

#### 1.精白的目的

糙米表面是一层含粗纤维较多的皮层(糠层)组织，皮层含有粗蛋白 14.8%，粗脂肪 18.2%，粗纤维 9%。蛋白质和脂肪含量多，这些都是米酒异味的来源，会影响到成品酒的质量，应尽量精白碾除。使用糙米或粗白米酿米酒时，植物组织的膨化和溶解受到限制，米粒不易浸透；蒸煮的时间长，出饭率低，糊化和糖化的效果较差，色味不佳，饭粒发酵也不易彻底；核层富含的蛋白质和脂肪又易导致生酸和产生异味。

糙米精白时，大部分的糠层和胚被擦离、碾削除去。一般以粒面留皮率为主，并辅以留胚率，留皮率用以评定大米的加工精度。精白过程中的化学成分变化规律是：随着精白度的提高，白米的化学成分接近于胚乳；淀粉的含量比例随着精白度的提高而增加；其他成分则相对地减少。

但是，从充分发挥经济效益的角度来衡量，加工精度又牵涉到大米的价格级差，标准一等大米，酿酒效果较为满意；标准二等大米则质量较差，但价格也较低。一般尽可能以选用标准一等大米为宜。

### 2. 精白度和糙出白率

大米的加工精度越高,其碾减率越大,出米率就越低。糙米出白率(出米率)是衡量稻米品质的一个重要指标。

我国酿造米酒,有的作坊不太注意米的精白率和大米的验收标准,还大都选用精白度较差的标准二等大米,因而在不同程度上影响了米酒的质量。有的作坊将标准二等大米再经适当精白以后投入生产,对提高酒的质量则是有效果的。粳米和籼米较糯米不易蒸煮和糊化,更应提高精白度。但由于糙米籽粒的形态特征,精白度越高,则碎米大量产生,降低糙出白率,价格级差大,因此,粳米和籼米的精白度以选用标准一等为宜,糯米则标准一等、特等二级都可以。

### (二)洗米

在大米中还附着一定数量的糠秕、米糊和尘土及其他夹杂物。为了提高品质及避免糠秕、米糊因浸渍而流失,可通过筛米机筛分回收。也有少数作坊采用洗米机进行洗米,洗到淋出的水无白浊为度,但糠秕、米糊也随之流失到米泔水中。目前国内有的作坊是洗米和浸米同时进行,有的取消洗米而直接浸米。

### (三)浸米

浸米是为蒸煮服务的,掌握得好坏直接影响到蒸煮糊化的质量。用传统的摊饭法酿酒,浸米时间长达二十多天,目的一是使米吸水膨胀,二是利用含乳酸的浆水调节醅液酸度,保障高档米酒发酵的安全进行。南宋朱员中著的《北山酒经》中曾提到浆水的重要性,他说:"造酒最在浆,浆不酸即不可酝酒"。而且还说:"如浆酸,亦须约分数以水解之",可见宋朝酿酒就用浆水,并且很注意浆水的酸度。如果太酸,须适当加水冲淡,达到调节发酵醅酸度、保护酵母、抑制杂菌的目的。

### 1. 浸米的目的

(1)有利于蒸煮物化:干燥的大米是不能蒸煮物化的,必须先浸渍,吸收水分,使植物组织和细胞因充分吸收水分而膨胀疏松,颗粒软化,分散胀体细胞中的蛋白质网。生淀粉三维网组织充分吸水膨胀后,淀粉颗粒之间也逐渐疏松,但淀粉在冷水中不溶,在加热时逐渐膨胀。由于热能作用而使水及淀粉分子运动剧烈,当淀粉粒外部的三维网构成能不及分子运动能大时,三维网组织一部分被溶解而形成间隙,水分侵入淀粉粒内部,以致全部三维网组织完全破坏,并进一步形成单分子物质而呈溶解状态。淀粉只有溶解后才能有效地被酶作用,进而水解成可发酵性的结构,因此,浸米与蒸煮物化是密切相关的。一般大米淀粉体积蒸煮后能扩大 60 倍,但米粒的膨胀约在 1.8~4 倍,这就说明米粒的非淀粉成分有阻止膨胀的作用。由于直链淀粉含量与米饭吸水性、蓬松性成正相关,与软性、黏度、光泽成负相关,所以,米饭蒸煮后越蓬松,胀性就越大。大米的吸水能力越大则胀性同样也大,吸水能力还与米粒的表面作用有关,长粒大米的表面积比短圆粒大,因而吸水能力和胀性也大。大米的蛋白质间组织紧密,充分地浸渍可使淀粉颗粒的巨大分子链由于水化作用而展开,所以,常压蒸煮时仅需较短时间,就能蒸煮和糊化透彻,不致出现白心夹生的饭粒。因此,适当延长浸渍时间,可以缩短蒸煮时间。

(2)利用含乳酸的浸米浆水:浸米不仅是为了使大米吸水后便于蒸煮糊化,同时,也是为了要汲取底层含乳酸的浸渍水(俗称浆水),它是传统摊饭法酿制米酒工艺中的一种重要配料"三浆四水"中的浆。浸米时间冬季长达 16~20d,是为了抽取新糯米的浆水作配料,依靠乳酸菌繁殖而产生的微酸性环境,抑止产酸细菌繁殖从而防止酸败,俗称"以酸制酸"。大米在浸渍过程中,约有 6%左右的水溶性物质被溶解转入到浸渍水中,其中有糖分、水溶性蛋白质、无机盐类、大米粒表面的皮层和粉层等。大米带有微生物,浸渍水里也带有微生物,这些微生物大都是酵母类,或白地霉和乳酸链球菌。乳酸链球菌能发酵可溶性糖分,转变成乳酸。另外植酸酶也能将大米的植酸钙镁盐(俗称"菲汀")分解成肌醇和磷酸。当有害微生物大量侵入时,蛋白质会被分解成一种有怪味的酸,产生稠浆、臭浆。这种浆水有害于正常发酵,不能使用。陈糯米因经过长期贮存,内部的化学物质发生了变化,往往会引起脂肪变性,米味变苦,故这种米的浆水要弃去不用。粳米的蛋白质等含量较糯米多,在长期浸渍过程中,浆水容易因杂菌侵入而酸败,产生怪杂味,不利酿酒,应弃去不用。

浆水不仅能保障发酵正常进行,而且对形成米酒的独特风格,也起着特别重要的作用:

①浆水中大量的有机酸,可以调节发酵醪的酸度,抑制杂菌的生长,保护酵母菌的繁殖。

②浆水中含有大量的氨基酸和生长素,为酵母提供了优良的营养物质,有利于酵母的繁殖。

③浆水可以改善酒的风味。

(3)浸米设备和操作:传统工艺大都用缸浸米,绍兴瓦缸每缸可浸米288kg。浸米的缸洗净后用石灰水消毒,然后在缸内盛放清水,倾入筛过洁净的大米,水以没过米层6cm为宜。淋饭酒一般浸2～3d。浸渍后的大米用竹箩盛起,再以少量清水,淋去米浆,待淋干后再进行蒸煮。摊饭酒浸米期长达16～20d,故浸米数天后,水面常生长着一层乳白色的菌醭,且有小气泡不断地冒出液面,使水面形成一朵朵小菊花般的皮膜酵母菌落。浸米至手捏米粒能成粉状,常压蒸汽蒸熟即可。

凡用当年新糯米做摊饭酒,如浸渍后的浆水,符合抽浆的质量要求时,在蒸煮前一天,先将缸面用浸渍水冲洗,然后将浸米轻轻转松,再插入高85cm、上口径35cm、下口径25cm的圆柱形"米抽"。将"米抽"内的米带浆挖出,放在缸面一旁,然后舀取米浆,用竹箩滤出不带米粒的浆水。一般新糯米288kg,浸渍后可抽得160kg原浆水。每缸浆水可控出清水50kg。调节酸度不超过0.5g/100mL。在严寒天气,如酸度在0.5g/100mL左右,或略有超过时,可以不再掺水,经澄清一夜,隔日撇取上层清净浆水作"三浆四水"的配料。此外,浆水不能放置过久,以免变质不能使用。如在浸米期间,发现浆水发黏、发臭、发稠等情况,则须用清水淋洗浸米,浆水弃去不用。

传统法的浸米设备大都用缸或坛。但目前不少作坊已改用浸米池、浸米罐。白米的浸入和浸出也已采用机械或水力输送,这样既可减少场地和降低劳动强度,又可提高劳动生产率。

**2.浸米的时间和要求**

用软水浸米,容易渗透,溶出的无机成分比较多,洁净的江、湖、河水大都是软水;用硬水浸米,有机成分溶出较多,深井水大都是硬水。用温度高的水浸米比用温度低的水渗透快,但米中有效成分的溶出也快。

除了因利用酸浆的传统法而采用20多天长时间浸米以外,大都根据水温高低、米质软硬、精白程度及米粒大小决定浸米时间。一般糯米比粳米和籼米吸水速度快;大粒的软质米及精白度高的米,吸水滤较高,其吸水速度亦快。

由于米酒的类型、品种不同,在酿造工艺上各有差异,以及气温、水温及米的性能不同,各地米酒作坊浸米时间的长短差别也很大。最短的如福建老酒夏季只浸5~6h,九江封缸酒冬春季节只浸8~10h,龙岩沉缸酒冬春季节也只浸15~18h,浙江的淋饭酒、喂饭酒都在2~3d。

浸米的水温差距也很大,南方的传统操作大都采用常温浸米。北方因原料不同和气候寒冷等因素,掌握浸米时间与水温亦有所不同,如山东即墨在浸渍黍米时,就加入60%以上的沸水,先泡软黍米外皮,然后立即急速搅拌散冷,以便于浸渍时水分能渗入,然后浸渍20h,大连则采用60℃的热水浸渍20h。

浸米的程度一般要求米的颗粒保持完整,用手指捏米粒呈粉状为宜,不可将米浸得过度而变成粉末,以免成分大量流失到浆水里而遭受损失。

浸米一般要求达到米粒能充分吸水膨胀,水分吸收量为25% ~ 30%,但应防止由于米浸不透,而使蒸煮时出现生粒,在酿酒时出现酸败。

### (四)蒸米

蒸煮是米酒生产的主要操作工序之一,蒸煮质量的优劣,不仅关系到发酵效率和酒的质量,而且是提高出酒率的重要因素。

#### 1.蒸煮的目的

蒸煮主要是使大米中的淀粉粒结构发生变化,以达到能让酵母充分利用的程度。

蒸煮的作用,首先就是通过加热膨化,使植物组织和细胞破裂,水分渗入淀粉粒内部。淀粉经糊化后,三维网组织张开,削弱淀粉分子之间的组合程度,并进一步形成单个分子而呈溶解状态,使它易受淀粉酶的作用,迅速进行加水分解,把淀粉水解成可发酵性糖。米酒酿造要经过淀粉的糊化、糖化、发酵过程,而蒸煮正是为了使大米的淀粉受热吸水糊化,使米的 $\beta$ – 淀粉结晶构造破坏而 $\alpha$ 化,以有利于糖化、发酵的正常进行。

其次,由于原料表面附着大量的微生物,如果不将这些微生物杀死,会引起发酵过程的严重污染,使发酵醪酸败,所以,蒸煮的第二个作用是杀菌,以保证发酵的正常进行。由此可见,蒸煮是对酒的质量和产量影响很大的一个重要工序。

**2. 蒸煮的时间和米饭的质量要求**

大米经过蒸煮,原料内部的淀粉膜破裂,内容物流出,变成可溶性淀粉,这一过程叫做糊化。整个蒸煮糊化过程,可分两步进行:第一步是淀粉颗粒吸收水分而膨胀;第二步是当加热到一定温度时细胞破裂,内容物流出而糊化。蒸煮压力、温度、时间对糊化的影响很大,但米酒酿造对大米蒸煮和糊化的要求,不同于酒精生产。

由于米酒酿造是糖化和发酵并行,不仅要求生产高浓度的酒精,而且要求醪的黏稠度小,使酵母活动力大,以利于酵母的增殖和发酵;同时又要求有利于榨酒。如果采用整粒大米发酵,较易达到上述的目的。因此,不论传统操作的淋饭、摊饭、喂饭法,还是新工艺大罐发酵,都是整粒大米蒸煮后直接投入醪液中糖化和发酵。此外,为了拌药做酒母,要求饭粒蒸熟、蒸透无白心,使菌类繁殖有充分的氧气供应。太糊太烂不但不利于拌药繁殖根霉,而且也不利于发酵的正常进行。

米酒酿造蒸煮时间的长短,因米质、浸米时间、蒸汽压力和蒸饭设备等不同而异。一般对糯米和精白度高的软质粳米,常压蒸煮15~20min就可以了。对物化温度较高的硬质粳米,要在蒸饭中途追加热水,促使饭粒再次膨胀,同时适当延长蒸煮时间,使米饭蒸熟软化,达到较好的蒸煮效果。

对蒸饭的质量要求达到:饭粒疏松不糊,透而不烂,没有团块;成熟均匀一致,蒸煮时没有短路或死角,没有生米;蒸煮熟透,饭粒饱满,充分吸足水分,内无白心。

如果饭蒸得不熟,饭粒里面就会有白心或硬粒。这些白心就是生淀粉,这部分半生半熟的淀粉颗粒,最易导致糖化不完全,还会引起不正常的发酵,使成品酒的酒度降低或酸度增加,不仅浪费粮食,而且影响酒的质量。解决白心的办法如下:糯米要注意在浸米时必须多吸收水分,还要在饭面上浇淋适量温水,如果米已浸透或米质过黏,就不必再浇水;对于粳米和籼米则必须采用"双淋、双蒸"的蒸饭操作法来解决。

如果在蒸饭时,蒸汽发生短路,造成蒸煮死角,会使一部分饭粒有白心,甚至会有较多的整粒生米混入。因为蒸饭是蒸汽透过米层而把饭粒蒸熟,只有当蒸汽均匀地通过米层时,才能使整个蒸饭桶里的米粒受热平均,达到成熟均匀一致的目的。因此,在用传统的蒸桶蒸饭时,必须随时注意和调整蒸汽的压力和流量,随时注意上汽情况,随时用小竹帚耙动蒸桶上的米粒,盖住先透汽的部分,耙浅后透汽部分,直到全面透汽,饭粒才能均匀一致。

如果米蒸得过于糊烂了也不好。米饭糊烂粘结成饭团以后,成为烫饭块,即使经过水淋,也不易冷却,既不利于发酵微生物的发育和生长,又不利于糖化和发酵。同时这些发糊的饭块,有一部分在发酵后期成为僵硬的老化回生饭块。这些回生老化的饭块,即使再经过一次蒸煮,仍旧不容易蒸透,不易糖化,日后榨酒时,会造成堵泵,堵塞管路或滤布,不仅增加榨酒困难,也会降低酒的质量和出酒率。所以,对蒸饭的质量,要求达到饭粒疏松,不糊不烂。

判定蒸饭质量的好坏,即"外硬内软,内无白心,疏松不糊,透而不烂,均匀一致"。简易的理化测定是取饭粒用双面刀片剖开,观察心子,并做碘反应试验,判定糊化质量。

### 3. 米饭的冷却

蒸熟后的米饭,必须经过冷却,迅速地把品温降到适合于发酵微生物繁殖的温度。因为蒸煮以后熟饭的温度很高,在气温比较高的时候,如果要靠自然冷却的方法,把品温降到适合于发酵微生物繁殖的温度,将要经过较长的时间。在这段较长的时间里,熟饭在自然环境的室内外,很容易被有害微生物侵袭,导致酸败。传统的冷却方法按其用途可分成淋饭冷却和摊饭冷却。做淋饭酒和喂饭酒都采用淋饭冷却法，就是用清洁的冷水从米饭上面淋下。

淋饭冷却有两个优点。第一，用淋饭冷却法降低品温快速方便。不论天气冷暖都可以灵活掌握，调节至所需要的品温。在冬天气候过于寒冷时，为保持酒药拌入和搭窝的适宜品温，若饭粒表面经冷水淋后温度过低，可取淋饭流出的部分温水(约40~50℃)，重复淋回饭中，使品温回升。经过还水复淋，饭粒温度上下较均匀，里外较接近，有利于糖化发酵菌(最主要是根霉菌)的繁殖，也避免了培养温度偏低而使窝内酒酿过于推迟流出。若淋饭后的饭温过高，甚至混有烫手的粘糊饭团，则会把酒药中的有益微生物烫死，产生俗称"泡药"的毛病。淋饭温度掌握不适当的淋饭酒或喂饭酒，下浆放水后酒醅不容易发酵，等到发酵开始时，酒醅容易发黏，这是由培养温度不适当所引起的不良发酵现象。第二，淋饭冷却能适当增加米饭含水量，使热饭表面光滑，饭粒间能分离和通气，有利于拌入酒药和搭窝的手工操作。同时淋饭后的熟饭，又须沥去淋水带入的余水，因为根霉菌属于好气菌，培养繁殖需要空气和湿润的饭粒。搭窝的目的也是为了增加与空气的接触面，所以要沥去淋饭的余水，防止拖带水分过多，俗称拖水或酒药被"水化"。如出现这种现象，根霉的繁殖会减慢，糖化发酵力也将变差。

摊饭冷却就是将蒸熟后的糯米饭，摊放在阴凉通风场所的已经事先洗净晒干的竹簟上，并在倒饭入簟前，先在竹簟上洒以少量冷水，以免饭粒粘着于竹簟上，随即用木楫或木耙摊开，并翻动拌碎，使饭温迅速下降至符合下缸所得要的品温。因为发酵缸内是自然温度的冷水，要靠推饭的品温来调节发酵醅的温度。

但上述这种把米饭放在竹簟上摊开，用木楫或木耙翻抄散凉，进行自然冷却的方法，占地面积大，冷却时间长，如遇卫生条件差，操作不当时极易污染。因此,现在卧式或立式蒸饭机都改用机械鼓风冷却,冷风从不锈钢的输送网带向上吹。也有风冷和水冷结合型的,即先鼓风冷却再加适当冷水淋洒冷却,且大都已实现了蒸饭和冷却的连续化。摊饭冷却从自然冷却发展到风冷和水冷,是工艺上的一大改革。风冷或水冷可以使熟饭迅速冷却并且均匀分散,不产生热块,防止因冷却慢被有害微生物侵袭而引起酸败及老化回生现象的发生。淀粉老化后不易被淀粉酶水解,造成淀粉的损失。特别是粳米和籼米原料,因其直链淀粉含量较多,故更容易发生老化回生现象,应确保达到迅速冷却这一要求。

# 第二节 酒药

酒药或称小曲、白药、酒饼,是我国独特的酿酒用糖化发酵剂。小曲中以根霉为主,酵母次之。所以,酒药具有糖化和发酵的双边作用。小曲中尚含有少量的细菌、毛霉和梨头霉等,如果培养不善,酒药会含有较多的生酸菌,酿酒时控制不好,则发酵液就容易增酸。在我国南方,使用酒药较为普遍,在米酒的制作过程中起着举足轻重的作用。在绍兴米酒生产中,是以酒药发酵的淋饭酒醅作为酒母,然后去生产摊饭酒。它是用极少量的酒药通过淋饭法在酿酒的初期进行扩大培养,使霉菌、酵母菌逐步增殖,达到淀粉原料充分糖化的目的。同时还起到了驯养酵母菌的作用。这是绍兴米酒生产独特之处。

酒药具有糖化发酵力强、用药量少、药粒制造方法简单、设备简单、易于保藏和使用方便等优点。

目前,酒药的制造方法有传统法和纯种法两种。传统法中有蓼曲和药曲之分;纯种法主要是采用纯根霉菌和纯酵母分别培养在麸皮或米粉上,然后混合使用。

## 一、传统法制作酒药

米酒所用的酒药(白药),早年采用的是蓼曲。酒药是用早籼米粉为原料,添加辣蓼草粉为辅料,取用上一年优良酒药接种,以人工掌握发酵条件,自然培育而成。

制酒药所用的辣蓼(Polygonum flaccidum Meissn),又名水蓼、虞蓼、泽蓼、川叶、辣马蓼、辣椒草、青蓼、蝙蝠草、辣柳草、蓼子草。辣蓼是一年生草本,高 60～90cm,全株散布腺点及毛茸。茎直立,或下部伏地,通常紫红色,节膨大,叶互生,有短柄。叶片广披针形,先端渐尖,基部楔形,两面被粗毛,上面深绿色,有八字形的黑斑,托叶鞘膜质,缘生长刺毛。穗状花序生于枝顶,花梗细长,长 6～12cm,下垂,疏花;花被 5 深裂,白色,散布绿色腺点,上部呈红色;雄蕊 7～8;子房 1室,花柱 3 枚。瘦果 3 棱,外包宿存花被。花期夏季。

辣蓼草中含有丰富的酵母菌及根霉菌生长所需的生长素,能够促进菌类繁殖。所以在酒药生产中常加入辣蓼草粉以达到促进发酵菌种繁殖的目的。

在酒药生产中,除采用辣蓼草的经验外,还要认真挑选优良种母进行接种。挑选标准是糖化和发酵力强,生酸低,酒的香味好等。另外原料处理及配料选择要严格。原料须采用当年早收籼米。因为原料米中滋生着很多有害菌,所以认真挑选新鲜原料是非常重要的,否则米粉中大量杂菌必将影响根霉、酵母菌等酿酒有益微生物的繁殖,并影响酒药的质量。合理的配料目的是给酿酒的微生物创造良好的生长繁殖环境和供给足够的营养成分,其中包括碳源、氮源及微量元素等。

### 1. 白药的生产

(1)配料:米粉 18.75kg,将甲籼糙米磨成细粉。辣蓼草粉末126～157g。它的采集和制法:每年 7～8 月间,尚未开花前割取野生辣蓼,除去杂草、洗净,必须当日晒干,经搓软去茎,将叶磨成粗末备用。种母 400~500g(兑 22.5kg 原料米粉)。采用质量优良的陈年白药,经磨成粉末。水 10.5~11.5kg,用清洁河水。

(2)工艺流程:

籼米粉→拌料→切块→滚角→接种→入缸保温→入匾培养→换匾→装篓→出篓→晒干→成曲

(3)工艺要点:

①接种:将以上配料均匀混合后,置石臼中,用石槌捣拌,以增强它的黏塑性,再用篾托将其移入长约 90cm、宽约 60cm、高约 10cm 的木框内,用竹刀刮成厚 5cm 的粉层,盖上蒲席,用脚踏实。再去席,用木桩打紧,去框,用刀切成 2~2.5cm 的方块,然后分 3 次移入悬挂在空中的大竹匾中(竹匾为直径 130cm、高 20cm,篾制成圆形的匾)。两人对立,用手来回推动使酒药更加结实,同时将方角滚成圆形,再移入悬挂在空中的浅木盆中,由两人用双手将木盆回转,另一人将白药用粉筛筛入木盆中,使白药均匀地黏附在新酒药的表面。接种后,再筛去碎粒,入缸保温培养。

②保温培养:先在一大缸 1/2 的深处,横架 3 根竹竿,呈星形,上铺一层稻草。在稻草上铺 20cm 厚的砻糠,再在砻糠上铺一层稻草,将酒药醅平铺上,酒药醅之间留有空隙,切勿重叠或黏合在一起。排列一层酒药后,上面再撑 3 根竹竿,以支撑竹篾编织的、底面有孔的、直径约 1m 的浅盘,俗称“篾托”。并在篾托上铺一薄层洁净稻草,再放一层酒药,最后盖上篾制的缸盖,上堆加麻袋保温。

白药制造气节,一般在农历七八月间,气温在 28℃为宜,经 24h 以后,酒药表面已长出白色菌丝,品温已上升到 34~35℃,缸边用手摸,有水蒸气凝集,并发出香气,这时就可撒去麻袋,将缸盖掀起 6cm,以供新鲜空气,再经 2~3h 又揭开至 10~15cm 高,又经 5h 后可将缸盖全部掀除,并将篾托取出,使酒药充分与空气接触,降低品温,菌丝也逐渐萎缩。过1h就可将酒药取出。

酒药由缸中取出后,便移入三面墙壁、一面用竹席围住、不通风的保温室内,保温室中排列有5~7层木架,每层相距约30cm。将盛酒药的篾托搁在上面,此时品温已降到29~30℃,比室温高1~2℃。经3~4h品温上升到38~42℃,又经5~6h品温回降至35~39℃,此时需要进行换托、并托等操作。换托就是将一篾托的酒药倒入另一空的篾托上,然后将三托并为二托,其目的是使酒药品温达到均匀,以及不使品温过快降低,保持一定的品温,此后品温仍达40℃左右,再经10h,重新换托,此时酒药已逐渐干燥,品温与室温相近。又经10h便将酒药倒入竹箩内,每箩25kg,约占箩的容量1/2,盛箩之前在箩中心竖稻草一束,使箩中酒药水分更好地向外挥发和箩内上下品温均匀。再经8~10h,将两箩并一箩,以后每天换箩两次,经2~3d后,即可在阳光下晒,需晒2~3d达充分干燥,贮藏。备用。

**2. 药曲的生产**

在酒药生产中还有一种生产方式是添加中药,添加中药的酒药称为药曲。药曲中加中药可能起源于晋前或晋初(公元265~304年)。晋《南方草木状》里就有制草药曲的方法,稍后的《齐民要术》的制曲法里,也分别使用了苍耳、茱萸、野蓼、桑叶或艾煎汁等中草药,唐朝《岭表录异》里也有类似的记载。

酒药中加入中药在当时可谓是一种重大创造,它对增加酿酒菌类的营养和杂菌的抑制,起了一定的作用,能使酿酒过程发酵正常并产生特殊香味。

药曲生产所用原料和辅料各不相同,如有的用米粉或稻谷粉,有的添加粗糠或白土。其配方用中药,有的20多味,有的30多味,而中药的品种也各有不同。在生产方式上,有的在地面稻草窝中培养,有的在帘子上培养,还有的用曲箱培养。药曲制造虽然各地有所不同,但主要应掌握:严格挑选优良药曲为种母;从当地药材资源中挑选高药力、低成本的中草药来制作配方;原料的配方要有利于有益菌种的繁殖;控制好药粒生皮、干皮、过心三个主要繁殖阶段的品温和湿度。

(1)配料:稻谷粉500kg,细糠150kg,中药粉23kg,水58%～60%(以米粉与药粉混合料总计量),种母约10kg。

中药配方:川巴3kg,川马0.5 kg,前胡3 kg,甘草1 kg,官桂1.5 kg,山奈1 kg,石膏8 kg,牙皂3 kg,小茴香1.5 kg,活石4 kg,闹羊花1 kg,桂皮1 kg,山栀子1 kg,川干姜1.5 kg,化细辛1 kg,大茴香0.75 kg,黄麻3 kg,大独活0.5 kg,甘松0.5 kg,万春花1 kg,草乌2 kg,升黄1.5kg,威灵仙1 kg,白芷2kg,玉桂子0.5 kg,草蔻0.5 kg,大公丁0.5 kg,黄柏1 kg。

(2)工艺流程:

中药、稻谷粉碎成末→拌料→上框压平→切块→滚角→接种→保温培养→晒药→成曲

(3)工艺要点:

①原料要求:谷粉用干燥不霉变的新稻谷(籼谷)磨成细粉,最好需要多少磨多少,以免发热变质。细糠应用新鲜稻谷壳加工而成。中药经曝晒、干燥,粉碎成细粉。拌料的水可用自来水或清洁的饮用水,经加热煮沸,按水量的1%加入新鲜辣蓼草煮沸后去渣备用。另外,还要挑选质量好、出酒率高的优良药曲作为种母。

②制药曲的草窝:用新鲜、干燥、清洁的稻草,除去稻皮(下部),平摊于干燥的地面上(或楼板上),厚约4cm(天冷为6～7cm)。曲房应选择清洁、干燥,既能保温又可通风散热的场所为宜。

③制作:先将谷粉、细糠、中药粉交错分层列在蔑簞上,然后两人用木铲反复均匀翻拌好后,分10批进行制作,每次约65kg。在木桶

中先倒少量沸水,加以搅拌,然后将余下沸水全部倒入,此时4人用木棍迅速搅拌均匀,一般需要连续搅拌约20min左右,其标准是:不见干粉,用手捏药曲料能结块,吸水均匀。拌好后立即开始压坯。压坯就是把拌好的料,放在一个正方形的木框内(如井形),进行压坯并用脚踏实,以防切坯时破碎。切坯大小要均匀,每块药粒成正方形,边长以7.5cm为宜,然后将切好药还放到竹筛上进行滚角,再倒入竹匾上,撒入种母粉,并旋转竹匾,使每块药坯外层布满种母粉。将药坯送入保温室,并排列在稻草窝上,要求坯与坯之间有间距,以便通气、散热,再以新鲜稻草覆盖药坯,进行保温培养。稻草的厚薄程度,天热宜薄,天冷宜厚,并应边排边盖,以防药坯表面风干,不利于菌类生长。

④保温培养管理:药坯摆好以后,应将窗户关上,堵好气孔,保温室门关好,12h后,检查菌类生长繁殖情况。此时药坯上应有菌丝出现并带有药香(天冷约24h),经18~20h,菌丝繁殖旺盛(天冷约24h)。从药坯发热升温到菌丝开始倒伏并呈现白色菌膜时,称生皮阶段,经历时间为20~24h,繁殖品温一般在28~32℃。此时可以进行开风。开风就是将盖好的稻草除去,打开窗户或气孔,以利于排去空气中的湿气。开风后经1~2h,进行翻曲,即将每块药坯翻面一次,此时药坯表面菌丝薄膜已不太粘手。再经8~10h,菌丝已从药坯表面大量地向药坯内部生长,品温一般在32~34℃,可进行第二次翻面,使之繁殖均匀并挥发去一部分水分。此时为繁殖旺盛时期,并应注意不使品温上升过高,直至药坯的表面呈粉白色为止,称为干皮阶段。这时表面菌丝已生长到药坯的2/3部位,则应将药坯全部搬出蔑簟,放在另外蔑簟上打堆。天热时打堆高度10cm左右,天冷时约30cm,四周用稻草围起来,以保温。堆内品温维持在33~35℃,经8~12h后进行翻堆。翻堆时将四围的药坯翻到中心,中心的翻到四围,

底部的翻到上面。翻堆后品温上升到35℃,便可进行第二次翻堆,并可增加积堆厚度,以保持适宜的繁殖品温。当根霉菌丝长到药坯中心时,水分已大部分挥发,药坯已转为粉白色,这说明繁殖已停止,品温也不再上升,称为过心阶段。当品温与室温相接近即可进行晒药,或烘药。一般要求成品药曲的水分在12%以下。晒干后的药曲即可贮存于密封的容器中(或酒坛中)备用。

## 二、纯种酒药

我国传统酿造米酒所用的糖化、发酵剂为酒药,它是采取自然培养制造而成的。由于在培育过程中原料及工具等都没有经过严格灭菌,又没有一定的培养室,因此,除了根霉菌和酵母菌以外,还有多种菌类(包括有益的和有害的)同时生长。所以,酒药是一种多种微生物的共生体,这就是形成米酒的独特风味的原因之一,也就是多种菌发酵的特点。但同时也存在着不少缺点,最主要的缺点:因为酒药是多种菌共存,为了保证糖化、发酵顺利进行,酿酒必须选择在低温下进行生产,以达到低温、缓慢发酵的要求,防止酸性细菌生长繁殖而造成升酸或酸败。所以,传统米酒生产的季节要选择在立冬到立春之间就是这个道理。因为这段时间是全年气温最低的阶段,而这段时间又非常短暂,只有3个月的时间,生产非常集中,致使场地和设备利用率都很低,对扩大生产,提高经济效益都有一定的影响。

为了克服上述缺点,一些作坊采用了人工培养纯种的根霉菌和酵母菌代替了传统的酒药,取得了较显著的效果。这种生产方法既简化了操作,又降低了劳动强度。采用廉价原料麸皮作为培养基,降低了成本,节约了粮食。此外,人工培养纯种根霉菌和酵母菌含其他杂菌较少,发酵时酸度低,容易控制,很少有酸败之虑,除了高温季节外,立冬前和立春后都可投料生产,从而摆脱了季节性生产的限制。

由于纯种培养曲的糖化力和发酵力都比较强,相应地能提高了出酒率,一般比传统酒药可提高 5%～10%,对扩大生产,提高经济效益,稳定产品质量都起到了积极作用。成品酒具有酸度低、口味清爽而一致的特点,在市场上有一定竞争力。所以,人工培养纯种根霉菌和酵母菌的方法,被越来越多的作坊所采用。

纯种培养有各种不同的力法,比较多的是采用根霉菌和酵母菌分别在麸皮上培养,使用时再按适当比例混合。一般在酿制米酒时的使用量是每 50kg 原料米用根霉麸曲 75～100g(包括酵母麸曲在内)。以下介绍几种常用纯种酒药的制作工艺。

**1. 帘子制曲**

大多数作坊都采用竹帘子培养来制种曲或联曲,与木盘培养相比,它能大幅度地减轻劳动强度,帘子清洗和消毒亦都比较容易;帘子是用竹材制成,可以节约大量木材;竹帘子可架成三四层,占用培养室的面积小;帘子通气性好,有利于菌体的生长繁殖。

(1)润料、蒸煮:称取过筛后的麸皮置木盆中,加入 80%～90% 的水,充分拌匀后进行过筛以除去团块。为了使麸皮均匀地吸收水分,须堆积 30min。堆积后再进行蒸煮灭菌。灭菌方法可采用高压法或常压法,高压法是将麸皮装入纱布袋,置消毒釜内,以 0.098MPa 压力保持 30min。常压法是待蒸桶内上汽后加盖闷蒸 2h 以上。蒸煮灭菌后须迅速移入经消毒的培养室内,并倒入已消毒的木框内或铝制金属框内,同时用消毒后的筛进行过筛,以除去团块,否则,团块因含水分较多,容易滋生毛霉,俗称水毛,而影响根霉曲的质量。

(2)接种、培养:过筛后摊冷至 30℃,便可接入种子,接种量为 0.3%～0.5%,并充分拌匀。为了促使根霉孢子早萌发,最好先进行堆积,堆积时盖湿纱布保温、保湿。培养室温度应控制在 28～30℃。经 4～6h,孢子就开始萌发,品温也开始上升,此时可装帘培养,装帘的厚度一般要求 1.5~2cm,装帘后继续保温培养。培养室相对湿度应掌握在95%~100%,如达不到,可向室壁及地面洒水来达到所需湿度。经 10~16h 的培养,根霉菌丝已将麸皮连结成块,最高品温应控制在35℃,如超过此温度,可用酒精消毒后的竹橇或铝制金属橇翻面一次,以降低品温,并交换空气,亦可略开门窗进行放潮。翻曲时动作要轻快,因为此时菌丝比较娇嫩,如果动作较大容易损伤和折断菌丝,影响生长繁殖。在一般情况下,此时的相对湿度可掌握在85%~90%,并继续保温培养。再经 24~28h,麸皮表面已有大量菌丝生长,从表面上看去像极一层绒毛,此时就可出曲干燥。干燥好的曲子既可用作扩大培养的种子,又可作为酒曲用于生产。在整个操作过程中,操作人员进入培养室都要穿戴消毒过的衣、帽和鞋子,操作时应用75%的酒精擦手消毒,并注意个人卫生。

(3)干燥、贮存和保管:一般应在米酒生产没有开始前就做好曲子,存放起来备用,所以曲子必须进行干燥。干燥方法分烘干法和晒干法。烘干法的温度控制应分两步走,前期因曲子含水分较多,根霉菌对热的抵抗力较差,不宜用高温,一般前期干燥温度应控制在37~40℃,随着水分的蒸发,根霉菌对热的抵抗力逐步增加,干燥温度可提高到40~45℃。此外,还可用晒干的办法,即将培养好的曲子,装到清洁的竹匾内,盖上纱布放到清洁的场所,利用阳光晒干,但在高温季节要避开午间的太阳,以免破坏根霉菌的活力。干燥好的曲子应放在石灰缸内保存,以防吸潮变质。出曲后应做好培养室的清洁卫生工作,墙壁、地面和曲架要用自来水彻底冲洗。下次使用前一天还要用甲醛或硫磺进行灭菌。

(4)质量要求:曲子培养好后,用肉眼直接观察或放大镜观察,菌丝生长应旺盛,并有浅灰色孢子,无杂色,嗅之无异味,手抓疏松不粘手。

**2.通风制曲**

有的作坊用曲量较大,帘子制曲不能满足生产的需要,因而采用通风法生产根霉曲。此法改善了制曲工人的劳动条件,降低了制曲的劳动强度,节约了劳动力,提高了劳动生产率,降低了成本;减少了培养室的面积,提高了厂房利用率;所需的设备简单,简化了操作,节约工时,便于管理。此外,通风制曲的曲箱,用水泥、钢材及少量木材制成,可以节约大量木材。

(1)拌料、蒸料:最好选用粗麸皮,因其通气性比较好,对提高曲的质量有一定好处。通风法的曲料水分蒸发量小,通风时空气潮湿,因而加水量可以少一些,一般加水 60% ~70% ,但亦应视季节和原料的粗细不同来决定。拌水后用扬麸机充分打匀,并堆积 1h 左右,使之充分吸收水分。堆积后即可上甑蒸煮,上甑时要疏松均匀,以免产生窝汽或穿通,影响蒸煮质量。通常都采用常压蒸煮,即上甑完毕后,待上汽后,加盖闷蒸 2h 。此时应该利用蒸煮时间将拌料场地、扬麸机及工具冲洗干净,并用 10% 石灰水或 2% 的漂白粉水进行消毒,工具应浸到石灰水缸内消毒。

(2)冷却、接种:蒸煮完毕,边出甑边用扬麸机打散团块,进行冷却。当品温降到 35 ~37℃ 时开始接种,种曲用量为 0.3% ~0.5% ,且应按季节不同来决定。为了扩大种曲的接触面相使接种均匀,避免孢子飞扬,可先将种曲拌和部分已冷却的曲料,用手搓散拌匀,均匀地撒在冷却的麸皮原料上,并再次用扬麸机打匀。品温应控制在 33 ~35℃ 。冷却后可直接装箱,也有的经堆积后装箱。堆积不仅可以提高培养箱的利用率,还可促使孢子提前发芽。但堆积需要场地,而且工作不能在同一班完成,要分两班操作,工作安排有困难,所以一般不进行堆积。

(3)装箱培养:装箱要求疏松均匀,以利于通风。动作要迅速,如时间过长会影响保温保湿。装箱完毕品温应该在 30 ~32℃ ;料层厚度一般为 25～30cm,并视气温而定。料层过厚虽可起到保温保湿作用,提高设备利用率,但不利于通风降温,会造成上下层温差太大,致使菌体繁殖不匀;反之,料层太薄,通风过畅,又不容易保温保湿,也会影响繁殖。装箱后就进入静止培养期。另外,要做好卫生工作,对场地、扬麸机、工具等都要彻底冲洗干净,还要用石灰水或漂白粉水进行消毒,对墙壁也应消毒。

(4)静止培养:静止培养期即为孢子萌发阶段,需 4～6h。为了给孢子迅速发芽创造条件,应注意保温、保湿,室温宜控制在 30～31℃,相对湿度控制在 90%～95%。装箱后孢子逐步萌发,菌丝网结而不密,曲料空隙间的微量空气已足够满足菌体生长繁殖的需要,而且此时品温上升还比较缓慢,因此不需要通风,进行静止培养就可以了。随着品温逐步上升,就进入了间断通风培养阶段。

(5)间断通风培养:经过静止培养期,根霉菌发芽后逐步形成菌丝,但比较娇嫩,同时呼吸还不太旺盛,产生的热量也不太多,因此,只要采取间断通风就可以了。当品温上升到 33～34℃时即可开始通风,待品温降到30℃,即停止通风。第一次通风时,菌丝幼嫩,应注意调节风量,否则会由于风量过大,造成振动使曲料下沉,减少曲料之间的空隙,给通风带来一定的困难,因此,风量应小些,通风时间可稍长一些。由接种计算起 12～14h,根霉菌繁殖便逐渐进入旺盛时期,料层开始结块收缩,容易发生边沿脱壳漏风而造成通风短路现象,因此,要及时进行压板。

前期根霉菌丝比较脆弱,应尽量避免过分刺激,通风时温差不宜过大,如 34℃开始通风降到 30℃就可以停风,如果降得太低,温差较大,菌丝就很难适应。同时品温降得过低容易造成短时间内升不起来,拉长了通风时间,二氧化碳不能及时排除,新鲜空气不能及时得到补充,容易造成菌体窒息,从而抑制了菌体繁殖,还将导致乳酸菌的繁殖,造成倒箱。

(6)连续通风培养:经过间断通风培养期,根霉菌的生长繁殖进入旺盛时期,呼吸达到最高峰,品温也随之上升,再加上曲料逐渐结块坚实,散热比较困难,通风也受到一定阻力,因此,随着品温逐渐上升,就必须进行连续通风。最高品温应控制在35~36℃,否则不利于根霉菌生长繁殖。同时酿制米酒时也容易升温。所以通风时应尽量加大风量和风压,并通入低温(25~26℃),低湿的风,且在循环风中适当引入新鲜空气。当品温降到35℃以下时,可暂停通风,几分钟后品温又复升,再行通风,此时应尽量通入干风。后期由于麸皮中养分逐步被消耗,同时水分不断减少,所以,菌丝生长缓慢,根霉菌逐渐停止生长,开始生长孢子。培养时间一般为24~26h。

培养完毕,立即将曲料翻拌打散,并送入干燥风进行干燥,也可用日光晒干。干燥后贮存在石灰缸内备用。出箱后要做好培养箱、培养室场地及工具的清洁卫生工作。有条件的还要进行消毒。如出现生产不正常时,培养室应用甲醛溶液或硫磺进行消毒。

(7)质量要求:外观有绒状菌丝并有灰色或黑色的孢子,无其他杂色;嗅之无杂气;尝之无杂味;手抓松散不粘手;水分含量在10%以下。

**3.根霉曲生产工艺**

(1)培养基制备及试管菌种培养:用新鲜的大麦芽或干大麦芽制成13~16°Bé的麦芽汁或用大米糖化米曲汁,滤去沉淀再加入0.1%酒石酸及2.5%琼脂,溶解后装入18mm×180mm试管中,每支约10mL。0.1MPa高压灭菌30min,或常压杀菌2次,即成斜面培养基。经无菌试验后,可用。在无菌箱里接入根霉菌,在30℃培养箱中培养72h即成试管斜面菌种。

(2)三角瓶种子制备:将米粉或麸皮加适量水分,拌匀后装入500mL三角瓶,厚度约2cm,0.1MPa高压灭菌40min,冷却接种,培养温度 28～30℃,培养 72h 即成。曲粉结饼,长白色菌丝体,无黄色等杂菌污染。

(3)根霉曲制造:将麸皮加入适量水,放入 0.1% 酒石酸,拌匀过筛,常压灭菌 lh,摊凉到 30～35℃,将三角瓶种子接入拌匀(1 只三角瓶种子可接 5kg 麸皮),打堆,经 6～8h,可装曲盒或上竹帘,厚度 2～3cm,在室温 28～30℃ 条件培养,最高品温不超过 40℃,结块后翻曲一次,经 36～40h,即可晒曲。

(4)酵母制备:酵母的培养方法与白酒生产酵母培养相同,酵母菌可用黄酒酵母及生香酵母 1312、1276 等,在米曲汁中分开培养后再混合使用。将上面清液倒去,取其下层酵母泥。两只 1000mL 三角瓶实装 500mL 糖液的酵母泥,可拌 6～7kg 滑石粉。拌匀后在 35℃ 下干燥,或在太阳光下晒干备用。酵母同根霉曲的配比根据天气温度灵活掌握,一般酵母:根霉曲 = 1:50。

(5)根霉曲的鉴定:曲块布满白色菌丝,有糖曲香,无异味,曲块手捏有弹性、不僵硬,表面及曲中无黄色斑点或黑色及灰色斑点。

**4. 麸皮根霉曲生产工艺**

(1)斜面菌种试管培养:取 8～9°Bé 饴糖液或米曲汁、糖化液、麦芽汁等,量取 100mL 加琼脂 2.5g,加硫酸镁 0.1%,按常法制成斜面培养基。在 30℃ 培养箱经 72d 培养,证明无杂菌生长即可在无菌条件下接种。在 28～30℃ 下培养 72h 即成。

(2)三角瓶曲种培养:取粗细适中、麦粉少的新鲜麸皮,加水 60%～70%,搅拌均匀,以手捏能结团、触之即散为标准,然后装入 500mL 三角瓶内,每瓶约 30g,厚度约 3cm,塞好棉塞,包扎油纸,放入高压灭菌锅内,用 0.1MPa 的压力灭菌 40min,取出冷却于室温,在无菌室内进行接种,每株斜面试管菌种可接 4～5 个三角瓶,接种后置 30℃ 培养箱里培养 72h,待结饼即可。如暂时不用,可取出晒干或

40℃烘干备用。经小型试酿正常后,可用扩大曲种培养。

(3)种曲培养:称取粗细适中的新鲜麸皮加水75%~80%(以手捏能结团、触之即散为加水标准),充分拌匀,再用米筛筛过,以消除小团粒,保证曲料疏松,然后在饭甑内进行常压灭菌,待全部上汽后,再蒸40~60min。

将蒸好的麸皮曲料倒在大竹匾上,打碎团块,趁热用米筛过筛,消除小团块,以达到曲料疏松,待品温降到35℃左右即可接种,每个三角瓶根霉种子可扩大到2.5~3.0kg麸皮料中,充分拌匀后,即在原竹匾内堆积,覆盖干净麻袋,并在室温30℃的曲房内保温培养,经7~8h,品温上升至35℃左右,有曲香时即可装盒培养。曲料厚度5~6cm,曲料上覆盖报纸,接种后品温下降到25℃左右,应立即进曲室保温培养,约经12h后,曲温上升到33~34℃时,即除去覆盖的报纸,以后曲温控制在34~38℃,最高不超过40℃,进行繁殖。待曲料结饼不散时,可进行翻曲,方法是用竹片将曲翻面并适当破碎,曲料结饼说明根霉大量繁殖,翻曲后品温上升较猛,应经常测定品温,观察变化。一般品温控制在35~38℃,最高不超过41~42℃。由于菌丝大量繁殖,品温升高,曲料中的水分也大量挥发,随着曲料水分减少而干燥,品温也逐渐下降,经48h左右即成。成曲后可烘干或晒干,要求曲种水分在12%以下,于塑料袋包扎备用。做好根霉种曲必须进行试酿证明优良的,方可用于麸皮根霉曲生产。其质量要求是在室温30℃下,一般24h左右后,酒酿鲜甜爽口,呈玉白色,酒香正常,酒味不酸,表面无异色,含糖度在35%左右。

(4)根霉曲生产:根霉曲生产操作基本与种曲相同。不同的是用帘子制曲,曲料接种量1%~1.5%,其质量鉴定与种曲相同。

**5.固体酵母曲生产工艺**

(1)三角瓶酵母液体培养:取饴糖稀释至8~9°Bé,装入500mL

三角瓶内,150～200mL,塞上棉塞,包扎瓶口,置高压灭菌锅内,在0.1MPa压力下灭菌30min,取出冷凉后于无菌室内,用无菌操作将试管酵母菌泥2～3杯接入三角瓶中,摇匀后置28～30℃培养箱培养30～40h,待底有大量酵母泥即可。

（2）工艺:原料采用麸皮(要求粗细适中、细粉少)加水80%左右(以手捏能结团、触之即散为佳),搅匀过筛,在常压蒸汽灭菌30～40min。摊凉至30℃时,接入3%～4%的三角瓶酵母液及0.2%根霉曲,拌匀后装上曲盒(或帘子),厚度在3～4cm,在曲室室温28℃下培养,经12～15h时,翻拌一次,经24～30h即成。可晒干或烘干,水分在12%以下。用塑料袋包扎备用。酵母细胞数在$4×10^8$个/g左右,无酸气、霉气,有固体酵母曲气味。

（3）根霉曲与酵母曲的配比:一般麸皮根霉曲94%、麸皮酵母曲6%。在生产应用中根据酒醅的糖化与发酵质量,调整其配比。

## 三、甜酒药的生产

甜酒药主要用于醪糟(甜酒酿)的制作,甜酒药是糖化菌及酵母制剂,其所含的微生物主要有根霉、毛霉及少量酵母。

### 1.工艺流程

米糁磨粉→杀菌→摊凉
↓

培养基制备→根霉菌种培养→刮菌→研菌→稀释→拌和→制坯→保温→干燥→成品

### 2.工艺要点

（1）培养基制备:取14～16°Bé的麦芽汁1000mL,调节pH至4.5左右,再加琼脂25～28g,加热溶解后装入试管内,约5mL,塞上棉塞,在0.06～0.07MPa压力下灭菌30min后,取出制成斜面培养基,再于

28~30℃保温箱里培养3d,证明无杂菌可供接种。

(2)根霉菌种培养:选用3.851或3.866根霉菌种,在无菌条件下,接种到麦芽汁斜面培养基上,保温30~35℃,经60h左右,表面生长了大量菌膜和少量气菌丝时,即可备用。

(3)刮菌、研菌、稀释:取生长良好的根霉斜面菌种90支(20mm×18mm),用消过毒的薄竹片小心刮下菌膜放在研钵中研细,愈细愈好,使孢子充分扩散(研时可加少量无菌水),并加冷开水30~36kg,再加入$2×10^5$U青霉素一瓶,即成根霉稀释液。

(4)米糁磨粉、杀菌、摊凉、拌和:将米糁(碎米)磨成细粉,加热至110~120℃进行杀菌。可在铁锅内烘炒,操作时需翻拌,以防炒焦,达到所需温度后,即取出置于干净消过毒的拌料台上摊凉至室温。然后按每100kg米粉拌入稀释液6.6~7.2kg的标准,把稀释液加入米粉中拌匀(视气温与湿度适量加水),以手捏成团和跌地即散为度。

(5)制坯、保温、干燥:把米粉与水和菌液混合液充分拌匀后,用方框挤压成形,用刀切成方形,按块排列在竹匾上,块与块间距离为1~2cm,然后送入保温室保持温度32~37℃。经过24h,曲块表面即生白衣,同时产生清香味,说明发育正常。经过60h后,二指紧压如有弹力之感,则认为可用。在不超过50℃的温度下干燥,即成成品。

**3.成品检查**

(1)称取糯米0.5kg,用水淘净,浸渍8~16h(夏季8h、春秋12h、冬季16h),浸米后用水淋清沥干,再用蒸笼蒸熟,以饭熟透无生心为标准,然后用冷开水冲凉、沥干。

(2)取酒曲试样研成细粉。按用曲量0.5%的标准,将糯米饭与曲粉拌匀后,分在4个碗内,稍加按压,中挖窝,面上加盖,保温32~37℃,经24h酒酿满窝即可取样检查。其饭面无黑孢子及其他有色菌体;清香扑鼻,无异味;鲜甜可口,无酸味者为上等曲。

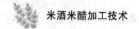

# 第三节　酒曲

利用粮食原料,在适当的水分和温度条件下,繁殖培养具有糖化作用的微生物制剂叫做制曲。曲是酿造米酒的糖化剂,它能赋予米酒特有的风味。我国明代宋应星的《天工开物》中指出:"无曲,即佳米珍黍空造不成"。这说明了曲对酿酒的重要性。米酒曲,随各地的习惯和酿制方法不同,种类繁多。按原料分类有麦曲和米曲,麦曲中又分踏曲、挂曲、散曲等,米曲中有红曲、乌衣红曲等种类。

## 一、麦曲

麦曲是指用小麦作为原科,培养繁殖糖化菌而制成的米酒糖化剂。它不仅给米酒的酿造提供了各种需要的酶(主要是指糖化酶),而且在制曲过程中,麦曲内积累的微生物代谢产物,亦赋予米酒以独特的风味。历来酿造米酒的麦曲都是采用自然繁殖微生物的方法。当然,自然培养曲是存在许多缺点的,例如糖化力低和用曲量大;制曲时间长和受季节限制;淀粉出酒率低和酒质不稳定;劳动强度大和劳动生产率低;不易实现机械化操作等。

### (一)踏曲

自然培养的麦曲,以块曲为主要代表,它包括踏曲、挂曲和草包曲等。绍兴米酒的生产原来采用草包曲,现在因受稻草来源的限制,也改用了踏曲,其糖化力比原来有所提高。

**1.工艺流程**

小麦→过筛→轧碎→加水拌曲→成形→堆曲→保温培养→干燥→成曲

**2.工艺要点**

(1)过筛和轧碎:小麦经过筛除去杂质。清理后的小麦通过轧麦机,每粒小麦轧成 3～4 片,细粉越少越好。

(2)加水拌曲:将已轧碎小麦 25kg 倒入拌曲机内,加 20%～22% 的清水,迅速搅拌均匀,使不白心并消除水块。加水量要根据气温、原料水分等酌情增减。

(3)成形:踏曲时,先将一块长 106cm、宽 74cm、高 25cm 的木框平放在比木框稍大的平板上,先在框内撒上少量麦屑,然后把拌好的曲料倒入框内摊平,上面盖上草席,用脚踩实成块后去掉木框,用刀切成 12 个方块,曲厚 4～5cm。经 30min 左右,再依次搬动堆曲。

(4)堆曲:曲室是普通平房。堆曲前应打扫干净,墙壁四周用石灰乳粉刷,在地面铺上谷皮及竹簟,以利保温防潮。堆曲时要轻拿轻放,先将已结实的曲块整齐地摆成丁字形,叠成两层,使它不易倒塌,再在上面散铺稻草垫或草包保温。

(5)保温培养:堆曲完毕,关闭门窗。一般在 20h 以后开始升温,经过 50～60h,最高温度可达 50～55℃,这时便要及时揭去其覆盖物,且要注意开窗通风,挥发室内大量水汽,以免冷凝水滴入曲料中,造成烂曲。一般入房后经 7～8d,品温回降到室温相近。约经 20d,麦曲已成块,按"井"字形叠起来,让其挥发残余水分杂气。

(6)块曲质量鉴别:质量优良的麦曲是具有正常曲香,曲块有白色菌丝均匀密布,无霉烂夹心,无霉味,曲块坚韧而有弹松感觉。水分在 14% 以下,糖化力在 1000L/g 左右(1g 曲在 30℃ 下,糖化 1h 所产生的葡萄糖毫克数)。

(二)挂曲

在江苏苏州、无锡等地米酒厂都采用这种传统方法生产麦曲,因曲块用稻草结扎后,挂在木梁上繁殖而得名。

**1. 工艺流程**

小麦→轧碎→拌料→踏曲→挂曲→割曲入库→挂曲

## 2.工艺要点

（1）轧碎：采用黄皮干燥的小麦为原料，先经过滚筒轧成麦片，经搅拌后即成碎屑，但须防止粉质过多，以免踏曲时黏结成硬块。

（2）拌料：取一大竹圌，每圌约盛麦片22.5kg，加水8~8.2kg，翻拌均匀，使其拌后用手捏紧成团、放开即散，圌内无湿块为宜。

（3）踏曲：麦片经加水调制后，即倒入一只方形木箱中，用脚踏实，箱角和中心踏平，厚度约3cm。每木箱可盛20圌，踏成20层，每层踏实后，撒一层稻柴灰隔离，然后用曲刀切成块。

（4）挂曲：曲室为普通瓦房，室内用木架分成上下两层，两端用木梁横架于木架上，将切成的曲块用稻草芯结扎，悬挂在木梁上，每根木梁约挂50块，上下之间必须留距离，每块曲之间约3cm。制曲时间一般选择室温约30℃时。当块曲入房48~72h后，品温已高达42~44℃，即将窗户全部开启，以后品温便逐渐回降。让其悬挂室中，两个月后才能使用。通常每100kg小麦产块曲84kg。要求曲块中心呈白色，无黑心、烂心，具有麦曲特有曲香。

### （三）其他类型的自然培养曲

因各地的习惯和经验不同，自然培养曲存在许多不同的生产方式和不同的操作方法。自然培养麦曲除上面介绍的踏曲、挂曲以外，北方米酒也有采用白酒块曲作糖化剂的，多为补充酿酒用曲的不足而采取的措施；而南方在春冬季节制造麦曲时，采用散曲的生产方式，以克服气温变化造成制曲的困难。制散曲是将轧碎的小麦拌入水后堆在室内进行培养。根据气温高低，做好保温工作，控制品温的升降。经10多天培养成熟后晒干，以防烂曲。质量要求同块曲，但散曲质量难以达到均匀一致的标准。筐曲是用竹筐或藤筐进行培养的，常年都可以生产，占地面积小，一般质量还可以，适合于规模小、场地比较紧张的米酒作坊。

**1. 工艺流程**

小麦→轧碎→拌水→装箪→堆积→保温→翻堆→成品

**2. 工艺要点**

(1)轧碎:小麦轧碎要求与块曲相同。

(2)拌水:小麦轧碎后加水量为 16% ~ 17%,冬春季节用 25 ~ 26℃的热水拌料,冷季节水温还可提高。

(3)装箪:拌匀后,装箪时中心先塞进一束捆好的稻草,以利透气和散发水分。

(4)堆积:装箪后进行堆积,夏秋季叠成品字形,冬春可密叠。

(5)保温:夏秋季只要在曲箪最上面抛盖蔑簟就可以。冬春季节要先盖上一层或两层麻袋,再抛盖蔑簟,接地面处和四周再用麻袋塞实保温。

(6)翻堆:夏秋季 48 ~ 50h,中心品温达 50 ~ 60 ℃时,可进行翻堆,即调换上、下、内、外曲箪位置,并根据气温调整保温物。冬春季需堆积 3 ~ 4d,温度升高后也要翻堆,但翻后仍须将曲箪叠实,继续做好保温工作。再经 3d 后堆成品字形,适当保温,以后品温逐步下降,约经 20 d 便可拆箪使用。

(7)质量:拆箪后麦子要结成块,呈乳白色或草绿色,无其他杂色,有曲香,糖化力要求同块曲。

此外,各地制造自然培养曲时,尚有许多固有方法。例如,温州仿绍酒制麦曲加入辣蓼汁;宁波黄酒的草包块曲出房后,再经烘烤成焦黄色;丹阳黄酒的麦曲采用大、小麦混合作原料。这些具有地方特色的操作,从各个侧面反映了我国米酒丰富多采的酿造技艺。

**(四)纯种生麦曲生产工艺**

纯种生麦曲制作始于 20 世纪 50 年代,目的是利用纯种米曲霉,以提高生麦曲的糖化力,同时又利用自然繁殖的多种微生物,以恰当地保持传统麦曲工艺的特性,是一种强化麦曲。

**1. 工艺流程**

纯种米曲霉曲种
↓

小麦→过筛→碾碎→加水拌和→接种培养→调盒→扣盒→出房→生麦曲

**2. 工艺要点**

(1)过筛:于碾碎前先将小麦通过风扇除去秕粒、尘土等杂质,再通过 0.25cm 的筛孔筛去石子、泥沙等,即可将纯净的小麦用轧碎机轧碎。每粒小麦要扎成 3~5 片,麦粉过多可筛去一部分。也可先将小麦用水浸泡数小时(视气候温度高低灵活掌握)沥干后,再用轧麦机轧成 3~5 片,这样可以减少麦粉损失。

(2)加水拌和:将轧好的小麦片放入木桶内,每次 50kg,春、秋季加水 17.5~19kg,冬季 15~16kg,如气温在 10℃ 以下,用 30℃ 温水。浸过的小麦因浸渍过程中吸水,故要视小麦片含水分情况酌情加水。

(3)接种培养:米曲霉的菌种,经过三角瓶培养,再扩大到种曲,种曲晒干备用。接种量为,每 50kg 原料,冬季为 0.15~0.175kg,春、秋季 0.1~0.125kg。翻拌均匀后,即可装盒,每盒装 2.5~2.75kg。将曲料摊平后,立即送入曲房叠成品字形,每堆 12~13 盒。在室温 25~28℃ 条件下进行繁殖。

(4)调盒与扣盒:入房后经 20~24h,曲霉开始繁殖,中间品温达 30~32℃,而上下两端在 25~27℃。此时应进行调盒,上下交换,以达到曲盒内品温均匀一致。调盒后 5~6h,品温又达 30~32℃,室温在 28℃,曲料已结饼,可进行扣盒。扣盒操作就是将曲翻到另一只空盒内。又经 8~12h,品温上升到 38~40℃,进行第二次扣盒,并进行上下调换。再经 10~12h,品温 36℃ 进行第三次扣盒。在繁殖过程中,应及时掌握室温、品温的变化情况,使在合适的温度下正常繁殖,是保证曲质量的关键。

(5)出房:经过 85~90h 的繁殖后成曲。

(6)质量标准:外观呈黄绿色,菌丝稠密,无黑色和白色杂菌生长,无酸味及不正常气味,具有纯种生麦曲特有香气。酸度在 0.12%~0.18%,含水量在 25% 以下。

**(五)纯种熟麦曲生产工艺**

熟麦曲生产始于 20 世纪 60 年代初,浙江南浔酒厂、湖州老恒和酒厂为充分利用麦曲中的淀粉以及采用米曲霉提高麦曲糖化力,达到提高出酒率,节约粮食,降低成本的目的。另一方面可保证质量,以适应米酒生产机械化要求。熟麦曲是麦曲生产的一项重大改革。

纯种熟麦曲主要优点有:提高麦曲质量,防止醪液酸败,酒质提高;用曲量减少,从 12% 减到 8%~10%;提高出酒率,提高 15%~20%;降低出糟率,从 25% 降到 16%~18%;不限季节性生产。

熟麦曲生产开始用竹匾培养法,后用地面法生产,后因地面法容易受到杂菌污染,故现在小型酒厂都采用帘子法,应用至今,效果较好。

**1. 米曲霉曲种培养**

(1)试管斜面菌种培养:培养基可用 8~9°Bé 米曲汁、麦芽汁加 2.5% 琼脂,按常法制成固体培养基。在无菌条件下接种后,在 28~30℃ 培养箱里,经 3~4d 后即成。

(2)三角瓶麸皮培养:取新鲜麸皮(粗细适中)加水 85% 左右,翻拌后使吸水均匀,然后装入 500mL 三角瓶内,每瓶曲料厚度约 1cm,塞好棉塞,用牛皮纸包扎,于高压灭菌锅内以 0.1MPa 压力灭菌 40min。取出冷却,在无菌条件下接种后,置 28~30℃ 培养箱内,经 34h 左右待结饼后扣瓶。继续培养,经 3~4d 即成。

（3）种曲培养：称取新鲜麸皮 10kg 加水 85% 左右（视麸皮质量而定），翻拌均匀后过筛，使曲料疏松而呈小团块，然后用白布包扎，置高压灭菌锅内，以 0.1MPa 压力灭菌 40～60min（也可用常压灭菌，待全部上汽后，再蒸 40～60min），取出，在室内摊凉，待冷到 35℃左右即可接种。接种量为 4～5 个三角瓶的曲种。方法是先将曲种与少量曲料混合均匀后，再撒到曲料上，经 2～3 次翻拌后，盛于竹箩内，再用已灭菌的麻袋覆盖。将竹箩放置在 28～30℃的曲室内，起初其品温在 30～32℃，经 7～8h，品温已升到 35℃左右，米曲霉孢子已发芽，有曲香即可进行翻拌，使上下曲料均匀。然后将曲料摊在竹帘（或曲盒）上，曲料厚度 1.5～2cm，然后在曲料上覆盖已灭菌的湿白布，以保证曲料的湿度。室内温度应控制在 28℃左右，品温在 28～30℃，经 10h 以后，菌丝开始大量繁殖，品温已上升至 34～35℃，曲料已结饼（以划之不破碎为准），即可翻曲。方法是用竹片小心地将结饼的曲进行翻面。一方面翻曲要更换已干的白布，覆盖湿的白布，以保证潮湿，另一方面要经常检查品温、室温，做好温湿度管理工作，室温在 25～28℃，品温在 30～34℃，最高不超过 36℃，促进菌丝生长孢子。共经 72～96h，曲料的黄色孢子全部老熟，即可烘曲或晒曲。烘曲室温可提高到 40～45℃。烘曲后曲种水分含量在 12% 以下。用塑料袋包扎好，置干燥的室内保存备用。保质期 3 个月以上，但最好是 1 个月做一次曲种。

**2. 熟麦曲的生产工艺**

（1）工艺流程：

小麦→浸麦→轧麦→蒸料→接种→培养→成曲

（2）工艺要点：

①浸麦：将小麦倒入池（或缸）中，然后放水浸渍 30min 后，再把小麦捞到竹箩内，把水沥干。

②轧麦:先调整好轧麦机两个滚轴的合适距离,然后进行轧麦。要求麦粒轧成3~5片,略有粉状即可。

③蒸料:在轧好的麦片中,加水30%~35%,进行翻拌,使之均匀吸水,并堆积30min,然后上甑蒸料,待全部上汽后,再蒸40min左右即可出甑。

④接种与培养:曲料通过扬麸机,将团块打碎成疏松的曲料,在水泥地面进行摊晾,待达到35~40℃时可接种,接种量为原料的0.3%~0.5%。方法是先将曲种与2~3kg的曲料拌匀后再撒到全部曲料中,翻拌均匀进行堆积,每堆约150kg。打堆时的品温在30~35℃,室温在28~30℃。经7~8h后,品温上升到35℃左右,进行翻拌。曲料翻拌均匀后,摊在竹帘上,厚度2.5~3cm,品温在30℃左右。结饼后翻曲一次。全程培养品温控制在30~40℃,一般在35~37℃,最高不超过45℃。共经45~48h即可出曲。摊于干净、清洁的水泥地面上,风干。曲厚度不超过3cm,以防温度回升产生烧曲现象。第一天出曲,供第二天生产使用。

(3)质量:外观上,曲块菌丝密布,表层略淡,有黄色孢子生长;气味上,有固有的熟麦曲香气。

## 二、红曲

红曲最早发现于中国,已有一千多年的生产、应用历史,是中国及周边国家特有的大米发酵传统产品。红曲古代称丹曲,既是中药,又是食品,是用红曲霉属真菌接种于大米上经发酵制备而成的。作为传统中药,明代李时珍在《本草纲目》评价它说:"此乃人窥造化之巧者也","奇药也"。在许多古代中药典集中记载本品具有活血化瘀、健脾消食等功效,用于治疗食积饱胀、产后恶露不净、痕滞腹痛和跌打损伤等症。

红曲中主要含有红曲霉菌和酵母菌等微生物。它是我国米酒生产中一种特有的糖化发酵剂。红曲采用大米为原料,在一定的温度、湿度条件下培养成为紫红色的米曲。由于经过了长期人工的选育和驯养,使红曲达到了现有的纯粹程度,这是我国古代在微生物育种技术上的一个成就。

我国红曲主要产地是福建、浙江、台湾等省,其中以福建省的古田县的红曲最为闻名。红曲除用于酿酒外,还可应用到其他方面,如用作食品着色剂,配制红腐乳,配制酒类和中医药等。目前很多作坊采用纯粹法培养红曲,用于米酒酿造和其他各个方面,取得了一定成绩。

### (一)福建红曲生产工艺

福建红曲是福建古田县特产。据清朝乾隆时期修编的《古田县志》中记载:"红曲降来米蒸饭,聚而复之,使温散辅之,使凉浸清水,欲其化而复聚之、散之。奄以水而欲其成而复聚之、散之,温凉得中而有丹色如珠香,入药材佐染彩,此出产之一也。"这是古人对红曲制法的描述。红曲有色曲、库曲、轻曲之分,主要用于酿酒、制豆腐乳和食品着色。由于红曲有助于舒血调气,故也作中药用。

红曲生产中,色曲用上等粳米或山稻米,库曲、轻曲用高山籼米,一般要求为上等大米。制库曲、轻曲采用一年半的优良新醋,而制色曲则采用三年陈醋。

**1. 工艺流程**

原料米→浸米→蒸饭→接种→入房培养→出曲

**2. 工艺要点**

(1)浸米:将米装入米篮内,放在水中淘去糠秕,再浸水 1～1.5h(以用手指搓就碎为度),捞起,淋水沥干(含水分 22%～24%)。

(2)蒸饭:用猛火蒸 40～60min,使大米熟度达到湿手摸饭而不粘手,而饭又熟透。

(3)接种:将饭摊散在竹簟上,使冷却至40℃左右,即可接种,原料配比见表2-1。

表2-1  红曲生产原料配比

单位:kg

| 曲类 | 配料 | | | 成批量 |
|------|------|------|------|--------|
| | 米 | 土曲糟 | 醋 | |
| 库曲 | 200 | 5 | 7.5 | 100 |
| 轻曲 | 300 | 7.5 | 10.75 | 100 |
| 色曲 | 400 | 10 | 15 | 100 |

根据以上配方拌匀,当饭粒全部染成微红色时,即可入曲房。也有用大米50kg,经浸米、淋米、沥干、蒸饭,摊凉至40℃,拌入土曲粉20~24kg,然后装入坛内,经12d的糖化发酵,再掺入醋30~50kg,贮存2~3个月后使用。

(4)入房培养:曲房俗称曲埕,系土木结构。埕底要用红土筑得很坚实,两边墙上开窗,以调节温度、湿度。入曲房前必须进行曲房消毒,并搞好卫生。将饭接种后放于曲房内,用麻袋覆盖,保温24h,待品温升到35~36℃时,进行翻曲,然后把曲粒摊开,厚4~5cm,每隔4~6h搓曲一次。入房3~4d,红曲菌丝逐渐进入饭粒中心部分,呈红色斑点,称为"上铺"。这时把它装入麻袋,在水中漂洗约10min,使曲粒吸收水分,以利于红曲霉繁殖。淋干后,再堆放半天,使发热升温,然后摊平。此后每隔6h时翻拌一次,促进繁殖。当曲中水分有干燥现象(用手触动曲面有响声)时,可适当喷清水,调节曲中水分,保持30℃,这一阶段又称"头水",历时3~4d,曲面全呈绯红色。此后主要是适时、适量喷水,以满足红曲霉繁殖对水分的需要,每隔6h要翻曲一次,并注意控制适合繁殖的品温。这个阶段又需经3~8d,

俗称"二水",这时曲粒里外透红,并有曲香。

(5)出曲:用太阳直接晒干。库曲 8 ~ 10d,轻曲 10 ~ 13d,色曲 13 ~ 16d。

### (二)乌衣红曲工艺

乌衣红曲主要产地是浙江省温州、金华、衢州、丽水等地区及福建省的松溪、南平、惠安等县。

福建的建瓯土曲和浙江的乌衣红曲的生产方法略有不同,主要表现在曲种的制备方面。建瓯土曲的曲种是培养曲公、曲母和曲母浆的方法作种子而进行扩大培养的。制作方法如下:

曲公:把 50kg 大米淘洗、浸透、蒸熟、摊冷至 40℃ 左右,拌入曲公粉 40g,曲母浆 250 ~ 400g。在竹箩(竹制的容器)中保温至 43℃ 再翻拌入曲房。品温维持在 38 ~ 40℃。经过 4 ~ 5d 出曲,晒干。其品质以粒硬,有纯青红色者为佳。

曲母:把 50kg 大米淘洗、浸透、蒸熟、拌匀,冷至 40℃ 左右,拌入曲公粉 5 ~ 10g,曲母浆 0.8kg。待升温至 43℃ 左右,可入曲房,维持品温 38 ~ 40℃,3 ~ 5d 就可出曲,干燥。质量以曲粒硬,色微红为佳。

曲母浆:将大米 1.5kg 洗去糠秕杂质,加水约 7.5kg 煮成朔状,冷却至 33℃ 左右,拌入曲母粉 1kg。发酵 7d 左右,有酒味并带辣时就可使用。

浙江乌衣红曲的曲种培养是,乌衣红曲中的乌衣为黑曲霉,需进行纯粹培养。红曲霉和酵母菌培养是用红曲种进行扩大培养成红糟,再扩大到大米上。其方法是:把 0.5kg 红曲浸于 1.75kg 的冷开水中,约 20h,视曲粒浮起为准。再将 1kg 糯米所蒸得的饭冷却到 35℃ 左右时加入。下缸品温一般在 28 ~ 30℃,发酵品温不得超过 33℃。投料 24h 开耙,经 5 ~ 7d 即可使用。接种量为 0.6% ~ 0.8%。

**1. 工艺流程**

籼米→浸渍→蒸煮→摊饭→接种→装箩→翻堆→平摊→喷水→出曲→晒曲→成曲

**2. 工艺要点**

(1)浸渍:取籼米放入陶缸中,一般气温在15℃以下,浸渍2.5h;气温在15~20℃,浸渍2h;气温在20℃以上,浸渍1~1.5h。

(2)蒸煮:米经浸渍后捞放到竹箩内,用清水漂洗除去杂质。待水清后装入甑内,上汽后再蒸煮5min即可取下。要求饭粒既无白心,又无开裂等现象。

(3)摊饭:当米蒸成饭后,即取出摊在竹簟上,置通风处,将饭团用耙耙松,摊晾,并尽量缩短摊晾时间,一般摊晾至34~36℃即可。

(4)接种:待饭摊晾至所需的温度后,每50kg米加入黑曲霉3.75g(这是指一般情况,主要应视其品质而定)。用手略加拌匀,随后再加红糟0.625kg,充分拌匀,便可装箩进行培养。这时品温约下降2℃,天热约下降1℃。

(5)装箩:原料米饭自接种后,即盛入竹箩内,用手轻轻摊平,盖上洁净的麻袋,送入曲房保温。如室温在22℃以上,经24h左右品温便上升至43℃时(以箩中心温度为准)。如遇天冷,气温在10℃以下,因曲房保温条件差,则保温时间就得延长。当品温达到43℃时,米粒的1/3已有白色菌丝(如为黑曲霉则呈黄色)和少量红色斑点,其他仍为原饭粒。这是由于微生物间各自繁殖所需的温度要求不同所致。箩心温度高,适于红曲霉繁殖;箩心外缘温度在40℃以下,黑曲霉繁殖旺盛;接近箩边处温度低,所以,仍为饭粒的原色。

(6)翻堆:待箩中品温上升至40℃以上时,即可倒在曲房的砖地或水泥地面上,加以翻拌,堆积,使品温下降。以后,在第一次品温上升至38℃时,翻拌、堆积一次,第二次品温上升至36℃,再翻拌、堆积一次;第三次品温上升至 34℃ 左右,再翻拌、堆积一次;第四次品温上升至 34℃,再翻拌、堆积。每次翻拌、堆积的间距时间为:气温在 22℃ 以上时约 1.5h;气温在 10℃ 左右,需延长至 5～7h 再翻拌、堆积。

(7)平摊:待饭粒已有 70%～80% 出现白色菌丝时,翻拌、平摊。平摊所用的工具为木制有齿的耙。耙齿经过的曲层,凹处约 3.5cm,凸处约 15cm,呈波浪形。

(8)喷水:平摊后,品温上升到一定程度时,便可以喷水了。但天热与天冷时操作略有不同,现分述如下:

热天(气温在 22℃ 以上):当曲料耙开平摊后(一般均掌握在下午 5 时许翻堆,主要是为了晚上不喷水,便于白天喷水时间的掌握),至翌日早晨,品温上升至 32℃(约经 15h),每 50kg 米的饭喷水 4.5kg,经 2h 将其翻耙一次,再经 3h,品温又上升至 32℃,再喷水 7kg。至当日晚上止,中间翻拌两次,每次隔 3h 左右。而晚上便可不翻拌。第四天(从蒸饭算起,即喷水的第二天)早晨 8 时许,每 50kg 米的饭再喷水 5kg,经 3h 后(中间翻耙一次),品温上升至 34℃,再喷水 6.25kg。这次用水必须按霉菌繁殖情况来决定。如用水过多,容易腐烂而被杂菌污染;用水过少,又容易产生硬粒影响质量。一般每 50kg 米的饭用水量在 23kg 左右。最后一次喷水的当日晚间要翻耙两次,每次相隔 3～4h,但晚上睡觉时间仍不必翻动。第五天(喷水的第三天)也不翻动,品温高达 35～36℃,此时,为霉菌繁殖最旺盛时期,至第五天下午 5 时后,品温才开始下降。

在天热时,整个制曲过程要将天窗全部打开。一般控制室温在 28℃ 左右。

冷天(气温在 10℃ 左右):气温低,室温只能保持在 23℃ 左右,所以,曲料自耙开平摊后,经 11h 左右,品温才逐渐上升至 28℃ 左右,此时,每 50kg 米的饭喷水 3.5kg,并进行翻拌。经 5h,品温又上升至

28℃左右,此时用水 4.25kg 再行喷水、翻拌一次。约经 4h,品温又上升至 28℃,喷水 5kg,再翻拌一次。又经 4h,喷水 5kg 再翻拌一次。因第三次喷水一般在下午 5 时许,经过一夜,时间较长,会使上下曲料繁殖不一。第四天(喷水的第二天),同样喷水三次,时间基本与前一天相同。总之,以品温上升至 28～30℃就进行喷水和翻拌操作。前两次喷水、翻拌每 50kg 米的饭每次用水 4.5kg,而第三次喷水、翻拌也以霉菌繁殖的程度而定,用水量与天热时掌握的大致相同。其总用水量以每 50kg 米的饭为 26.5kg 左右。最后一次喷水、翻拌后 3h,要检验一次,以没有硬粒为准,否则,翌日清晨再使用适量的水翻拌一次。第五天(喷水的第三天)同样不翻动。

(9)出曲:一般情况下,第 6～7d 曲已成熟,即可出曲。目前制曲过程大多凭自然气温而定,因此,出曲时间亦因气温而有所不同。上述操作仅为生产中的一般情况,仅供参考。

(10)晒曲:曲出房后,将其摊在竹簟上,经阳光晒干。否则,贮存期间易产生高温,被杂菌污染而使曲变质。

**3. 质量鉴定**

米呈粒状,表面呈黑红色,并夹杂红色斑点;表面有菌丝,无中心菌丝;有酸味。

**(三)纯种红曲生产工艺**

**1. 斜面菌种培养**

(1)培养基制备:量取 7～8°Bé 的饴糖液 100mL、可溶性淀粉 2g、蛋白胨 0.5～1g、硫酸镁 0.1～0.2g、硫酸铵 0.1～0.2g、磷酸氢二钾 0.1～0.2g,加热溶解后,分装于试管内。每支试管 1.8cm×18cm,装 4mL 左右,塞好棉塞,包扎好置高压灭菌锅内 0.1MPa 下灭菌 30min 后,取出放成斜面,冷却后即成。

(2)无菌试验:将斜面培养基放在 28～30℃培养箱里培养观察,

经72h后,斜面培养基上无杂菌生长,即可接种。

接种操作在无菌条件下操作。接好后置30℃培养箱里,经7~8d,斜面基上呈紫红菌体即可。置4℃冰箱内保存备用。

**2. 三角瓶米饭培养**

(1)浸米:用籼米1000g,加水1500mL(内加食用乳酸3~5mL),浸米20~24h。

(2)蒸饭:将浸米淋水除去米浆水后,沥干。然后在500mL三角瓶内装米80g左右,塞好棉塞,包扎好置高压灭菌锅内,0.1MPa压力灭菌30min,取出冷至30℃左右,即可接种。

(3)接种与培养:在无菌室进行接种,每株试管斜面菌种可接3~5个三角瓶。接种后将米饭摇至瓶内一角,在培养温度30℃培养箱里,经30h左右米饭有斑点菌体生长,即可摇瓶摊平,每天摇瓶2~3次,经7~8d即成。

(4)干燥:如当时要用于生产种曲,就不必干燥。如暂时不用,可置搪瓷盆内于35~40℃条件下烘干,至水分含量在12%以下。用塑料袋包装,贮存。

**3. 种曲制作方法(以100kg籼米原料为例)**

(1)制种:称取占籼米原料1%的三角瓶红曲种,即1kg红曲,经粉碎或磨研成极细的红曲粉末(越细越好),加4%~5%即4~5kg(以籼米原料计)的冷开水,再加5mL乳酸,浸泡20~30min即可用于接种。接种时再加乳酸0.1%即50mL(以籼米原料计),摇匀后应立即接种于米饭中。

(2)浸米:冬秋季20~24h、春夏季10~12h。浸米后大米吸水分128%~130%。

(3)蒸饭:先将米捞入竹箩内,用清水淋去米浆水,沥干后即可上甑蒸饭,待全部上汽后,再蒸10~20min(检查以米饭无白心为准,饭粒硬而熟透,疏松不黏)。出饭率为135%。

(4)接种与培养:米饭出甑后倒在接种床上或竹簟上。趁热迅速将饭块打碎至粒状,且粒粒疏松,摊平冷却到35℃左右即可接种。接种方法是将制种的红曲种液,分别洒到米饭上,一边洒种液,一边迅速翻拌,尽力使红曲种均匀分布在每粒米饭上,然后装入清洁的麻袋内,扎紧袋口,置于30℃的曲室内。经24h左右,品温从装袋时的30～32℃,升温到49～50℃时,即可倒包。倒包时米饭粒已长出白色菌体,有特有的曲香。然后将其放在4个大竹匾内培养,室温控制在28～30℃,品温控制在40～46℃。可通过控制曲的厚度高低及适当的翻拌的办法,来控制合适的品温。此阶段主要是培养阶段,即使红曲菌体较快地布满整粒米饭,达到花齐的目的。40～50h后,米粒全部生满菌丝并有红色斑点,即可装曲盒或分入多个竹匾内继续培养。

(5)曲盒(或竹匾)培养:将4个大竹匾的曲粒分装于曲盒内,每盒约为2.5kg米曲。因为大竹匾内厚度高、升温猛,不能适合后期品温的要求,所以要分装于曲盒内,有利品温控制。曲盒的品温一般控制在40～42℃。此时控温的办法是调整厚度、适时翻曲、调整室温等。布满白色菌丝的曲粒,逐步地呈红色。约经60h米粒全部呈红色,而米粒表面有干燥现象时,即可进行洒水。洒水方法是将曲盒的曲分别倒在一个大塑料盆内堆积,用喷水壶洒水,用水量为20%～25%,边洒边翻拌,使曲粒吸水均匀。堆积3～5min后,仍盛于曲盒中培养,室温28～30℃,品温在30～40℃。

第一次洒水后,红曲霉已进入繁殖旺盛时期,品温升温快,水分挥发量大,曲粒从浅红色转向深红色。曲粒有干燥现象,如不及时洒水,则曲干而停止繁殖。从第一次洒水后经24h即可进行第二次洒水。

第二次洒水,其操作与第一次洒水相同,洒水量一般在20%～

25%（洒水后曲粒的标准是含合适的水量，呈潮湿、不干燥的感觉），室温28℃左右，品温在34~35℃，进行培养，并进行2~3次翻拌。经24h培养，曲粒红色加深，菌丝体向内伸长，曲粒呈干燥现象，即进行第三次洒水。

第三次洒水，其操作与第一次相同。洒水量在20%左右，室温在28~30℃，品温在33~34℃，进行培养，并翻曲2~3次。曲粒红色加深，曲粒呈干燥，即可进行第四次洒水。

第四次洒水，其操作与第一次洒水相同。洒水量10%~15%，室温在28~30℃，品温在32~33℃，曲粒已呈紫红色。一般经3~4次洒水，曲粒即成曲，如要求曲呈深紫红色，可再培养1d。制酒曲种，一般经6~7d即可。

（6）烘干：将红曲放在竹匾上，越薄越好，在40~45℃室温的曲室烘干，要求水分在12%以下。曲粒紫红、粒粒均匀、有曲香、无异气。

（7）包装：将红曲装入塑料袋内，外套编织袋，扎紧后置干燥室内保存，严防霉变虫蛀。

**4. 制红曲操作**

制红曲操作与上文中提到的制种曲时的原料处理、培养室温度与品温、洒水量、接种方法等基本相同。不同的是：在1%的接种量中添加适量的0.01%~0.02%米酒活性干酵母和生香干酵母，使红曲中不但有糖化力而且也有酒化力和产香功能。因制曲时，投料量大，故可在室内水泥地面上培养，但要搞好环境卫生。

制红曲种和制红曲的时间，最好安排在夏季，气温在30℃左右的条件下培养，这样既保证红曲质量，又可减少制曲成本。夏天制曲、冬季酿酒有利劳动力的安排和生产管理。夏天制好红曲可供全年米酒生产需要。

# 第四节 酒母

## 一、酒母的特点

酒母,原意为"制酒之母"。米酒的酿造,需要大量酵母的发酵作用。在米酒发酵过程中,尤其是在以传统法生产的绍兴酒发酵团中,酵母细胞数达 $6\sim8$ 亿个/mL,发酵产生的酒精含量最高可达20%以上。这样的酵母量和酒精浓度,在世界发酵酒中是罕见的。可见,酵母的数量和质量对于酒的酿造显得特别重要。掌握酵母菌的特性,创造一定的环境条件,通过逐步的繁殖、培养,为米酒生产提供优良的发酵剂,这种酵母菌扩大培养的过程,生产上称之为酒母的制备。酒母质量的好坏,对米酒发酵和酒的质量影响极大。

米酒酵母不仅要具备酒精发酵酵母的特性,而且要适应米酒发酵的特点,其主要特点有:

(1)含有较强的酒化霉,发酵能力强,而且迅速。

(2)繁殖速度快,具有很强的增殖能力。

(3)耐酒精能力强,能在较高浓度的酒精发酵团中进行发酵和长期生存。

(4)耐酸能力强,对杂菌有较强抵抗力。

(5)耐温性能好,能在较高或较低温度下进行繁殖和发酵。

(6)发酵后的酒应具有米酒特有的香味。

(7)用于大罐发酵的酵母,发酵产生的泡沫要少。

目前,米酒酒母的培养方式,大体上可分为两个类型:一是传统的自然培养法,如绍兴酒及仿绍酒的酿造,是用酒药通过淋饭酒醅的制造,繁殖培养酒母的;二是用于大罐发酵的纯种培养酒母,是由试管菌种开始,逐步扩大培养,增殖到一定程度而成为纯种培养酒母。纯种培养酒母因制法不同又分速酿酒母和高温糖化酒母两种。

制造酒母需要有适当的培养条件,主要是营养、温度和空气。适当的酸度可在酵母的发育过程中抑制杂菌的繁殖。酵母生长最适 pH 值为 4.5~5.0,但在 pH=4.2 以下也能发育,而细菌则不同。酸度对细菌发育有着明显的抑制作用,当 pH 值在 3.8~4.2,则可能做到酵母在一种没有杂菌的情况下进行生长繁殖。

根据上述原理,为了培养出没有杂菌污染的优良酒母,在培养过程中要有一定数量的酸存在。纯种酒母的培养是采用人工添加食用乳酸的方法,淋饭酒母则是利用酒药中根霉和毛霉生成的乳酸。测定淋饭酒母冲缸前酒窝甜液的 pH 值,一般在 3.5 左右,冲缸后搅拌均匀的 pH 值仍在 4.0 以下。在这样的酸性环境下,无疑有利于抑制杂菌。这也说明了尽管酒药和空气中含有复杂的微生物,而淋饭酒母仍能做到纯粹培养酵母,主要在于适当的 pH 值起了驯育酵母和筛选与淘汰微生物的作用。

不论是自然培养的淋饭酒母,还是纯粹培养的速酿酒母和高温糖化酒母,都各有其利弊。淋饭酒母的培养集中在酿酒前一段时间,可满足整个酿酒期的需要。且在养醅期间,由于适当的酸度和酒精浓度的增加,使酵母得到驯育,同时酒母制好后,可通过品温和理化分析进行挑选,因此,能保证酒母优良的性能,使生产正常进行。但是淋饭酒母制造周期长,操作复杂,劳动强度大,不易实现机械化。速酿酒母和高温糖化酒母,虽然有操作简单、劳动强度低和容易实现机械化等优点,但因其制造时间短和酵母品种单一,故酿成的酒味淡,影响成品酒的风味。因此,今后除部分传统米酒仍需保留淋饭酒母工艺外,还应着重改进纯种酒母的酿酒特性。采用多种酵母混合培养或发酵,可能是一条有效的途径,但关键是菌种的选择。

## 二、淋饭酒母

淋饭酒母又称"酒娘",因需将蒸熟的米饭用冷水淋冷而得名。淋饭酒母的培养,一般在淋饭酒生产以前的20～30d便开始。传统上安排在立冬以后开始培养,现在随着生产的发展,为使后期酒醅不致因天气转暖来不及压榨而变质,淋饭酒母的生产时间已有所提前。酿成的淋饭酒母,经过挑选,质量特别优良的作为淋饭酒酒母,多余的作为淋饭酒发酵结束时的掺醅,以增强后发酵的发酵力。

**1.工艺流程**

糯米→浸米→蒸饭→淋水→落缸搭窝→糖化→加曲加水→发酵开耙→灌坛培养→酒母

**2.工艺要点**

(1)配料:制备淋饭酒母要采用糯米为原料,每缸的投料量,根据气候不同有100kg和125kg两种。用酒药作为糖化菌和酵母菌的菌种,并添加麦曲,以促进糖化和赋予酒特有的风味。由于淋饭酒母的质量关系到整个酿季的生产能否正常进行,所以,生产淋饭酒母时一定要严格配方,控制加水量,并要求落缸时米饭的重量加上冲缸时的用水量为原料米重量的3倍。

(2)浸米:浸米前,先准备好洁净的陶缸,装好清水,然后将米倒入缸内,水量以超过米面6cm为度。浸米时间,要根据米的质量、气候、水温等因素来决定,一般在42～48h。浸泡后的米用捞斗捞入竹箩内,再用清水淋净附在米上的浆水,除去浆水带来的糠屑、脂肪和蛋白质等物质,以免影响酒药中的微生物生长。

(3)蒸饭:蒸煮在整个酿酒过程中是重要的一环。对蒸饭的要求是熟而不糊,饭粒松软,内无白心。

(4)淋水:操作时先将蒸好的饭连甑放到淋水处,搁在有架的木盆上,盆底有流水口,将竹筛架在甑上面。然后淋入规定量的冷水,使其在甑内均匀下流,弃去开始淋出的热水(温度较高),再接取 50℃以下的淋饭流出水(二、三浆),进行回淋,使甑内饭温均匀。淋水量和回淋水的温度要根据气候和水温高低来掌握,以适应落缸温度的要求。但是,回淋水量不能太少,否则会造成甑内上下温差大,淋好的饭软硬不一的结果。此外,天冷时可采用多回温水的做法。一般饭淋水 125~150kg,回水 40~60kg。可以用回水冷热来调节品温,淋后品温在 31℃左右。

(5)落缸搭窝:落缸以前,先将发酵缸洗刷干净,并进行杀菌。方法是用石灰水浇洒和沸水泡洗,用时再用沸水泡缸一次。落缸时,将已淋好的饭倒入发酵缸内,先将饭团捏碎,再撒入酒药(按甑分匀)。酒药与饭料充分拌匀,并搭成凹形窝。缸底窝口直径约 10cm。再在上面撒上一些酒药粉,然后加盖保温。搭窝时要掌握饭料疏松程度。窝搭成后,用木板轻轻敲实,但不能太实,以饭粒不会下落塌窝为度。同时拌药时要捏碎热饭团,以免出现"烫药"情况,影响菌类生长和糖化发酵的进行。落缸温度要根据气候情况灵活掌握,一般窝搭好后品温为 27~29℃。

(6)糖化及加水、加曲:搭窝后根据气温和品温的不同,及时做好保温工作,使酒药中糖化菌、酵母菌得以迅速生长和繁殖。由于缸内温度、湿度适宜和有经糊化的淀粉作养料,根霉等糖化菌在米饭上很快生长繁殖,并分泌出淀粉糖化酶,将淀粉分解为葡萄糖,逐渐积聚甜液。一般在落缸后,经 36~48h,缸内饭粒软化,香气扑鼻,甜酒液充满饭窝的 4/5。取甜酒液分析,浓度在 35°Bé 左右,还原糖为 15~25g/100mL,酒精含量在 3% 以上,酵母细胞数达 0.7 亿个/mL。这时养窝已结束,可以加入麦曲并加水冲缸,然后充分搅拌均匀,使醪浓度稀释,增加氧气含量。加入麦曲补充了大量的淀粉酶。同时在养窝过程中,由于根霉等糖化菌生成乳酸和延胡索酸,从而调节了糖液的 pH 值,抑制了杂菌的生长。酒窝中的酵母菌迅速繁殖,糖化和发酵作用也大大加强。

冲缸操作时,应根据下缸饭料的重量计算每缸加水量。先加入规定量的麦曲,再冲入冷水,然后用划浆或木耙充分搅拌均匀。冲缸后品温的下降随着气温、水温的不同而有很大的差别,一般冲缸后品温可下降 10℃ 以上。例如,当气温和水温均在 11~15℃ 时,冲缸后,品温由 34~35℃ 下降到 22~23℃。所以,应该根据气候冷热和放水后的品温及发酵车间的冷热情况,及时做好适当的保温工作,使发酵正常进行。

(7)开耙发酵:加曲放水后,由于酵母菌大量繁殖,开始酒精发酵,使发酵醪的温度迅速上升。当达到一定的温度时,用木耙进行搅拌,俗称开耙。开耙的目的,一方面是为了降低温度,使缸中品温上下一致;另一方面是排出发酵醪中积聚的大量二氧化碳,同时供给新鲜空气,以促进酵母繁殖,减少杂菌滋长的机会。由于酿酒的生产周期长,程序多,受自然条件和气候影响大,因而,操作也要随机应变。所以,要酿好酒,开耙技工的技术和经验十分重要。淋饭酒冲缸后,开耙温度和开耙时间的掌握,与气温的高低和保温工作的关系极大。例如,冲缸后温度为 23~24℃ 和温度为 20~21℃ 的淋饭酒开耙时间可能会相差一倍以上。但是,开耙的时间不能仅由温度情况来决定,还应该根据酒的发酵程度,通过嗅香、尝味等灵活掌握,并采取适当的保温或降温措施。现在酿酒季节有所提前,气温较高,为了加快酒醪的降温,在开耙后,可根据酒的成熟程度,采用溜坛分散降温的方法,保证发酵正常进行。

(8)后发酵:淋饭酒经过发酵开耙的阶段,酵母细胞大量繁殖并开始酒精发酵,酒清含量增长很快,冲缸后 48h 已达 10% 以上。但是,酒醪的糖化与发酵作用仍继续进行,必须及时降低品温,使酒醪在较低温度下,继续进行缓慢的发酵作用,生成更多的酒精,这就是后发酵。后发酵一般采用沼坛养醅来完成。灌坛前,先准备好洗刷干净的酒坛,然后将缸中的酒醅捣拌均匀,灌入坛内,装至八成满,上部留一定空间,以防堆醅期间,由于继续发酵引起溢醅现象。准备作酒母的酒醅,应标明缸号,分别堆放,以便于管理。淋饭酒经过 20 ~ 30d 的发酵期,酒精含量达到 16% 以上,对酵母能起到纯化作用。但是,为了确保淋饭酒的正常生产,淋饭酒母在使用前都要经过认真的挑选,以保证酒母的优良性能。

**3. 酒母的挑选**

采用化学分析和感官鉴定的方法,从糯米淋饭酒中挑选出品质优良的酒醅作为淋饭酒的酒母,称之为"拣娘"。它对淋饭酒的正常发酵和生产的顺利进行有着十分重要的意义。优良淋饭酒母应具备下列条件:

(1)酒醅发酵正常。

(2)养酿成熟后,酒精含量在 16% VoL 左右,酸度在 0.48g/100mL 以下。

(3)口味老嫩适中,爽口,无异杂气味。

品尝酒酿的标准,目前主要依靠经验来掌握。具体做法是根据理化指标初步确定淋饭酒醅候选的批次和缸别,然后取酒醅上面的清液,分别装入玻璃烧瓶中,放到电炉上加热,至刚沸腾并有大量气泡冒出时,移去热源,稍冷后倒入一组酒杯中,比较清澈度并品尝酒味。通过煮沸,酒液中的二氧化碳气体溢出,酒精也挥发一部分,同时酒中的糊精和其他胶体物质会凝聚下来或发生混浊。煮过的酒冷却后,品尝更为准确,质量差的淋饭酒母,其缺陷更容易暴露出来。口味要求以爽口、无异味为佳。酒的色泽也可鉴别发酵的成熟程度,混浊的或产生沉淀者则是发酵尚不成熟,即称"嫩",作酒母则发酵力不足。选酒酿的时候,要注意先用的酒母需选发酵较完全的淋饭酒醅;后用的酒母,则以嫩些为合适,以防酒母太老,影响发酵力。

## 三、纯种酒母

纯种酒母是用纯粹培养的方法制备米酒发酵所需的酒母。速酿双边发酵酒母和高温糖化酒母都属于纯种培养酵母。它选择优良的米酒酵母,从试管菌种出发,经过扩大培养,增殖到一定量的酵母。它和传统的酒母相比,具有菌种优良;不受季节限制,常年均可生产;设备利用率高,投资少,占地少;劳动效率高等几大优点。

目前纯种酒母有两种制备方法:一种是仿照米酒生产方式的速配双边发酵酒母,因为制造时间比淋饭酒母短,又称速酿酒母;另一种是高温糖化酒母,它是采用 55~60℃高温糖化,糖化完毕经高温灭菌,使酵液中野生酵母和酸败菌死亡,这样就可以提高酒的纯度,减少酒醅酸败的可能。

### (一)速酿双边发酵酒母

此法的特点是水、米饭、糖化曲和三角瓶纯种培养的种子液一起下罐,由糖化曲将米饭进行糖化,同时培养酒母。它和传统的米酒发酵同样具有双边发酵的特点。加之所用的糖化曲,主要是含有多种微生物的踏曲(又称块曲),酶系复杂,代谢产物多,故其酒质风味可接近传统操作法制酒的风味。

**1.工艺流程**

踏曲、米曲霉、乳酸、米饭、水

↓

菌种→液体试管→三角瓶培养→酒母罐→酒母

**2.工艺要点**

(1)液体试管培养:25mm×200mm 试管内,每管装米曲汁(13.5°

77

Bé)25mL,0.098MPa 压力灭菌 30min,在 27 ~ 28℃ 温度下培养 20 ~ 24h。

(2)三角瓶扩大培养:在 3000mL 三角瓶中,加入 13 ~ 14°Bé 糖化液 2000mL,用 0.098MPa 的压力灭菌 40min,冷却后接种,每只三角瓶接液体试管一支。于 27 ~ 28℃ 温度下培养 24h。质量要求:细胞数达0.5 亿个/mL 以上,芽孢率 15% 以上。

(3)酒母罐培养:酒母罐培养液配方为:大米 132kg,踏曲 12.5kg,纯种曲 2.5kg,乳酸 0.4 ~ 0.5kg,种子液 4000kg/mL,清水 450kg。落罐后约 10h 可开头耙,品温可达 28 ~ 31℃,最高不超过 31℃,以后根据品温开 2 ~ 3 次耙,培养 48h 后即可使用。

**3. 成熟酒母标准**

酸度 0.3% 以下,酒度 9% 以上;杂菌平均每个视野不超过 1 个;细胞数 2 亿个/mL 以上;芽孢率 15% 以上。

**(二)高温糖化酒母**

速酿酒母培养中,因为其中加块曲、糖化曲,用的是生水,所以造成杂菌的概率较多,因此质量不够稳定,故目前机械米酒生产工艺大多采用高温糖化酒母。

**1. 高温糖化酒母的生产配方**

粳米 500kg,麦曲 15kg,淀粉酶 1kg,糖化酶 1kg,三角瓶酵母16kg,水 2000kg。

**2. 操作方法**

先将糖化锅内加入一定比例的温水,然后将蒸熟的米饭倒入锅内,搅拌均匀后,调节品温至 60℃,加入麦曲、淀粉酶、糖化酶后搅拌均匀后,在 55 ~ 60℃ 温度下,静置糖化 4h,糖度在 14 ~ 16°Bé。糖化结束后,加温至 90℃ 左右,杀菌 20min,迅速冷却至 28 ~ 30℃,接种三角瓶酵母种,搅匀,28℃ 左右培养 12 ~ 16h 即可使用。

**3.酒母质量要求**

细胞数在 1.2 亿个/mL 以上;芽孢率在 20% ~ 30% ;死亡率在 1% 以下;升酸幅度 0.05% ,酸度一般在 0.15% ,酒度在 3% ~ 4% 。

# 第五节　酶制剂和米酒活性干酵母

## 一、酶制剂

酶制剂是采用现代生物技术和设备制成的一种商品化的生物催化剂,它的主要优点是活性强、用量少、专一性强、使用方便等。目前我国酶制剂应用于米酒生产中主要是糖化酶、液化酶等,它替代部分麦曲,以减少用曲量,增强糖化能力,达到提高出酒率和质量的目的。酶制剂品种繁多,如纤维素酶、蛋白酶、脂肪酶等。总之,酶制剂的应用前景十分广阔,对改造传统酿酒工艺具有重要意义,今后应加强科学研究,探索应用途径。

### (一)糖化酶

糖化酶也叫葡萄糖淀粉酶。它是由黑曲霉优良菌种经深层发酵提炼而成。它能把淀粉转化为葡萄糖。

**1.影响糖化酶的因素**

(1)pH 值:该酶的 pH 值范围为 3.0 ~ 5.5,最适 pH 值范围为 4.0 ~ 4.5。

(2)温度:温度范围为 40 ~ 65℃ ,最适温度范围为 58 ~ 60℃ 。

(3)抑制剂:大部分重金属,如铜、银、汞、铅等都能对糖化酶产生抑制作用。

**2.使用量计算公式**

$$实用酶量(kg) = \frac{原料量 \times 原料淀粉含量(\%) \times 用酶量(u/g\ 原料淀粉)}{每克酶粉的酶活力单位}$$

### (二)α-液化型淀粉酶

液化型淀粉酶采用枯草芽孢杆菌经发酵提炼精制而成。它有固体、液体两种,按品质可分食品级和工业级两种。

外界条件对 α-液化型淀粉酶的影响:

(1)温度:在60℃以下较为稳定,最适作用温度为70~90℃。温度升高,其反应速度加快,但失活也快。它适用于最高90℃的液化过程。

(2)pH值:pH=6.0~7.0时较为稳定,最适 pH=6.0,pH=5.0以下失活严重。

(3)淀粉浓度:淀粉和淀粉的水解产物相应浓度的增加,对酶活力稳定性有很大的提高作用,即淀粉浓度增加,酶活力稳定性增强。

(4)钙离子浓度:钙离子对酶活力的稳定性有提高,没有钙离子,酶活力完全消失。

## 二、米酒活性干酵母

酒用活性干酵母是采用现代生物技术制成的高科技生物制品,具有酒精发酵力强,使用量少,应用方便,质量稳定,保质期长,减少培养酒母工序等优点。现在这项新技术已在各地推广应用,已取得很好的经济效益。

在米酒生产中,米酒活性干酵母,主要用于直接酿造米酒,用量为0.1%左右。还可用于酒母制备、制酒曲等。另外还有生香干酵母,它与米酒干酵母配合用于米酒酿造,来提高酒香和风味。但要注意其配合要先进行研究试验,过量则影响酒精发酵力。还有耐高温活性干酵母,其适应温度20~40℃,适应 pH值为2.5~9.0,耐酒精度13%。在米酒活性干酵母中添加耐高温干酵母或单独使用,应用于夏季米酒酿造也有一定的效果。米酒活性干酵母可用30~35℃温水活化,20min 即可。其比例为干酵母∶水＝1∶10,不必用糖水活化。

# 第六节　米酒生产技术

## 一、醪糟

醪糟,又称江米酒、糯米酒、甜酒酿、米酒酿、酒酿儿。醪糟在全国各地均有酿制。相传人们在酿出米酒以后舍不得将米糟扔掉,于是将米糟滤出来食用,结果其口味绵软,酒香绵滑,入口即化的感觉让人们大呼喜欢。所以,醪糟就作为一种食品流传开来。

渐渐地人们发现常食醪糟不仅是享受美味,更能有益于身体健康。醪糟,是由糯米饭加酒曲发酵而成。成品醇香甜蜜,味美迷人,有助于驱风除湿,舒筋活血,润肤美容,强身健体。因此,人们又称之为"长命酒"。

下面介绍醪糟的一般家庭做法。

【主要原料】(本书中所用原料量均可按比例自行增减,所用酒曲可参照本书介绍的方法自行制作或从市场上够购买相应酒曲)

糯米、甜酒曲、水。

【工艺流程】

糯米选择→洗净→浸泡→上甑蒸熟→淋饭→拌曲→入缸搭窝→陈酿→成品

【工艺要点】

(1)糯米选择:选用粒大质糯的优质糯米 5kg(根据情况,适量增减)。

(2)洗净、浸泡:糯米淘洗干净,放入清水中浸泡 6～12h(夏季6h,春秋季 9h,冬季 12h),使之吸足水分后,再用清水洗几遍,滤去水。糯米一定要浸透泡胀,蒸出来的米饭才不会出现"夹生"的现象。

(3)上甑蒸熟:沥干水分后,铺放于垫有干净白纱布的蒸笼或木甑内,用筷子插出一些孔(以便通气),旺火蒸约30min至米粒成为无"生心"的饭时即可出锅。

(4)淋饭:蒸熟的糯米饭,一定要用清水反复淋洗,使其降温,因为酒曲中的酵母菌在28～35℃最为活跃,生长繁殖能力最强,超过40℃,酵母菌则死亡,影响发酵的进行。冷水淋洗糯米饭,还可使饭粒散开,以便酒曲与糯米饭混合均匀。此外,还能使酿成的醪糟汁液更为清澈透亮。

(5)拌曲:温度降到室温后,倒入消过毒的大盆内,加入酒曲(酒药),如果不是粉末状的酒曲,应研细成粉末,酒曲加入量为糯米总量的3%～5%,翻拌均匀。

(6)入缸搭窝:将撒好曲的原料盛入瓦质或搪瓷盛器内(盛器一定要用沸水烫过,起杀菌消毒的作用。也可将盛器罩在已点燃了的草把上,烟熏杀菌消毒,民间常用此法进行杀菌消毒。此外,盛器不宜使用铝、铁、铜等金属器皿,因为酒与金属会发生化学反应,而使醪糟变色、变味,并影响醪糟的品质),做成窝形(于缸内掏出一"U"形的窝),用手压实,抹光,加盖。冷天放草窝内,热天随意放在干净的地方便可。冷天定要放草窝保暖,因为低温会抑制酵母菌的生长繁殖,使米饭得不到发酵,而且还会变馊;但温度也不宜过高,否则醪糟发红变酸。

(7)陈酿:开始发酵后,热天一个"对时"(即24h),冷天两个"对时",饭窝内就会出现清澈透亮、味甜似蜜的酒液(俗称来酿),到了第二或第三个"对时",则出现大量的酒液,产生醇香的酒味。此时,即成为酒香扑鼻、味道甜蜜的醪糟。醪糟中的液体分离出来,即为醪糟液(汁)。醪糟(未提取醪糟液的)掺入3～5倍的清水,调匀,隔夜后,过滤,其液即谓之"水酒",其渣则称之为"糟粕"。

【产品特色】

本品呈半固态,酒香醇厚,入口绵滑,味甜似蜜。

## 二、蒲江醪糟

蒲江醪糟为四川省蒲江县的特色小吃。相传在清朝蒲江县有夫妻二人经营一家米铺,妻子已怀有身孕,二人生活还算美满。谁知有一日,夫妻二人拌嘴,妻子一怒之下回了娘家。丈夫便独自打理起米铺来,虽心中十分想念妻子,但无奈有生意需要照顾,就也没去乡下接回妻子。又过了几日,丈夫在家中吃饭,突然接到乡下来人的传话,说他娘子就要临盆,让速去。这下可把他高兴坏了,也顾不得生意了,随手把饭碗放在了米缸旁,收拾好行李,当即动身去了乡下。又过了一阵日子,小两口抱着孩子回了县里。一进屋,二人就闻到一股异香扑鼻,连忙寻味找去,这才发现是那碗没吃完的米饭发出来的。二人拾起一块米饭尝了尝,不禁连声叫好,其味香甜可口,酒香醇厚。自此米铺又多了一项生意就是出售这种甜酒。方圆百里的乡亲们都很喜欢这种食品。慢慢的蒲江醪糟,成了蒲江的一道特色小吃。

蒲江醪糟可与锅魁、油条、糯米粉、油糕、鸡蛋等煮食,也可以加清水、糖烧沸晾冷后放冰块作清凉饮料。同时蒲江醪糟也是许多川味菜肴必不可少的调味品。

【主要原料】

糯米、米曲(研细)、当地水。

【工艺流程】

洗米→泡米→上甑蒸米→拌曲→入缸搭窝→发酵→成品

【工艺要点】

(1)洗米:选粒大而均匀的糯米5kg,将糯米反复淘净,放入盆内。

（2）泡米：向盆内加入清水，用清水泡胀后（大糯米夏季泡1h，冬季泡2h，小糯米夏季泡20min，冬季约泡30min），滤干水分。

（3）上甑蒸米：沥干后的糯米装入饭甑用旺火蒸熟（大糯米蒸1h，小糯米蒸40min），均匀过水约5kg。

（4）拌曲、发酵：将过水后的甑底烧沸，用具再次消毒后，倒蒸熟的糯米于大簸箕内晾一下（夏季晾至25℃，冬季晾至40℃），徐徐撒入曲子（夏季17g、冬季20g，用量在总原料量的5%左右）和匀，装入缸钵，放入窝子内（此时米粒、缸体、窝子均应保温在25℃，夏季则不用入窝子），发酵约2d即可出缸食用。

【产品特色】

本品酒卤芳香，甜醇黏郁，饭粒绵软，嫩滑爽口。

### 三、临潼清水醪糟

清水醪糟也叫大竹醪糟。陕西临潼的醪糟远近闻名，家家户户均会酿制。相传早在唐代就已开始酿制。传说当初唐明皇建造华清宫，需要运送大批蓝田玉，为了保证蓝田玉能按时运到，唐明皇下令，沿途百姓每户发放官米二斗，专给搬运民夫准备饭食。若有迟误，一律砍头示众。且说临潼城外有一户农家，老两口相依为命。他们也领到二斗官米，正准备次日做好米饭，等民夫到来时食用。二老早早准备好了一锅香喷喷的米饭。谁知运送蓝田玉的民夫迟迟不到，二老心急如焚，天气如此之热，民夫如若还不到，米饭定要变馊，若是吃了坏肚子，耽搁了押运，自己也就大难临头了。正犯愁之际，门外走来一个老叫花子向他二人讨饭。思量了许久，二老给老叫花子盛一碗米饭。那老叫花子吃罢发现二老满脸愁云，便问有何犯难之处，二老便把原委说了一遍。

老叫花子微微一笑道："且别慌张，我有宝贝让你二人躲过此劫。"老叫花子从怀里掏出几粒豆大的白色丸子交给二老,并让他们将其投入饭锅中。二老从老叫花子手中接过药丸,赶快放进锅里仔细搅拌,忙活一阵后才发现老叫花子已去无踪迹。谁知一连两日过去,那锅米饭不仅没馊,反倒散发出阵阵酒香。不久,民夫结队而来。二老急忙用此物来招待他们。民夫们无不夸赞二老的饭好吃,又解乏又解饥。一位民夫问:"这吃食不同一般,不知是何物?"老头儿正琢磨不出,忽见民夫边说边用筷子在饭碗里捞剩下的米粒,远远看去极像自己往日吃的豆腐糟,便脱口说来:"这好吃的东西,你叫它'捞糟'就是了。"民夫们离去后,老两口的"捞糟"美名也随之传开了。

陕西话中"捞糟"即读"醪糟",后来有人劝二老做"醪糟"出售。"醪糟"的招牌便在他家门口挂了出来,十分引人注目。小小店铺在两位老人的细心经营之下,"醪糟"生意十分红火。且二老心善,自然免不了时常接济吃不上饭的穷困人家,美食美名更是越传越远了。这清水醪糟便是取山中竹内清水酿制而得名。也有传说称是取自华清池的温水酿制而成。因其香甜可口,酒香四溢深得大众喜欢。

【主要原料】

糯米、酒曲、清水。

【工艺流程】

原料处理→上甑蒸熟→拌曲→入缸搭窝→发酵→成品

【工艺要点】

(1)原料处理:选粒大而均匀的糯米,淘洗干净放入瓦钵内,加清水浸泡1h后,用笆箕沥干。

(2)上甑蒸熟:木甑放置蒸锅上,待甑内上汽之后,将糯米均匀松散地舀入,加盖用旺火蒸1.5h。糯米蒸透心后,倒在笆箕内摊开,用10kg清水从糯米上淋下过滤,使淋散淋冷的糯米温度保持在

30～32℃。

（3）拌曲、入缸搭窝：将蒸熟的糯米舀入拌料的瓦钵内，把原料量5%的醪糟曲（醪糟曲系用大米粉、红参、砂仁、白蔻、桂皮、甘草、山皂角、谷芽、麦芽等原料，加工制成的粉团）碾成细粉，顺着一个方向用手均匀地加入。然后，再将米捧入专用发酵的瓦钵内抹平，于中心处挖一个深、直径各6cm的圆洞。钵面用消毒布帕盖严，盖上木盖，外面罩上麻袋（或棕衣、草帘），放入专制的发酵窝内发酵。

（4）发酵：由于季节不同，所需温度应保持30～32℃。发酵时间夏季一般24h，冬季48h，春、秋季36h。待醪糟在发酵钵内浮起，其中心圆洞内全部装满汁液时即成。

【产品特色】

本品色白汁清，甜润鲜香，冷食、热食均宜。

## 四、凉醪糟

凉醪糟是在传统醪糟酿制的基础上，采用井水作为原料酿制成的一种解暑佳品。其清凉爽口，味香甜醇的口感是盛夏时节家家必备的降暑食品。

据说有一年天气极其炎热，酷暑难当，众人都纷纷寻找降暑解渴的良方，但是都没有有效地解决方法。有一个大户人家也苦于这炎炎烈日，于是悬赏：下人如有提供避暑良方的便重重有赏。此消息一出下人们纷纷献计献策。就在这时，有一位老妇人端来了一碗酒香扑鼻的凉醪糟，主人一饮顿时感觉沁入心脾的凉爽，暑意全消，当即打赏了这个老妇人，并请其将这消暑的法宝传给了做菜的师傅，众人也纷纷效仿，最后这凉醪糟的制作方法便流传开来。

【主要原料】

糯米、甜酒曲、井水。

【工艺流程】

原料处理→上甑蒸熟→拌曲→入缸搭窝→发酵→成品

【工艺要点】

(1)原料处理:糯米淘两次滤净,浸泡约 5h 捞起,倒清水淋透沥干。

(2)上甑蒸熟:上甑用旺火蒸至上汽,捏米如无硬心时,把甑提起,放在木盆或筲箕上,用井水 3kg 淋透后,沥干。

(3)拌曲、入缸搭窝:将沥干的熟糯米倒入簸箕内刨散,加入5%的甜酒曲和匀,装缸放入谷草或棉絮盘成的窝中(夏季不用窝子),刨平缸内糯米表面(不能沾水),用口袋或棉絮盖约 15cm 厚,封好。

(4)发酵:发酵约两天半揭开,有甜酒味即成。如缸内有结块,可搅匀搅散。

【产品特色】

本品清凉爽口,味香甜醇,益脾养胃。

## 五、涪陵油醪糟

涪陵油醪糟又名猪油醪糟,为涪陵特色小吃。

《涪陵辞典·名小吃》中有载:"公元 1799 年春节,时值川东白莲教战乱期间,一鹤游坪富绅人家到涪陵城避乱,又喜添人丁。亲朋好友前来道喜祝贺,主人吩咐煮汤圆招待客人,由于客人众多,搓汤圆根本来不及,厨子便将供太太'坐月子'吃的醪糟煮鸡蛋,再加了些汤圆芯子给每位客人吃。客人们吃后赞不绝口,急忙问是什么东西,厨子情急之中答曰:'油醪糟煮荷包蛋'。从此,涪陵满城竞相效仿。"

【主要原料】

(1)主料:上等糯米 2.5kg、醪糟曲 0.15g、水适量。

(2)辅料:黑芝麻 500g、猪油 1kg、橘饼 25g、白糖 1.25kg、蜜枣

25g、花生仁 125g、瓜片 25g、核桃仁 125g、桂花少量。

以上原料为一缸用量。

【工艺流程】

原料处理→上甑蒸熟→拌曲→入缸搭窝→发酵→入锅煎煮→成品

【工艺要点】

(1)原料处理:选粒大而均匀的糯米,淘洗干净放入瓦钵内,加清水淹没浸泡 1h,用筲箕沥干。

(2)上甑蒸熟:木甑放置蒸锅上,待甑内上汽之后,将糯米均匀松散地舀入,加盖用旺火蒸 1.5h。糯米蒸透心后,倒在筲箕内摊开,用 10kg 清水从糯米上淋下过滤,使淋散沥冷的糯米温度保持在 30 ~ 32℃。

(3)拌曲、入缸搭窝:将蒸熟的糯米舀入拌料的瓦钵内,把醪糟曲碾成细粉,顺着一个方向用手均匀地加入。然后,再将米捧入专用发酵的瓦钵内抹平,于中心处挖一个深、直径各 6cm 的圆洞。钵面用消毒布帕盖严,盖上木盖,外面罩上麻袋(或棕衣、草帘),放入专制的发酵窝内发酵。

(4)发酵:由于季节不同,所需温度应保持 30 ~ 32℃。发酵时间夏季一般 24h,冬季 48h,春、秋季 36h。醪糟在发酵钵内浮起,可以转动,待中心圆洞内完全装满汁水即成醪糟。

(5)入锅煎煮:猪油下锅煎到 70 ~ 80℃,放入醪糟、芝麻面及剁碎的橘饼、核桃仁、花生仁、瓜片、桂花、蜜枣等辅料,待醪糟煮沸后,再稍煎一会儿即成。

【产品特色】

本品呈现自然、鲜亮均匀的金黄色;米粒均匀、完整,无其他颗粒状杂质,略带黏稠感;具有甜酒酿特有的浓郁香气,香甜可口,油而不腻。

## 六、临潼桂花甜酒酿

桂花酒酿俗称甜白酒,选用上等白糯米、桂花和酒药配制酿成,芳香、甜润,为常州传统产品,距今天已有200余年历史。

传说在唐朝,唐明皇建成华清宫后,终日与爱妃杨玉环及众宫女留恋花前月下,风流快活。有一天,唐明皇与杨玉环出宫游玩,意在观赏民间趣事。一行人走近临潼城一所店铺不远处,闻见奇异的酒香。询问侍从,告知此乃有名的临潼风味小吃"醪糟"。唐明皇和杨玉环急于品尝,也顾不及许多,进店便要主人做出最好的醪糟来品尝。店主眼见客官来头不小,便精心调制出两碗鸡蛋醪糟献上。吃毕,唐明皇叫侍从赏店主银子十两,杨玉环特将手中赏玩的桂枝送给店主留作纪念。事后,店主方知原来是皇上和娘娘亲临小店,连忙跪拜,感谢老天降福。又将贵妃娘娘赐给的桂枝好生插入花盆,精心养护。说也奇怪,自此,店铺中满是桂花清香,小店几十米外的行路之人皆能闻见。更奇的是店内制作的"醪糟"总是常有浓淡相宜的桂花香味。久而久之,他们出售的"桂花醪糟"便成为当地出名的特色美味小吃了。直到如今,大凡到临潼旅游的人,在点地方美食时,"桂花醪糟"当为首选。它的典故,更让游人增添了不少情趣。

现代的桂花酒酿,在酒酿的酿制过程中加入了桂花,更增添了一番风味。此外,桂花米酒有着丰富的营养价值。且桂花可健胃化痰、生津、散瘀、平肝,辅助治疗痰多咳嗽,食欲不振,闭经腹痛等。糯米富含淀粉及部分的纤维素、维生素等,两者结合经过酒曲的混合发酵制得的桂花甜酒酿,既有普通甜酒酿的香气,又具有桂花清新淡雅的风格,不仅可以增加甜酒酿的色、香、味,而且还含有丰富的氨基酸、有机酸、糖类、矿物质等,更加提高了甜酒酿的营养价值与保健功效。

【主要原料】

糯米、桂花、苏州甜酒曲、水。

【工艺流程】

糯米→清洗→浸泡→沥水→蒸饭→淋饭→降温→拌曲→加桂花→发酵→桂花甜酒酿→杀菌→成品

【工艺要点】

(1)清洗、浸泡:糯米应先淘洗干净,用水浸泡过夜。

(2)蒸饭:捞起放置于有滤布的蒸屉上,在蒸锅内蒸熟(使其糯米无硬心,且不太烂为佳)。

(3)淋饭:用少量凉开水淋饭,使米饭冷却到 34～36℃。要求迅速而均匀,不产生团块。

(4)拌曲、加桂花:加入 1.5% 的酒曲和 30% 的桂花,搅拌均匀。

(5)发酵:28～36℃,发酵 60h,杀菌后即为成品。

【产品特色】

本品呈现自然、鲜亮均匀的金黄色;米粒均匀、完整,无其他颗粒状杂质,略带黏稠感;具有甜酒酿特有的浓郁香气,又有桂花独特的清新淡雅味道,诸香协调,清新宜人;酒香纯正,甜味适中,丰满醇厚,具有愉快的桂花特有香气。

## 七、固体甜酒酿

相传在唐代,有个小有名气的郎中常常四处给人看病。有一年夏天酷暑难当,田间有很多农夫中暑晕倒,被送到他的病坊来,试了很多药都不能快速解决这个病症。有一天他的妻子做了一碗醪糟给他端来,正好有个中暑农夫来瞧病,于是也给他端了一碗。没想到,一碗醪糟下肚,那个农夫的中暑症状立即消失了。这件事情以后,郎中便利用醪糟来给中暑的人们消暑。不单是普通的醪糟,他还往里加了蜂蜜和白酒。为了方便农夫们干活时也能随身携带一些醪糟,郎中又把醪糟做成了半固体的形状。后来几经演变就成了现在的固体甜酒酿,深得大众喜欢。

【主要原料】

糯米、甜酒药、柠檬酸、蜂蜜、白酒少许。

【工艺流程】

糯米→清洗→浸米→蒸饭→冷却→拌甜酒药→搭窝→保温发酵→鲜甜酒酿→调配→真空冷冻干燥→成品

【工艺要点】

(1)清洗:选择上等糯米,用自来水清洗,除去其中粉尘,至洗水清亮为至。

(2)浸米:取用清水淘洗过的糯米,加水浸泡,使水面高出米面10～20cm,根据温度控制浸米时间,夏季一般6～8h,冬季12～16h,用手碾磨无硬心。

(3)蒸饭:将米放入高压锅内,开锅后蒸10～12min。蒸煮完成标准:松、软、透,不粘连。

(4)拌甜酒药:等饭冷却至35℃,加入米量0.4%～1%的甜酒药,充分搅拌,使米、药混合均匀。

(5)保温发酵:将上述混合物在30℃下保温发酵,24h即有汁液浸出,待窝内出现2cm的液体后,开耙发酵,三天后即为鲜甜酒酿。

(6)调配:将鲜甜酒酿按照一定的要求加入适量的柠檬酸、蜂蜜、白酒(也可不加),放入冰箱中,将鲜甜酒快速冻结成固体,即成固体甜酒酿。

【产品特色】

本品色泽纯白,米粒清晰可见,复水性极好,酒香醇厚,饭粒适口绵软。

## 八、荞麦甜酒

荞麦甜酒为新型工艺产品,结合了荞麦和甜酒的优点,在传统甜酒制作工艺上略作改进,成为一种全新饮品。

荞麦又名三角麦、乌麦,它与燕麦、食用豆类、黑色米、小米、玉米、麦麸、米糠并称为我国亟待开发的八大保健食品。荞麦营养价值高,富含蛋白质、淀粉、脂肪、矿物质及大量维生素等。其中芦丁的含量极为丰富,而芦丁对人体健康有很大的促进作用,具有扩张血管、降低血管脆性的特性,长期摄入可抑制饱合脂肪酸,使血液中胆固醇含量明显降低,在临床上芦丁常用于高血压的辅助治疗,防治脑溢血。同时荞麦中还有老年人及儿童必需的组氨酸和精氨酸。荞麦虽然营养价值极高,但它的口味有很多人不能接受,使它在直接食用方面受到限制。荞麦甜酒解决的荞麦在口味上的难题,更适合大众的口味。

【主要原料】

荞麦、大米、种曲

【工艺流程】

**1. 米曲的生产工艺流程**

种曲
↓
大米→手工挑选→洗米→浸米→蒸米→冷却→接种→制曲→米曲

**2. 甜酒的生产工艺流程**

种曲
↓
大米→稀饭→糖化→杀菌→包装→成品
↑
荞麦(脱皮)

【工艺要点】

(1)浸米、蒸米:取用清水淘洗过的糯米,加水浸泡,使水面高出米面10~20cm。根据温度控制浸米时间,夏季一般6~8h,冬季12~16h。大米浸好后,应充分控干水,以防蒸煮后过黏。捞起后放入蒸锅内蒸熟,使无硬心,且不太烂即可。

(2)接种、制曲:最主要的就是防止杂菌污染。在制曲过程中需经过2~3次翻曲,使曲温控制在35~40℃。从接种到制曲结束约需40h。出曲后可用肉眼观察曲菌生长的好坏,菌丝在米粒的表面伸展开,并且深入到米粒的内部,则为好曲,并有香味而无异味。

(3)稀饭:大米与荞麦一起熬煮稀饭。主要控制水分和时间,要求米粒酥软无夹心。

(4)糖化:糖化时应注意将稀饭冷却,米曲加入后的配料温度应控制在50~55℃(米曲加入量为大米用量的3%~5%)。糖化温度为55℃,约需20h。

(5)杀菌:杀菌条件为85℃,5~10min。杀菌后要快速冷却到35~40℃,以防止饭粒发黄。

【产品特色】

呈半固态状,米粒色泽洁白,气味清香宜人,口感甜润滑爽,酥软无夹心。

## 九、米酒

米酒的酒精含量低,糖度适中,香气浓郁,醇厚可口,色泽明亮,营养价值高,是饮用和调味的佳品。米酒的生产工艺较简单,米酒的一般酿制工艺如下。

【主要原料】

糯米、麦曲、米酒专用酵母、水。

【工艺流程】

原料处理→淘米→浸米→蒸煮→降温→拌麦曲→入罐加酵母→发酵→压榨→澄清→煎酒→贮藏→成品

【工艺要点】

(1)原料处理:精选无霉变、无病虫害的优质糯米。

(2)淘米:将料倒入凉米器中,加入自来水洗淘米 3 次,以除去米中的灰尘、泥土。

(3)浸米:将洗好的米滤掉水分放入箐簧等竹制容器中,加入40℃的温水浸泡 30~36h。

(4)蒸煮:浸泡好的米及水倒入糖化锅中混匀并加热煮沸,保持沸腾状态 2h 后停止加热。保温 0.5h 进行闷糜,使米软烂,整个蒸煮过程宜控制在 2.5h 内。煮好的醪液不应有糊米、锅渣。

(5)降温、拌麦曲:将煮好的醪液泵入凉米器中冷却至 60℃ ± 2℃,加入麦曲(用曲量为糯米量的 6%~7%),保温糖化 1~1.5h。

(6)入罐加酵母:将糖化后的醪液倒入发酵罐中降温至 28~32℃,再加入活化后的米酒酵母(用量为糯米量的 10% 左右)进行发酵。

(7)发酵:醪液入罐加入米酒酵母后即进入发酵阶段,发酵 30h 左右可开头耙,此时醪液温度为 30~32℃。此后应每 12h 检查一次醪液温度,并随时注意发酵正常与否。当醪液温度高于 33℃时,应用冰水降温,使醪液温度保持在 30~32℃。约 7d 后,发酵液开始澄清,再加入部分活化的酒母搅拌均匀,使醪液继续发酵,2~4d 后,发酵液再次澄清,即表示发酵结束。

(8)压榨:将发酵好的酒液温度降至 10~12℃,用木制压榨机将发酵液压榨。

(9)煎酒:榨出的酒液放入糖化锅中,澄清 24h,取上层清液并加热至 90℃,保持 5min 灭菌。沉下的部分应重新压榨、澄清、灭菌。

（10）贮藏:趁热将酒液泵入发酵罐(缸)中,并迅速将酒液温度降至 5℃左右贮存,贮存 1 个月以上即可食用。

【产品特色】

本品呈红褐色,清澈透明,有光泽,无沉淀;有米酒特有的醇香;味甜醇厚,无其他异味。

## 十、醪糟酒

醪糟酒是我们祖先最早酿制的酒种,几千年来一直受到人们的青睐。醪糟酒是以大米为原料,加酒药曲边糖化边发酵的产物。醪糟酒的液体部分,各地不同品种浓淡不一,含酒精量多在 10% ~20%,属一种低度酒,口味香甜醇美,含酒精量极少,因此深受人们喜爱。

【主要原料】

大米、酒药曲、水。

【工艺流程】

原料浸泡→蒸饭→扬冷→加入酒药曲→发酵→杀菌→成品

【工艺要点】

（1）原料浸泡:新鲜米淘洗干净,用清水浸泡。室温 15℃以上浸 6 ~8h,室温 10℃下浸 12 ~16h。浸泡至米粒完整而酥,用手指掐米粒成粉状。捞出,用清水淋清浊汁。

（2）蒸饭:铁锅、木甑、高压锅均可蒸饭。蒸饭要求外硬内软,内无白心,疏松不糊,透而不烂和均匀一致。

（3）扬冷:对扬冷所用工具及配曲应事先严格清洗杀菌。扬冷的方法按其用途(选用醪糟酒还是醪糟饭)可分为摊饭冷却法和淋饭冷却法。摊饭冷却法不能洒水降温,是把熟饭铺在配曲台上摊开,用木耙摊撒,同时吹风,进行自然冷却。淋饭冷却法是用少量凉开水淋饭使米饭冷却到 34～36℃。扬冷要求迅速而均匀,不产生团块。

（4）加入酒药曲:扬冷至 35～37℃ 的米饭拌入 3% 的酒药曲。将酒药曲充分混拌揉搓均匀后撒播在配曲台上的摊饭中。分底、中、上三层撒播,每撒播一层都要用木锨翻米饭 2～3 遍。迅速装入洁净、有盖的瓷缸中,排紧,抹平饭面,在中间挖一圆洞直达缸底。在饭面上撒上一层盖面酒药曲,用棉物或麻袋片盖上,保持 32～36℃ 的温度。

（5）发酵:曲饭下缸后,冬天经 10～12h,饭温开始上升,经 22～26h 的发酵饭温升至 35～37℃ 时,闻有香味,品尝有微甜时,要揭开覆盖物采取降温措施。切记饭温不能超过 39℃,否则易烧死酵母菌。在饭温不低于 28℃ 的条件下继续发酵,当缸底饭窝小孔甜液达 2/5 时,已闻米酒清香,醪糟成熟。如只作醪糟销售或食用则此时停止发酵,将醪糟出缸,散装或瓶装销售或储藏食用。如取醪糟米酒则将料温降至 22～25℃,低温陈酿 6～7d,待甜酒液在饭窝内达 4/5,酒香浓厚时,可过滤或压榨酒液。

（6）杀菌:①可将装入瓶中的米酒置于 75℃ 的热水中 15min 杀菌。②在酒液进入瓶前用瞬时灭菌器灭菌。③用紫外线灯管在过滤的同时灭菌装瓶。

【产品特色】

呈液态状,色泽洁白,香气宜人,醇香无比,口感甜润。

## 十一、糯米甜酒

"糯米甜酒"是一种有着浓郁地方特色、历史悠久的传统美食。其独特的口味、迷人的芳香、丰富的营养,深受消费者的青睐。虽然名为"甜酒",实质并不含糖精,不含任何添加剂,是经酒曲中多种微生物和糯米发酵而成的天然营养食品。既可食之饱腹,又可饮用消暑解渴,保暖祛寒,而且食用方便。逢年过节,婚嫁喜事,很多家庭都要用甜酒招待客人。

关于糯米甜酒也有一些传说,相传早期人们在做醪糟的时候,都是撇去汁液只要甜酒糟部分。有一个官宦人家主人喜欢吃醪糟,于是吩咐下人将汤汁滗去。有一个下人不忍心将汤汁倒掉,就悄悄倒在坛中,久而久之坛装得越来越满。有一日主人闻到园中酒香扑鼻,怀疑下人偷偷饮酒,便到园中查看,但是并未发现喝酒者,再仔细搜寻一番后,终于发现了盛满醪糟汁液的酒坛,经过一番询问之后知道了事情的来龙去脉。主人拿过汤勺,舀了一勺送入口中,发现味道甘甜可口之处不比醪糟差分毫,醇香之处也不比白酒逊色,甚至有过之而无不及。于是,便命下人大批制作。因为使用的是糯米酿制,故名为糯米甜酒。此后,民间纷纷效仿,就这样糯米甜酒在民间流传开来。

【主要原料】

糯米、甜酒药、水。

【工艺流程】

选米淘洗→上甑蒸熟→拌曲装坛→发酵压榨→澄清陈酿→成品

【工艺要点】

(1)选米淘洗:选用上等糯米,投入清水浸泡。水面淹没糯米20cm。浸泡时间:冬春季水温15℃以下,14h;夏季25℃以下,8h。以米粒浸透无白心为度。夏季换水1~2次。

(2)上甑蒸熟:将糯米捞入箩筐冲去白浆,沥干后投入饭甑内。以猛火蒸饭至上气后再蒸5 min。揭盖向米层洒入适量清水,再蒸10min。待饭粒膨胀发亮,松散柔软,嚼不粘齿,即为成熟。

(3)拌曲装坛:米饭出甑后,倒在竹席上摊晾。待饭温降至36~38℃不烫手心时,撒入甜酒药,拌匀。用曲量为糯米量的6%~7%。饭温控制在21~22℃,即可入坛。按每100kg原料加水160~170kg

的比例,同拌曲后的米饭拌匀,装入酒坛内加盖,静置室内自然糖化。

（4）发酵压榨:装坛后每隔2~3d,用木棒搅拌,把米饭压下水面,并把坛盖加盖麻布等。经20~25d发酵,坛内逸出浓郁的酒香味,米饭逐渐下沉,酒液开始澄清,说明发酵基本结束。此时可开坛提料,装入竹篾制成的酒笋内进行压榨,让酒糟分离。

（5）澄清陈酿:压榨出来的酒经沉淀后,装入口小肚大的酒坛内,用竹叶包扎坛口,盖上泥土形成帽式加封口。酒坛集中在酒房内,用谷皮堆满酒坛四周,烧火熏酒,使色泽由红色变为褐红色。30d后即可开坛取酒。

【产品特色】

本品呈口感醇甜,汤清明亮,色泽褐红。

## 十二、花露米酒

花露米酒江苏各地均会酿制,是一种常见的米酒,营养成分非常丰富,是佐餐佳品。相传古时候江苏有一位进京赶考的举子,借宿在一座寺庙里。这位举子生性好酒,怎奈这寺庙之中是禁酒色的。于是他便自己开始酿酒,将每日的斋饭剩下一部分,放入坛中,用每日清晨沙弥们送来的花瓣上的露水作为酿造水来酿酒。一些日子过去后,从这个举子的禅房里飘出了阵阵酒香,一些沙弥和乡民也寻味而来,更有甚者竟然饮起美酒来。久而久之人越聚越多,后来被主持知道了这件事,随即将这赶考的举子和饮酒的沙弥一同逐出了寺庙。赶考的举子踏上了他赶考的道路,留下来的沙弥被逐出寺庙以后,照着方儿做起这花露米酒来。后来越来越有名气,花露米酒也传遍江苏各地。

【主要原料】

糯米、酒曲、白酒（优质曲酒）、清水。

【工艺流程】

原料米→淘米→蒸米饭→冲凉→准备酒曲→加酒曲→装缸→密封缸口→加白酒→收获→成品

【工艺要点】

(1)淘米:将米淘洗干净,在水中浸泡12h。

(2)蒸米饭:将洗净的米放入蒸锅(笼)内蒸熟。

(3)冲凉:蒸熟的米饭用凉开水冲凉降温,使米饭内温度降至30℃左右(冬季可适当高些)。

(4)准备酒曲:按每5kg加酒曲30g的量,把酒曲研成粉末,并加入适量面粉与酒曲拌匀,待用。

(5)加酒曲:将已蒸熟的米饭放入较大的容器中,加入上述准备好的酒曲约3/4的量,与米饭充分搅拌混匀。

(6)装缸:将拌好的米饭立即装进清洁的瓦缸中。装入的量,只能占瓦缸容量的30%～40%。用手把米饭按紧,并在米饭中央挖一小洞。然后再将剩下的1/4量的酒曲粉末均匀地撒在饭的表层。

(7)密封缸口:加盖,将缸口密封,置于30±1℃的环境下发酵72h。

(8)加白酒:按每千克米加2kg60%VoL左右的白酒的比例,加入发酵缸中。封闭缸口,置于28±1℃的环境下继续发酵90～100d。

(9)收获:开缸后将上层的酒液取出即可。

【产品特色】

本品呈金黄色,酒质浓厚,酒味芬芳,绵甜可口。这种酒营养十分丰富,是酒中佳品。

## 十三、老白米酒

江苏海门的大多数家庭都会酿制老白米酒。每年农历十月是丰收的季节,也是酿酒的最佳时机,家家户户都忙着酿些酒来迎接新年,以祈求来年风调雨顺,合家欢乐。

【主要原料】

大米、专做"老白米酒"用的酒曲、水。

【工艺流程】

原料米→淘米→蒸米饭→冲凉→准备酒曲→加酒曲→装缸→加盖→加凉开水→收获→保存→成品

【工艺要点】

(1)淘米:将米淘洗干净,在水中浸泡4h左右。

(2)蒸米饭:将米放入蒸锅(笼)内蒸熟。

(3)冲凉:将蒸熟的米饭,用凉开水冲凉降温,使米饭的温度降至30℃左右(冬季可适当高些)。

(4)准备酒曲:按每5kg米加酒曲70g的量,先把酒曲研成粉末,再加适量面粉拌匀待用。

(5)加酒曲:将米饭放入较大的容器中,取上述准备好的酒曲3/4的量与米饭搅拌,充分混匀。

(6)装缸:将拌匀的米饭装进清洁的瓦缸中,把米饭按紧,并在米饭中间挖一个小洞。然后再把留下的1/4酒曲粉末,均匀地抖撒在米饭的表面上。

(7)加盖:在瓦缸口上加一层纱布,然后用稻草编织的草帘子盖上,放置25~28℃环境下(注意环境温度不能超过28℃),发酵72h。

(8)加凉开水:按每千克米加水1.5kg的比例,加入凉开水。盖好缸口再发酵7d。

(9)收获:将上层的酒液取出,用纱布袋(或尼龙袋)将酒渣(糟)挤压出剩余的酒液,与上层收获的酒混合,即可饮用。每千克米可酿出老白米酒1.5kg左右。

（10）保存:将米酒装入小口瓶密封,一般可保存 3~4 个月,冬季稍长些。如放在冰箱内冷藏,则可保存半年以上。

【产品特色】

本品清晰透明,香味浓郁,酒味浓厚、甘美。

## 十四、半干型米酒

半干型米酒在福建沿海等地均有酿制,直接饮用、佐餐皆可,是在传统米酒酿造基础上,沿海等地人民群众自行研发的一类产品。从前的米酒都是只取压榨出的清汁饮用。传说古时候有一个懒汉也学着别人做米酒,待酒做好后他却图省事略去了压榨的步骤,得到了固液各半的产品,食之也别有一番风味,随即流传开来。经过数百年的演变,如今的半干型米酒更注重味道和营养,现将近代的酿制方法介绍如下。

【主要原料】

大米 450g,葡萄干 450g,白糖 1200g,柠檬 1 个,酵母营养基 5g,维生素 $B_1$ 1 片（3mg）,凉水 3000mL,凉开水 1500mL,葡萄酒酵母粉 5g。

【工艺流程】

大米、葡萄干→碾碎→入桶（缸）→拌曲→加水→静置→搅拌→发酵→倒桶（缸）→后发酵→澄清→成品

【工艺要点】

（1）碾碎:将葡萄干切碎,大米洗净,碾碎;柠檬皮切成小条。将上述原料与白糖一起放入发酵桶（缸）内,加入开水,充分搅拌,使糖完全溶化。

（2）拌曲:待凉后加入酵母营养基,搅拌后再挤入柠檬汁。

（3）加水:加入凉开水,使总量达 4.5L。

（4）静置:静置 2~3h 后,将葡萄酒酵母粉轻轻撒在液面上。封

好桶口,置于23～25℃环境下发酵。

（5）搅拌:每天必须搅拌1～2次。

（6）发酵:发酵10～12d,用虹吸法将酒液移至小口发酵桶（瓶）内,将沉淀物（米粒等）装入挤压袋（纱布或尼龙）内,悬挂起来,让其中液体流出,不需挤压。注意虹吸时不要将沉淀物吸起。

（7）倒桶:将维生素 B$_1$ 片研成粉末,用少许热水溶化后加入,置15～18℃阴凉处进行二次发酵。10d 左右,倒桶,剔除沉淀物。

（8）后发酵:继续发酵,直至发酵活动停止,倒桶,剔除沉淀物。

（9）澄清:静置 1 个月左右,待酒液完全澄清后,装瓶。贮存3～4个月,即可饮用。

【产品特色】

本品酒香醇厚、甘甜,兼有葡萄香气。

## 十五、黑糯米酒

贵州惠水黑糯米,又称紫糯米,栽培历史悠久。据《定番州志》记载,此米从宋代起即为历代地方官府向皇帝进贡的"贡米",是御餐中的珍品。传说,这是宋代的一位苗王,名叫黑阳大帝,是他首先发现的黑糯米。以后,人们为了纪念他,每年农历三月初三都要打黑糯米粑以示祭祀。这一传统,一直流传至今。

黑糯米酒不同一般,它是苗家用当地的特产黑糯米为原料,用苗家代代相传的古老方法酿制而成的低度美酒。过去苗家虽把它作为待客的上品,但从未把酿制的方法向外族人传授。直到1979 年贵州省惠水县酒厂才发掘出这一珍贵品种。在收集整理此酒古老的酿制方法后,再结合现代酿酒工艺,反复研制,酿制出风格独特的黑糯米酒。1983 年被评为"贵州名酒"。

贵州黔南惠水县是中国黑糯米之乡。当地的黑糯米酒选材全部选自当地优质的黑糯米,用独特的苗族酿造方法制成,产出的黑糯米酒别有一番风味。

此酒晶莹透明,红亮生光,香气幽雅悦人,酒味酸甜爽口,醇厚甘美,酒体协调,在米酒中独具一格。它不仅是饮料中的佳品,而且酒中含有蛋白质、多种氨基酸、脂肪、糖类、钙、磷、铁、多种维生素等营养成分。

【主要原料】

黑糯米、米曲、水适量、白砂糖、柠檬酸。

【工艺流程】

选米→洗米→浸泡→蒸饭→摊凉→拌曲→糖化→发酵→制糖浆→调配→过滤→杀菌灌装→成品

【工艺要点】

(1)选米:选用新鲜、无霉变的黑糯米,若能用当年的新米更好。之所以用新米,是因为黑糯米糊粉层含的脂肪较多,贮存时间长了,脂肪会变质,产生"哈喇"味,会影响米酒风味。

(2)洗米:用清水冲去米粒表层附着的糠和尘土,洗到淋出的水清为止,同时除去细沙石等杂物。

(3)浸泡:目的是使米中的淀粉充分吸水膨胀,疏松淀粉颗粒,便于蒸煮糊化。浸泡时间为 2～3d。由于黑糯米皮层较厚,吸水性较差,冬天可适当提高水温。以用手指捏米粒成粉状,无硬心为准。米吸水要充分,水分吸收量为 25%～30%。米泡不透,蒸煮时易出现生米;米浸得过度而变成粉米,会造成淀粉的损失。

(4)蒸饭:使黑糯米的淀粉受热吸水糊化,或使米的淀粉结晶构造破坏而糊化,糊化易受淀粉酶的作用并有利于酵母菌的生长,同时也进行了杀菌。蒸饭为常压下进行两次蒸煮,目的是使糯米饭蒸熟蒸透。第一次是蒸至上汽 10min 后停火,打开蒸箱盖搅动一下饭,洒一些水再蒸至上汽后 30min 即可。要求达到外硬内软,内无白心,疏松不糊,透而不烂和均匀一致。不熟和过烂都不行。

(5)摊凉:将米饭摊开,进行自然冷却。其缺点是占用面积大、时间长,易受杂菌侵袭和不利于自动化生产。

(6)拌曲:将曲碾成粉状,过 60 目筛后,拌进摊凉的米饭中,拌匀。加入量一般为用米量的 5% ~ 10%。

(7)糖化:将拌了曲的饭再投入洗净的发酵缸中,量为大半缸。把饭搭成喇叭状,松紧适度,缸底窝口直径约 10cm,再在饭层表面撒少许酒药粉末。搭窝后,用竹片轻轻敲实,以不会塌落为准。最后用缸盖盖上,缸外面用草席围住保温。经 36 ~ 48h,饭粒上白色的菌丝粘结起来,饭粒软化并产生特有的酒香。这时,甜酒液充满饭窝的 80%。

(8)发酵:此时可将缸盖打开倒进冷开水,淹没糖化醪。用干净的竹片搅动一下糖化醪,此时醪温为 20 ~ 24℃,盖上缸盖让醪液发酵。一般发酵 10 ~ 15d,其间每隔 10 ~ 20h 开盖搅拌一次,控制品温在 30℃ 以下,同时也可增加供氧量,有利于酵母菌发酵活动进行,抑制乳酸菌生长。15 ~ 20d 后观察醪盖下沉即可停止发酵。此时酒度为在 12% ~ 15%。

(9)制糖浆:将白砂糖、柠檬酸调配制成 60% 的糖浆备用。

(10)调配:将发酵上清液吸出,放入容器内进行调配,用糖浆调整发酵液糖分为 10%、酸度为 0.45%,再用食用酒精将发酵液酒度调至 17%,盖上盖子搅拌 10min 混匀。

(11)过滤:调配好的酒液通过硅藻土过滤机过滤即得澄清酒液。

(12)杀菌灌装:灌装后的产品放入杀菌装置中,杀菌温度为 85 ~ 90℃,杀菌时间 25 ~ 30min。经杀菌后,酒度降低 0.3% ~ 0.6%,在调配时应考虑到这个损耗,所以酒量可适当调高一点。杀菌后可趁热灌装、封盖。将封好的酒放在阴凉处,贮存 3 个月以上即可上市。

【产品特色】

本品酒体呈深紫红色,晶莹透明,具有独特的黑糯米芳香气味,甘冽醇厚,绵软爽口。

## 十六、碎米酒

碎米酒用碎米生产白酒,可节省原料,扩大白酒原料来源,降低生产成本。民间自古就使用碎米来酿酒,主要集中在农村地区。当时农民将碾米剩下的碎米粒蒸熟后发酵制成米酒,从而节省了粮食,同时碎米酿造的酒也别有一番风味。据说在古时候有钱人家的米仓总会在年终的时候清扫一遍,打扫出来的碎米碴就赏给雇来打扫的佣人,佣人们把碎米蒸熟后做成酒,酒味刚烈,酒劲十足。慢慢的,很多富贵人家也开始酿制碎米酒。

【主要原料】

碎米粒、谷糠、甜酒药、水。

【工艺流程】

原料浸泡→蒸料→摊凉→加曲→糖化→发酵→成品

【工艺要点】

(1)原料浸泡:将碎米摊在地上拌以 30% 的谷糠,拌匀后加入 50% 的冷水,翻拌均匀,使之堆积成丘形,减少水分的挥发。闷 12h 左右,米透心,手捏成粉即可。

(2)蒸料:先将水烧热到 70 ~ 80℃,舀出一部为(为投粮量的 50%)。然后把火烧开,铺上笆子,撒一层糠壳,把碎米逐渐装入蒸甑。圆汽后蒸 1 个半小时,米结成大块团,手摸时软而微有弹性,随即挖出一部分放在席上摊放。甑内部的和席上的同时泼入适量的 60 ~ 70℃的温水,并同时翻动。翻动后将摊席上的碎米装入甑内,上面撒一层谷糠,进行复蒸(大火)。经过 90min 谷壳打湿,米成软而透明散状,用木锨拍,弹性很大,即可出甑。

(3)摊凉、加曲:出甑后在摊席上翻 2~3 次,即可撒第一次曲,用曲量为 1%,冬天 36~37℃,夏天在 28~32℃。再翻一次,撒第二次曲,拌和均匀,即可入箱糖化,温度控制在 21~22℃。

(4)糖化:入箱糖化 12h 以后温度渐升,至 24h,一般升温至 37~40℃。米结成块、色黄。油光、味甜即可出箱,糖化时间为 25~26h。

(5)发酵:醅糟温度一般为 23℃,冬天为 25℃,夏天为室温或高 1~2℃。夏天降温可加水(水温 30℃),水量为原料的 30%。糖化不好,可掺入一部分酒尾(醅糟加入比例:冬天 1:28,夏天 1:4)。发酵 24h,温度为 26~27℃,48h 为 33~34℃,72h 升至 38~40℃。最后蒸馏降至 32~34℃,发酵 5d 蒸酒。

【产品特色】

本品澄清透明,无杂质异物,酒味浓厚,甘甜。

# 十七、小曲米酒

小曲米酒是古代劳动人民在处理酸败米酒的过程中,发现了蒸馏的方法后才正式产生的,由于其酒度高,富于刺激性而又清净甘冽宜人,故为我国劳动人民所喜爱。在我国南方,大米原料丰足,原料出酒率高,故小曲米酒能发展成为一种新型风格的饮料酒,其产地遍布我国南方各省。经几百年来的实践,逐渐形成一套独特的发酵技术,与其他蒸馏酒(如大曲酒或麸曲白酒)或其他使用小曲酿制的饮料酒如黄酒等相比,无论在生产方法上还是成品的风味上都有所不同。

【主要原料】

大米、小曲、水。

【工艺流程】

大米→浸泡→淘洗→沥干→蒸饭→摊饭→拌曲→糖化→发酵→蒸馏→贮藏→过滤→包装→成品酒

【工艺要点】

(1)淘洗:目的是除去大米表皮附着的糠壳及其他杂质。一般需用水洗2~3次。淘洗时应注意上下翻动,使夹杂物与米粒分离以利于洗涤。洗米水可放入贮池中,使其固形物质静置沉淀后,回收作饲料。原料少时可在竹箩中进行,多时可在浸泡池中进行。

(2)浸泡:目的是使大米中的淀粉颗粒细胞充分吸水膨胀而易于进行常压蒸饭。原料少时可在大缸中进行,多时应在水泥浸渍池中进行。夏天浸米可用冷水,冬天用温水(40℃以下),时间为2~3h。冬天若用冷水浸米,则浸泡时间延长至6~8h为宜。一般浸米水应高出米面3~5cm。

(3)沥干:大米浸泡结束后,可沥去浸米水或将大米捞起置于竹箩中,斜放滴干。滴干时间为10min左右,时间太短,米中积存水分,不利于使大米饭的软硬一致。

(4)蒸饭(或焖饭):传统法生产小曲米酒常用炊法或焖饭法成饭。炊法(即蒸饭法)用大生铁锅或蒸料锅进行,投料量较大,且没有焦饭之虑。焖饭法则使用大生铁锅和木锅盖即可,适于投料量较少的地方。焖饭带焦香,能赋予成品酒以独特风味,但火力控制不好容易烧焦米饭,影响发酵和成品酒质量。

炊饭法:先将清水放入钢制蒸料锅中,烧火使水将近沸腾。蒸料锅的圆柱形锅体和锥形锅底交接处放置一块圆形钻有许多小孔的木板架,上面铺上一层麻布,以防米粒掉入水中。当有蒸汽冒出木架和麻布后,将经浸渍并滴干后的大米原料全部投入蒸料锅中。立刻盖上木盖,继续加热使水沸腾产生蒸汽对大米进行蒸炊。为了使原料蒸得熟透,在蒸料过程中应分次泼水,投料量较大时还应用铲将原料上下翻拌均匀,以使米粒淀粉细胞充分吸水膨胀,达到容易蒸熟的目的。大米蒸炊成饭后,打开锅盖,用铁铲将米饭捣松,起于竹箩之内,倒于清洁的场地进行冷却。工厂一般对于大米饭的要求是:熟而不黏,内无生心。大米饭质量的好坏将直接影响到糖化发酵能否顺利进行。

焖饭法:将与原料同等重量的清水放入铁锅中,烧水使水升温至96℃左右。然后将经浸渍滴干后的大米一次投入锅中,将米抹平,盖上木盖,稍加大火力直至水开始沸腾。开盖翻拌已吸水膨胀的米粒,使之上下温度一致并防止过早产生烧焦现象。重新盖上木盖后,降低火力进行焖饭,待能闻到饭香后,应撤去柴火,利用剩余炉温将饭焖熟。

焖饭法应严格控制火候,以免造成底层饭严重烧焦现象。锅底有少许棕黄色焦饭是正常现象。成饭后,出饭捣散和冷却的方法与炊饭法相同。

(5)摊饭:在产量较少时,摊饭可在用瓷砖铺砌或不锈钢板制成的板床上进行。投料量较大时,可在水泥地板上进行,但应注意摊放场所的清洁卫生和排水情况。摊饭场地必须通风,表面平滑并有一定斜度以利于水洗,夏天必须经常用石灰水或漂白粉水等消毒。竹箩里的饭倒于摊饭场地后,应注意饭层的厚薄一致,并继续打散饭团以利于冷却。为了减少杂菌污染的机会,冷却的时间越短越好。特别是夏季,应采取一切可能的方法缩短冷却时间。电风扇是最常用的助冷设备。翻拌米饭也是一种行之有效的散热方法。

(6)拌曲:待米饭冷却至适当温度,例如夏天28~30℃,冬天34~36℃便可进行拌曲操作。拌曲前小曲必须先行粉碎,落曲量视天气的冷热情况及曲的质量情况而略有差异,一般1%~2%。拌曲时,可将曲粉均匀撒于饭面上,然后经多次反复的翻拌、混匀,便可装入发酵容器中。发酵容器可用酒瓮(也叫酒埕)或大缸。使用酒埕作为发酵容器时,装料量(以大米计,而不是以大米饭计)夏天 4kg 左右,冬天 10kg 左右。原料入埕后,在饭的中央挖出"U"形井,以利于糖化过程的散温和透气。

(7)糖化:大米入埕后,小曲中的微生物开始生长繁殖,根霉和酵母菌由于数量多而占绝对优势,所产生的淀粉酶将饭粒的淀粉分解成糊精、麦芽糖及葡萄糖,酒化酶又将葡萄糖等发酵成为酒精。但由于埕内的温度不高,故上述的分解作用较为缓慢。由于小曲米酒的糖化和发酵作用是交替进行的,故其糖化温度便是它的发酵温度,这是小曲米酒酿造特点之一。米饭入埕温度,夏天与拌曲温度同,冬天则比拌曲温度低 2~3℃。由于微生物的生长和酶的分解作用,米饭温度逐渐上升,第二日可达到最高温度(品温为 37℃ 左右)。这时,糖化作用十分明显,米饭已变软转甜。同时酵母也进行着发酵的作用,故开盖时有刺鼻的酒精香味和刺激性气味。为防止品温的继续升高而杀伤酵母以及避免糖分的过多积累而感染产酸细菌,故应及时加水,以冲稀微生物的代谢产物和降低品温,以利于淀粉酶和酵母的进一步作用。加水时间也因气温的高低而有很大差异,短则 16d 左右,长则达 30d 以上。冬天由于室温较低,品温容易散失,而使糖化作用难以顺利进行,故应注意保温。一般的保温方法是地面垫谷壳,酒埕外边盖上 2~3 层麻包袋,有条件的应设置保温房。

(8)发酵:米醅加水后,醅温下降,糖分适中,酵母迅速繁殖,发酵作用逐渐趋向旺盛期。米醅由于二氧化碳的浮力而慢慢浮于液面。一般在加水后的第二天,品温又回升至 37℃,故应采取适当的降温措施,特别是夏天更为重要。降温的措施一是搅醅,即将米醅的上面翻入醅液中,米醅下层翻至液面,大埕发酵更有搅醅的必要。有些工厂也使用并埕发酵,即将几只小埕的米醅倒入一只大埕中继续进行发酵,并埕的过程事实上也是降温的过程。降温的另一措施是封埕发酵,封埕可用香胶和埕盖,也可使用尼龙薄膜和橡胶筋代替。米醅的加水量为原料量110% ~ 140%,夏多冬少。自加水后的第三天,主发酵期已经基本结束,品温逐渐下降,发酵作用也逐渐减弱。此后,醅液便进入后发酵期,经过6 ~ 8d,醅子表面平静,闻之有扑鼻芳香,尝之甘苦不甜,或微带酸味涩味,即表明酒醅发酵已经结束,可以进行蒸馏。优质的小曲米酒,夏天发酵期延长至15d 左右,冬天则延长至20d 以上。延长发酵期应以醅液不酸败为前提。米醅加水后,酒分被冲稀,故易升酸变质,可加抗菌素以遏制杂菌污染。

(9)蒸馏:传统小曲米酒使用土法蒸馏,即传统小曲米酒的蒸馏常使用直接火力加热的甑锅式蒸馏器。蒸馏时,将成熟酒醅加入甑锅中,盖好盖并加以密封,然后点火进行蒸馏操作。开始蒸馏时应保持火力较大一些,避免醅中残余淀粉的焦化。液面沸腾开始出酒后,可减弱和稳定火力,接取酒头后调节火力,使出酒速度均匀一致。在整个蒸馏过程中,应注意避免焦化而产生焦味。至酒度降至25℃下时,可加大火力,直至蒸出酒度为1 ~ 0.5 度的时候停止蒸馏,停火放糟。酒尾是指校正成品酒度数后剩下的低度酒,故酒尾酒度的高低与成品酒酒度的高低是一致的。成品酒的酒度要求高,则酒尾的酒度也高,例如成品酒为56 度时,一般40 度以下的酒都为酒尾。蒸馏出的酒头和酒尾,由于所含的杂质较多,对成品酒的影响较大,故可回流至第二次酒醅蒸馏时复蒸。

(10)过滤:小曲米酒由于存在着各种杂质,故在成品包装之前,必须进行过滤。目前较常用的方法是采用砂滤棒过滤器或硅藻土过滤机直接进行过滤;低度小曲米酒可先使用酒类专用活性炭进行除浊处理后,再用过滤机过滤即可。

【产品特色】

本品酒精度高,口感醇和,米香浓郁,微甜爽口。

## 十八、黄米酒

黄米酒是以优质黄米为原料,以小曲甜酒药为糖化发酵剂,采用边糖化边发酵工艺精心酿制而成的低度酒。它兼具黄米和发酵酒的营养保健特点,具有滋肝养肾、健脾暖肝、开胃消食等功效,是人们养身健体的一种较佳饮品。

【主要原料】

黄米、蔗糖、甜药酒、水。

【工艺流程】

原料处理→浸米→蒸饭→淋饭→落缸搭窝→发酵→过滤→杀菌→冷却→过滤→成品

【工艺要点】

(1)原料处理:精选优质黄米,除去砂石等杂质后洗净,备用。

(2)浸米:清洗后的黄米放入容器内浸泡,夏天浸米可用冷水,冬天可用温水(40℃以下),时间为 2~3h。冬天若用冷水浸米,则浸泡时间延长至 6~8h 为宜。一般浸米水应高出米面 3~5cm。浸泡结束后用筲箕取出沥干水分。

(3)蒸饭:将沥干水分的黄米入甑蒸熟,大火蒸煮至饭粒疏松不糊,透而不烂,没有团块;饭粒外硬内软,内无白心,吸水充足。

(4)淋饭:蒸熟的米饭要立即用水冲淋,使饭粒分离松散,并迅速降温至 27~30℃,以使透气良好,便于接种发酵。

(5)落缸搭窝:将淋冷后的黄米饭沥去余水入坛。在尽量保持无菌的条件下将酒药用量的 2/3 拌入饭中,翻搅均匀,并将米饭中央搭成"倒喇叭"("U")形圆窝,要求搭得较为疏松,以不塌陷为准,以便于增加米饭与空气的接触面积,利于好氧性糖化菌的生长繁殖,释放热量。最后将剩余酒药洒在米饭表面,用湿纱布封坛口。

(6)发酵:米饭入坛后需保温培养,温度对酒药中糖化菌、酵母菌的代谢生长有很大影响,从而影响发酵效果。发酵6~7 d,每12 h测量1次糖度、酸度和酒精度。当坛内有气泡产生,米饭浮动,同时糖度下降,酒精含量增加缓慢时,结束发酵,此时坛内产生大量酒液,闻之醇香。

【产品特色】

本品呈浅黄色或黄色,酒体澄清透明,有光泽,无明显悬浮物;具有纯正、优雅的米香和酒香;味道甘甜醇厚,具有米酒典型的风味。

## 十九、小米红曲黄酒

红曲,又称红米,红曲米。红曲黄酒以糯米为原料,红曲为糖化发酵剂酿造而成。酒精度较低,清爽适口,淡雅宜人;适量常饮,可以调节血脂,舒筋活络,生津补血,解乏调体,男女皆宜。小米红曲黄酒是采用小米酿制而成,独具一番风味。

【主要原料】

小米 50kg、古田红曲 2kg、根霉白曲 0.25kg、药曲 0.85kg、水75kg,以上原料为一缸用量。

【工艺流程】

原料选择与处理→浸米→蒸饭→摊饭→入缸→发酵→翻醅→压榨→煎酒→成品

【工艺要点】

(1)原料选择与处理:挑选无病虫害,无腐烂霉变的优质小米,洗净备用。

(2)浸米:将小米倒入木桶,加水浸渍12h,吸水率为23%。

(3)蒸饭:将浸后的小米捞入竹箩中,用清水冲洗至无白浆为止,沥干,上甑蒸饭,每甑蒸300kg。上甑时一篮一篮地倒入,汽上一层倒入小米35kg,再上汽时再倒一篮,以防压汽。待全部上汽时,喷水20%,使表面小米充分吸水。10min后,再把盖子盖上焖15min,起锅。

(4)摊饭:把蒸熟的小米摊凉在饭床上,用鼓风机吹凉,并经常翻拌,打散饭团,防止将个别饭团吹得很冷,要达到品温均匀,以利于发酵。

(5)入缸:每缸放入小米饭20kg、清水30kg、红曲0.8kg(红曲提前12h浸入30kg水中),同时放入白曲、药曲,搅拌均匀。入缸品温根据气温而定,一般入缸后品温在28℃。

(6)发酵:根据气温而定,一般发酵品温在32℃。

(7)翻醅:入缸14d后,进行一次翻醅,再隔10d进行第二次翻醅,然后把缸口包扎好,让其后酵。约经30~45d可压榨。

(8)压榨:将酒醅倒入木桶中,装入酒袋,压出原酒精含量16%~17%,然后进行酒糟复榨,其液与原汁酒调配,使酒精含量在15%,再装坛杀菌成成品酒。

【产品特色】

本品呈红褐色,酒体清亮;有光泽,无明显悬浮物;具有黄酒特有的风味。

## 二十、家酿红曲酒

红曲是利用红曲霉生产的曲,因呈红色,并生成红色色素,所以自古以来即称之为红曲,在明代《天工开物》中称之为丹曲。红曲除用于食品色素及重要制品外,主要用于酿酒,即红曲酒的酿制。红曲酒因其颜色的鲜艳,风味的独特,从古至今一直受到人们的喜爱。

红曲虽然具备一定的糖化和发酵能力,却不足以单独产出高浓度酒,自古以来制备红曲酒时就另加曲来弥补其不足,这是酿造红曲酒的最大特点,例如古籍中记载的东阳酝法和天台红酒方中记载的浙江红酒酿制方法就是以酒曲作为糖化剂和发酵剂,而以红曲为辅。也正因为不同地域所加曲种的不同,而形成了各地红曲酒别具特色的风味,最具代表性的为福建、浙江及台湾红酒。

应用红曲酿造红酒,早在唐代文学上就已出现记载。如胡仔《苕溪渔稳丛话》记载:"江南人家造红酒,色味两绝。"李贺《将进酒》记载:"玻璃钟,琥珀浓,小槽滴酒真珠红。"陶谷在《清异录》也有"红曲煮肉"之说。及至宋代,在江南及福建等地红曲酒生产和饮用更为兴旺普及,在诗词等文学作品中红曲酒比比皆是,如《鸡肋编》卷下记载:"江南,闽中公私酝酿,皆红曲酒,至秋尽食红糟,蔬菜鱼肉,率以拌和,更不食醋。信州(今江西贵溪以东,怀玉山以南地区)冬月以红糟煮鲮鲤肉卖。鲮鲤,乃穿山甲"。这说明唐宋时期红曲酒就以色味两绝而著称了。

下面介绍的是家酿红曲酒的工艺。

【主要原料】

白糯米、红曲、水。

【工艺流程】

原料处理→浸米→蒸饭→摊凉→浸曲→发酵→压榨→煎酒→灌坛→成品

【工艺要点】

(1)原料处理:选用白糯米,以杂米、碎米少为佳。

(2)浸米:冬天 2d,春秋 1d,夏天 6~12h。

(3)蒸饭:将糯米用清水淋清至无米浆水流出为止。沥干后放入饭甑或铝锅(内有垫孔板)中,蒸汽加热,待全部上汽后蒸 15~20min,

取出小样检查,待糯米饭熟透(不生不烂)即可。如糯米性质很硬,可洒少量热水,再蒸 5 ~ 10 min。

(4)摊凉:将糯米饭放在桌上或竹匾上摊凉,摊凉时可用电风扇吹风冷却,冬天凉至 40℃,春秋凉至 35℃,夏天凉至室温相近,即可入缸发酵。

(5)浸曲:选用质量优良红曲,色呈紫红色或红色有曲香、发泡的红曲,不能用陈年或多年红曲和虫蛀发霉的红曲。用曲量为糯米量的 10% 左右。在蒸饭前 1 ~ 2d 进行浸曲。其方法是称取红曲,加水浸曲,先加为红曲量的 10 倍左右的水,冬天要求将水温加热到 40℃,春秋30 ~ 35℃,夏天与室温相近。加水后要做好保温工作,使浸曲水温不低于 25℃。浸曲时间,冬天 2 ~ 3d,春秋 1d,夏天 6 ~ 12h,即可投料。浸曲标准是曲粒软化浮起,表面有小汽泡发酵现象,有轻微的酒曲香气。

(6)发酵:将浸好的曲水,倒入发酵缸内,补足加水量。按 1kg 糯米加 1.5kg 的水比例,计算出应加水量,并扣除浸曲时的水量。视气温调节水温,然后将摊凉的糯米饭倒入缸内,落缸好的品温要求在 26 ~ 28℃,整个发酵期的品温在 20 ~ 30℃,最高不超过 35℃,共发酵 15 ~ 30d。

(7)压榨:将酒醅用纱布过滤后压榨,所得酒液经 1 ~ 2d 澄清,再过滤得清酒。

(8)煎酒:将清酒放于铝锅内加盖,加热至刚沸腾时,即可趁热灌坛,并用纸和竹包扎,泥封贮存。

【产品特色】

本品呈红褐色,酒体清亮;有光泽,无明显悬浮物;具有黄酒特有的风味。

# 二十一、绍兴加饭酒

绍兴加饭酒古称"山阴甜酒"、"越酒",距今已有二千多年的酿造历史。据史书记载,春秋战国时期绍兴即开始酿酒,南北朝时已很有名气。梁元帝萧绎(公元508年～554年)写的《金楼子》一书中记载,他小时读书,"有银瓯一枚,贮山阴甜酒"。李白几次到绍兴饮酒作诗。他在追忆好友贺知章的一诗里写道:"四明有狂客,风流贺季真。长安一相见,呼我谪仙人。昔好杯中酒,今为松下尘。金龟换酒处,却忆泪沾巾。"

加饭酒顾名思义,是在酿酒过程中,增加酿酒用米饭的数量,相对来说,用水量较少。加饭酒是一种半干酒,酒度15%左右,糖分0.5%～3%,酒质醇厚,气郁芳香。

【主要原料】

糯米144kg、麦曲7.5kg、水112kg、淋饭酒醪25kg、酒母5～8kg、浆水84kg、糟烧白酒(50%)5kg,以上原料为一缸用量。

【工艺流程】

原料选择与处理→浸米→浆水制备→蒸煮→摊饭→落缸→糖化发酵→养缸→加石灰→压榨→澄清→煎酒→装坛→封口→成品

【工艺要点】

(1)原料选择与处理:选择无病虫害,无腐烂霉变的优质糯米,洗净除去沙粒等杂质,沥干备用。

(2)浸米:浸渍水高出米层约6cm。经浸渍数天后,水面常生长着一层乳白色的菌醭,且有小气泡不断地冒出液面,使水面形成一朵朵小菊花,便是皮膜酵母。皮膜酵母常用竹篾编织的捞斗除去,或用水冲出缸外。浸米以手捏米粒能成粉状者为适度,浸米期为16～26d。浸米不仅是为了使糯米吸水后便于蒸煮,更是为了汲取底层很酸的浸渍水,俗称"浆水",作为酿酒的一种配料。如在浸米期间发现浆水发黏、发臭、发稠等情况,应立即用清水淋洗浸米。

(3)浆水制备:先在蒸煮的前一天,用水管将表面浸渍水冲除,然后用尖头的圆木棍将浸米轻轻撬松,再用一个高 85cm、顶部口径 35cm、底部口径 25cm 的圆柱形无底木桶,俗称"米抽",慢慢摇动插入米层中,汲取浆水。先取出米抽中表面的带浆水,放在缸面一旁,至米抽中大部分米已挖出,才将浆水倾入缸边的竹箩内,箩下托一竹制经油漆而不会漏水的漏斗,此漏斗挂在缸边,浆水由竹箩经漏斗而滤入下接木桶中。接出的浆水再移入清洁的大瓦缸中。普通一缸浸米约可得 160kg 原浆水,每缸原浆水再掺入清水 50kg,调节酸度不超过 0.5%;如果天气严寒,酸度未超过标准,或稍微超过一点,也就不再掺水,然后让其澄清一夜,隔日备用,但也不能放置过久,否则容易引起臭味而不能使用。使用前撇取上层清净浆水作配料。浆水会产生大量氨基酸,可调节发酵醪的酸度,有利糖化发酵。

(4)蒸煮:用米抽沥去浆水的糯米,用捞斗将米取出盛入竹箩内,每缸米平均分装 4 个木甑内蒸煮,每两个甑的原料酿造一缸酒。蒸煮操作与酒母中蒸煮相同。为适当提高出酒率而提高出饭率,即在蒸煮过程中,将约 5.5kg 的温水均匀地浇在饭面上,如米质过黏,则不浇水。

(5)摊饭:蒸熟的糯米饭,立即抬至室外铺在的竹簟上,每张竹簟共摊两甑米饭。竹簟须事先洗净晒干,摊放在通风阴凉处。在倒饭入簟前,须洒少量水,以免饭粒黏在干竹簟上。饭铺好后,即用木楫摊开,并翻动拌碎,使饭温迅速下降,以达到落缸品温的要求:当气温在 0 ~ 5℃ 时,摊冷后的饭温为 75 ~ 80℃;当气温在 6 ~ 10℃ 时,摊冷后的饭温为 65 ~ 75℃;当气温在 11 ~ 15℃ 时,摊冷后的饭温为 50 ~ 65℃。

(6)落缸:将洁净的鉴湖水 112kg 盛于发酵缸内。次日将蒸熟摊凉的糯米饭,每份盛两大箩,分两次投入缸中。第一箩倒入缸中时,先用木楫搅碎饭团,至第二箩倒入时依次投入麦曲 7.5kg、酒母 5 ~

8kg,最后冲入浆水 84kg,充分搅拌。因下缸时发酵醪甚厚,不易翻拌,必须由 2~3 人配合操作。落缸温度根据气温灵活掌握:当气温在0~5℃时,落缸后的品温要求为 22~23℃;当气温在 6~10℃时,落缸后的品温要求为 21~22℃;当气温在 11~15℃时,落缸后的品温要求为 20~21℃。每缸原料落缸时间总共不超过 1h,每缸都需加草盖保温。一般早上落缸,品温减 1℃,中午为标准,下午提高 1℃。酒母用量在上午少 0.5kg,下午多加 0.5kg,以求减少落缸先后所造成发酵品温的参差不齐。

(7)糖化发酵:在原料入缸 8~12h,便可听到嘶嘶的发酵响声,此时发酵醪已呈味鲜甜、已略带酒味。

(8)养缸:在落缸 5~7d 以后,品温已与室温相近,酒醪下沉,主发酵阶段结束。主发酵结束后,每缸又加入淋饭酒醪 25kg、糟烧白酒5kg,以增强发酵力,提高酒度,防止酸败。此时由搅拌期转入静置期,可将数缸合并于一缸中,名曰“缸养”。如将酒醪搅匀后,分盛于酒坛中后醪,称为“带糟”。因缸和发酵室所限,故绝大部分是采用带糟方式。每缸酒醪可分盛于 16~18 个酒坛中,每坛盛酒醪 25kg 左右。将其堆置室外,每三坛堆一列,下面二只盖上一张荷叶,就直接接触上面酒坛底部。最上面酒坛的坛口,用一张荷叶或草纸盖好,然后罩以瓦盖,可防止雨水浸入。整个发酵期需 80~90d。

(9)加石灰:所用的石灰应陈放 1 年以上。石灰放在大瓦缸中,加入清水然后放置于屋檐下,任其日晒雨淋,用时取缸底的石灰浆脚。加石灰浆的方法是在压榨的前一天,将分盛在 60~70 只酒坛中的酒醪,倒进 3 只大瓦缸中,用挽斗挖取石灰浆脚约 0.5~0.75kg(酒醪量的 0.3%~0.5%),用竹丝帚捣入醪液内,再用木楫搅匀。

(10)压榨:每日早晨开始榨酒,先取出上一日榨干的滤饼,置于另外一只大瓦缸中,再将前一日倒于 3 只大瓦缸中的成熟酒醪,用木楫搅匀,然后通过竹制漏斗,将醪液灌满绸袋(绸丝袋系用丝厂下脚丝织成,长 80cm,宽 22cm 左右),袋口用箬壳细丝紧扎,用缸面预先取出的清酒液淋去附着绸袋外面糟粕,下接木挽斗,将盛有醪液的绸袋轻轻地移入压榨机的木框内,排列整齐,每榨共放绸袋 120 ～ 130只。绸袋放好后,先由其本身重力使酒液自流,由底板木槽流至入酒缸内。至流速缓慢时,加放盖板、木杠及质量约 40kg 的石块(加于压架上的石块最后多达 12 块)逐渐加压,经过 8 ～ 10h,袋内醪已压成饼状。此时便打开榨机,取出绸袋,解去扎口的箬壳丝,然后在绸袋的1/3 处折叠起来(俗称二折三),亦可在两端 1/5 处加折(俗称元宝折),再整齐排列叠合在榨箱内,使绸袋的受压面积缩小,增加总压力,压榨一昼夜。

(11)澄清:榨出的酒液称生酒。将此酒移入大瓦缸内,每 100kg生酒加糖色 0.1 ～ 0.3kg。搅拌均匀后静置 2 ～ 3d,使固形物自然沉淀缸底。再用圆形锡板,缚以竹丝轻轻沉入缸底。然后小心地取出锡板上部的酒液,灌入锡壶中进煎酒,沉渣重新压滤。

(12)煎酒、装坛、封口:过去是用大铁锅煎酒,酒挥发量大,酒损耗多。建国后改用煎壶煎酒,壶中心装有通气锡管,以增加受热面积。壶口盖一小型锡制冷却器。壶的容量为 80 ～ 90kg,为盛酒器容量的 3/4 左右。为防止加热后酒液起泡溢出,一般在加热前加入松香10 ～ 20g,但最好不加,因为松香自身的味道有碍酒的风味,每壶前后操作历时 20 ～ 30min。当沸腾时,酒精蒸汽从冷凝器的小孔内逸出,产生尖锐的叫声,因此有"叫壶"之称。沸腾后,取去冷却器、锅盖,换以壶盖,用手将锡壶摇动,观察泡沫之形状,决定煎酒程度。煎酒毕,迅速将锡壶用杠杆吊起,灌入已杀菌瓦坛中,坛口立即用煮沸杀菌的荷叶覆盖,称重后,用小瓦盖盖住,再包以沸水杀菌的箬壳,用细篾丝扎坛口,将酒坛挑至室外,用黏土做成平顶泥头封固泥头,俗称"坛头泥",系用黏土、盐卤及砻糠三者捣成。再标明酒类品种、酒重等。待泥头干燥后,即可作为成品酒,进仓库贮存陈酿。

【产品特色】

本品色泽橙黄清澈,香气芬芳浓郁,滋味鲜甜醇厚,具有越陈越香,久藏不坏的特点。

## 二十二、绍兴善酿酒

绍兴善酿酒又名"双套酒",是浙江绍兴的传统名酒之一。绍兴善酿酒是中国几千年历史的传统佳酿,它兼饮料、药用和调料于一体,历来为国人所喜饮乐用。绍兴善酿酒的悦目赏心的琥珀颜色和透明光泽,诱人食欲的馥郁芬芳和醇厚甘鲜的不尽回味,使它成为中国酒品中的佼佼者。同时,绍兴善酿酒还以它的较高营养价值拔萃于酒族。

绍兴善酿酒是一种不经蒸馏的发酵酒。它之所以受到人们的欢迎,除了历史悠久,工艺独特外,还具有以下五个因素,一是选料讲究。绍兴善酿酒采用无锡、丹阳等地出产的优质白糯米,米色洁白、纯净而糯性强,且是当年新米。二是所用白曲要求严格。它是以当地当年产的优质小麦(要求颗粒整齐、皮薄、色淡红)为原料制成的。三是酒药中配有当地特产的辣蓼草及多种中药材,除供给菌类生长外,对成品酒的风味也有很大关系。四是水好。酿造绍兴酒用的是鉴湖水,这是酒好的一个重要因素。鉴湖为古代人工湖,湖面广阔,号称"八百里湖"。鉴湖水源于会稽山麓,经过砂石岩土的净化作用,水色清澈如镜,并含有多种矿物质,酿出的酒,具有鲜、爽、甜的特点。五是绍兴酒酿制时为农历十月到次年三月,每年冬季蒸煮投料,拌药发酵,春后过滤压榨,煎煮装坛,泥封陈酿。

善酿酒是绍兴酒中之珍品,于1910年南洋劝业会和1915年巴拿马万国商品赛会上分别荣获金牌和奖状。1979年在第三届全国评酒会上又被评为国家优质酒,1984年在轻工业部酒类质量大赛中荣获银杯奖。

【主要原料】

糯米144kg、麦曲22.5kg、酒母7~9kg、浆水55kg,以上原料为一缸用量。

【工艺流程】

原料选择与处理→浸米→蒸煮→摊饭→落缸→糖化发酵→压榨→澄清→煎酒→装坛→封口→成品

【工艺要点】

(1)原料选择与处理:选择无病虫害,无腐烂霉变的优质糯米,洗净除去沙粒等杂质,沥干备用。

(2)浸米:浸渍水高出米层6cm左右。经浸渍数天后用竹篾编织的捞斗除去乳白色的菌醭,或用水将其冲出缸外。浸米以手捏米粒能成粉状者为适度,浸米期为16~26d。如在浸米期间发现浆水发黏、发臭、发稠等情况则用清水淋洗浸米。

(3)蒸煮:用米抽沥去浆水的糯米,用挽斗将米取出盛入竹箩内,每缸米平均分装4个木甑内蒸煮,每两个甑的原料酿造一缸酒。蒸煮操作与酒母中蒸煮相同。为适当提高出酒率而提高出饭率,即在蒸煮过程中,用花壶盛温水约5.5kg均匀地浇在饭面上,如米质过黏,则不浇水。

(4)摊饭:蒸熟的糯米饭,立即由两人抬至室外铺在的竹簟上,每张竹簟共摊两甑米饭。竹簟须事先洗净晒干,摊放在通风阴凉处所。在倒饭入簟前,须洒少量水,以免饭粒黏在干竹簟上。饭铺好后,即用木楫摊开,并翻动拌碎,使饭温迅速下降,以达到落缸品温的要求:当气温在0~5℃时,摊冷后的饭温为75~80℃;当气温在6~10℃时,摊冷后的饭温为65~75℃;当气温在11~15℃时,摊冷后的饭温为 50 ~ 65℃。

（5）落缸：将洁净的鉴湖水 112kg 盛于发酵缸内。次日将蒸熟摊凉的糯米饭，每份盛两大箩，分两次投入缸中。第一箩倒入缸中时，先用木棍搅碎饭团，至第二箩倒入时依次投入麦曲 22.5kg、酒母 7 ~ 9kg，最后冲入浆水 55kg，充分搅拌。要求落缸温度稍高一些。

（6）糖化发酵：整个发酵期需 80 ~ 90d。

（7）压榨：压榨时间为 48h，方法同绍兴加饭酒。

（8）澄清：榨出的酒液称生酒。将此酒移入大瓦缸内，每 100kg 生酒加糖色 0.1 ~ 0.3kg。搅拌均匀后静置 2 ~ 3d，使固形物自然沉淀缸底。再用圆形锡板，缚以竹丝轻轻沉入缸底。然后小心地取出锡板上部的酒液，灌入锡壶中进煎酒，沉渣重新压滤。

（9）煎酒、装坛、封口：用煎壶煎酒，沸腾后，取出冷却器、锅盖，换以壶盖，用手将锡壶摇动，观察泡沫之形状，决定煎酒程度。煎酒完成后，迅速将锡壶用杠杆吊起，灌入已杀菌瓦坛中，坛口立即用煮沸杀菌的荷叶覆盖，称重后，用小瓦盖盖住，再包以沸水杀菌的箬壳，用细篾丝扎坛口，将酒坛挑至室外，用黏土做成坛头泥，待泥头干燥后，即可作为成品酒，进行贮存陈酿。

【产品特色】

本品酒液呈黄色，糖分较高，口味香甜，质地特浓，具有独特的风格。

## 二十三、绍兴香雪酒

香雪酒是用米饭加酒药和麦曲一次酿成的酒（绍兴酒中称为淋饭酒）。拌入少量麦曲，再用由黄酒糟蒸馏所得的 50 度的糟烧代替水，一同入缸进行发酵。也是一种双套酒。酒色淡黄清亮，香气浓郁，滋味醇厚，鲜甜甘美。含酒精 17.5 ~ 19.5g/100mL，含糖 19 ~ 23g/

100mL,总酸 0.4g/100mL 以下。陈学本《绍兴加工技术史》记述:1912 年,东浦乡周云集酿坊的吴阿惠师傅和其他酿酒师们,用糯米饭、酒药和糟烧,试酿了一缸绍兴黄酒,得酒 12 大坛,以后逐年增加产量,出而应市。试酿成功后,酿酒师傅认为这种酒由于加用了糟烧,味特浓,酒糟色如白雪,故称香雪酒。它是甜型黄酒的典型代表。

【主要原料】

糯米 150kg、糟烧白酒（40% ~ 50%）150g、麦曲 5kg、酒药 0.186kg,以上原料为一缸用量。

【工艺流程】

原料选择与处理→浸米→蒸煮→摊饭→搭窝→窝曲→投酒→压榨→煎酒→装坛→成品

【工艺要点】

(1)原料选择与处理:选择无病虫害,无腐烂霉变的优质糯米,洗净除去沙粒等杂质,沥干备用。

(2)浸米:将米放入容器内,加清水,水高出米层 6cm 左右。浸米以手捏米粒能成粉状者为适度,浸米期为 16 ~ 26d。如在浸米期间发现浆水发黏、发臭、发稠等情况则用清水淋洗浸米。

(3)蒸煮:用米抽沥去浆水的糯米,用挽斗将米取出盛入竹箩内,称重均匀,每缸米平均分装 4 个木甑内蒸煮,每两个甑的原料酿造一缸酒。蒸煮操作与酒母中蒸煮相同。为适当提高出酒率而提高出饭率,即在蒸煮过程中,用花壶盛温水约 5.5kg 均匀地浇在饭面上,如米质过黏,则不浇水。

(4)摊饭:蒸熟的糯米饭,立即由两人抬至室外铺在的竹簟上,每张竹簟共摊两甑米饭。竹簟须事先洗净晒干,摊放在通风阴凉处所。在倒饭入簟前,须洒少量水,以免饭粒黏在干竹簟上。饭铺好后,即用木楫摊开,并翻动拌碎,使饭温迅速下降,使达到落缸品温的要求:

当气温在 0 ~ 5℃时,摊冷后的饭温为 75 ~ 80℃;当气温在 6 ~ 10℃时,摊冷后的饭温为 65 ~ 75℃;当气温在 11 ~ 15℃时,摊冷后的饭温为 50 ~ 65℃。

(5)搭窝:将蒸煮好的米饭放入缸中搭窝成"U"形。

(6)窝曲:放入酒药、麦曲,让其充分糖化。

(7)投酒:放曲 24h 后,即投入 40% ~ 50% 的糟烧白酒,用木椑充分搅匀,然后加草盖,静置发酵。并相隔约 3d,用木耙搅拌一次。经 2 ~ 3 次搅拌,便可用洁净的空缸封起来。缸口的衔接处,用荷叶作衬垫,利用盐卤、泥土封口,大约经 90d,便可启封榨酒。

(8)压榨、煎酒等操作与加饭酒相同。

【产品特色】

本品酒液呈白色,香气浓厚。


# 二十四、浙江义乌白字酒

浙江义乌白字酒是闻名遐迩的地方名酒。元代名医朱丹溪所著的《野客丛书》中就有白字酒的记载。白字酒选用浙江晚糯米、红曲等天然原料,按传统方法酿制、贮藏三年而成。其色如重枣、泽似琥珀、香气陈醇、柔和爽口,先后于 1929 年、1988 年、1993 年获国际西湖博览会特等奖、全国首届食品博览会银质奖、浙江省首届食品博览会金奖。

【主要原料】

晚糯米、红曲、白曲、清水。

【工艺流程】

原料选择与处理→浸米→蒸煮→拌曲下缸→糖化发酵→榨酒→煎酒→成品

【工艺要点】

(1)原料选择与处理:挑择无病虫害,无腐烂霉变的晚糯米,洗净后备用。

（2）浸米：浸米 24h。

（3）蒸煮：将已浸好的米捞起淋水沥干，进行蒸饭。饭要求达到熟透、均匀、不白心、不发糊。出饭率 160%。

（4）拌曲下缸：采用摊饭法使饭品温冷却，拌曲温度为 40℃，用红曲 8%、白曲 6%，用清水 60%（对原料言），将曲、水、饭一起放在木桶内搅拌均匀，然后放入缸中，每只缸 150kg 原料的酒醅。

（5）糖化发酵：搭好窝的品温在 32℃ 左右，并盖好草盖。下缸 20h 左右，品温不断上升，要打开缸盖进行开耙，最高不超过 40℃。在糖化发酵 7~10d，即灌坛密封，在室内发酵期 80d 以上。

（6）榨酒、煎酒：按常法。贮存 1 年左右即可。

【产品特色】

本品色如重枣、泽似琥珀、香气陈醇、柔和爽口，斟满杯而不溢，饮后杯内尚留稠液。

## 二十五、苏州粳米酒 1

江苏苏州是仿绍酒产量最大的地区，本地又是产米区，工人全部都是绍兴人，酿酒的操作、配料、工具完全和绍兴酒一样，产品种类也相同，仅仅是地区存在差异。仿绍酒主要畅销苏南一带，也曾出口，特别是每年要大量供应上海，与绍兴酒同样得到市场消费者的好评。

从 1956 年开始，由于上海市场黄酒需要量激增，而糯米产量不能满足要求，因此重点进行了粳米酿酒的试制工作。先从小型到中型，中型到全面推广，已试制成功，解决了用粳米代糯米酿制黄酒的困难，以下介绍苏州粳米仿绍淋饭酒的生产工艺。

【主要原料】

粳米 100kg（出饭量 210kg）、麦曲 5kg、纯麦曲 5kg、宁波酒药

0.28kg、水93kg,以上原料为一缸用量。

【工艺流程】

原料选择与处理→浸米→蒸煮→淋饭→落缸拌药→投曲加水→前发酵→后发酵→压榨→煎酒→装坛→成品

【工艺要点】

(1)原料选择与处理:选择无病虫害,无腐烂霉变的优质粳米,洗净除去沙粒等杂质,沥干备用。

(2)浸米:浸米48h,隔天换水一次。然后将浸米捞入竹箩内,用清水淋至无白浆为止。浸米吸水为22%~25%。

(3)蒸煮:第一次蒸时,甑内盛米33.3kg(指干米重),蒸至蒸汽透面后,将饭撬松,分两次浇水。每次用50℃以上的温水3.75kg,边浇边撬,使饭充分吸水均匀,然后闷蒸5min,出甑倒入缸内,再用60~70℃热水20kg倒入拌匀,后闷蒸10min,再撬松一次,闷盖5min,便可复蒸。透汽后再闷蒸5min即可出甑。饭的标准是熟、透、匀,出饭率为210%。

(4)淋饭:气温在15~20℃时,淋水6桶,共重160kg,先两桶淋水弃去不用,后四桶在甑底接取30~40kg回水(35℃),复淋,沥干。

(5)落缸拌药:将酒药与饭拌匀后,搭窝成U字形,品温要求在27~28℃。

(6)投曲加水:经36h后,品温升至32~34℃,在36~48h之间应观察两次,待窝内甜液达八成时,便可投入麦曲,拌匀,品温下降到28~30℃。再经过5~10h,察看品温稍有上升时,更可将93kg水全部加入。如米饭出饭率达不到210%,应增加加水量,若超过210%,则减少加水量。加水后应翻拌均匀。

(7)前发酵:第一次开耙,加水后经过3~6h,品温回升至31~32℃,便开耙。第一次开耙后,品温下降到27~29℃。经3~5h,品温又上升到31~33℃,再开第二耙,耙后品温下降到28~30℃。又经

3~4h后,品温又上升到31~33℃,此时揭除缸盖及缸衣等保温物,进行第三次开耙,耙后品温为30~31℃。在前醇过程,要经常检查发酵品温,做到及时开耙,控制好最佳发酵品温,直至品温接近室温为止。

(8)后发酵:前醇8h后,酒度12%~13%,便可灌入酒坛中,包扎好,进行后醇,一般35~45d可以压榨。压榨、煎酒、装坛等后道工序与一般黄酒操作相同。

【产品特色】

本品酒液呈黄色,酒体清亮,香气芬芳,酒香醇厚。

## 二十六、苏州粳米酒2

苏州有着历史悠久的酒文化。酒文化在苏南这块古老神奇的土壤里沉淀了2500年。苏南酒文化酿造了多少醉透古今的文化遗产;在华夏酒文化史上留下多少浓彩重墨的篇章。醇香甘甜的天堂美酒飘香了苏南大地,醉迷了数代人的心扉。

苏州粳米酒采用粳米代替了传统酿酒所用的糯米,独具一格,深得消费者喜爱。以下介绍第二种苏州粳米酒——苏州粳米仿绍摊饭酒的生产工艺。

【主要原料】

粳米125kg(出饭率212.5%),麦曲18.75kg,酒母7.5kg,浆水57.5kg,水90kg,以上原料为一缸用量。

【工艺流程】

原料选择与处理→浸米→蒸煮→复蒸→摊饭→搭窝→落缸→前发酵→后发酵→压榨→煎酒→装坛→成品

【工艺要点】

(1)原料选择与处理:选择无病虫害,无腐烂霉变的优质粳米,洗净除去沙粒等杂质,沥干备用。

（2）浸米：浸米时间为 13～15d。

（3）蒸煮：将 125kg 粳米分三个甑蒸，饭熟出甑，用清水两桶约 50kg 冲淋，并将全部流出的水回淋入饭内，淋水后倒入缸内闷盖，以一甑分一缸处理。如饭的质量生硬，达不到标准，可在第一次蒸饭时每甑再增加浇水 3.5kg。

（4）复蒸：待全面透汽后再闷盖 5min，出甑倒入竹簟上摊凉。

（5）摊饭：室温 1～5℃时，摊凉至 53～58℃；室温 0℃以下，摊凉至 60℃左右；室温在 6℃以上，摊凉至 48～53℃。

（6）落缸：在缸内先将水放入，然后将摊凉的饭倒入缸中，再依次投入麦曲、浆水、酒母（淋饭酒母），用木耙搅松，落后品温 24℃左右，盖上草缸盖。

（7）前发酵：在落缸后的当天晚间 10～12 点时，当品温上升到 29～31℃，便可开耙。第一次开耙后，品温下降到 27～29℃。经 3～5h，品温又上升到 31～33℃，再开第二耙，耙后品温下降到 28～30℃。又经 3～4h 后，品温又上升到 31～33℃，此时揭除缸盖及缸衣等保温物，进行第三次开耙，耙后品温为 30～31℃。自三耙后，必须在 2h 内进行测温，以便掌握发酵品温变化情况，及时采取措施，当品温降到 28℃时，则可延长开耙时间和次数。

（8）后发酵：前发酵 6d 后，即可灌坛，堆放露天场地。一般经过 75～80d，就可榨酒。

（9）压榨、煎酒、装坛：工序与一般黄酒操作相同。

【产品特色】

本品酒液呈琥珀色，酒体澄清透亮，香气浓郁，酒香醇厚。


## 二十七、宁波黄酒

宁波的黄酒在历史上是久负盛名的，究其原因是采用优质原料、独特的酿造工艺、发酵完成后不添加任何物质的纯本色酒。后来由于绍兴酒的名声日盛，全国各地仿绍酒大行其道，宁波也不例外。宁波黄酒传统产品是不加任何添加剂的，包括不加焦糖色，是真正的纯酿造黄酒。代表品种是"白糯米酒"与"明州金波"。因不加色的黄酒中，仅含有麦曲的黄色，到酒体中呈现的是淡黄色，如经长年储存则淡黄色会进一步加深，直至形成金黄色，故陈年的宁波黄酒被称为"金波酒"。曾作为皇宫贡品的"明州金波"就是这样形成的。目前棕红的琥珀色酒是仿绍兴的产物，因为其色漂亮，被许多消费者所接受与认可。

【主要原料】

淋饭时用糯米 85kg、喂饭时用糯米 65kg、第一次用酒药 0.125 ~ 0.160kg、第二次用酒药 2kg、麦曲 10kg、水 206kg，以上原料为一缸用量。

【工艺流程】

原料选择与处理→浸米→蒸煮→淋水→搭窝→放水→喂饭→搅拌→灌坛→压榨→煎酒→装坛→封口→成品

【工艺要点】

(1)原料选择与处理：选择无病虫害，无腐烂霉变的优质糯米，洗净除去沙粒等杂质，沥干备用。

(2)浸米：先在瓦缸内投入清水 330kg，再倒入糯米 250kg，用木棒撬松，捞出水面上浮出的糠皮杂质，浸渍时间一般为 18 ~ 22h。然后每缸浸米捞入 6 个竹箩内，称匀重量。每箩淋清水 3 桶冲洗后，放在一旁沥净余水。

(3)蒸煮：放平蒸桶，待水煮沸后，将浸米徐徐倾入蒸桶内，两箩盛一桶(折合糯米 85kg)，让米面全部透汽后，焖盖 5min 便可掀盖取下。

（4）淋水：要求淋后品温，室温 5 ~ 10℃时，饭温为 32 ~ 34℃；室温 11 ~ 15℃时，饭温为 31 ~ 32℃。

（5）搭窝：每缸拌入酒药 0.125 ~ 0.160kg，搭窝后室温在 5 ~ 10℃，要求品温 31 ~ 32℃；室温 11 ~ 15℃，品温 30 ~ 31℃。缸用草席保温。

（6）放水：搭窝后 24h，待窝中已有甜液出现便可放水（俗称破头浆）。以后待饭胀起，解去保温草席，第二次放水（破二浆，下同），并将饭块划开。第三次放水将饭团打碎，以后随饭连续浮起进行连续放水。每一次放水，搅拌一次。待加水至 132 ~ 154kg 时（搭窝后 2d），再拌入酒药 2kg。到搭窝后 4d，放水将完毕时加入麦曲 10kg 搅拌。每次放水时必须掌握室温、品温与水温，其相互之间的关系见表 2-2。

表 2-2　宁波黄酒放水量与品温的关系

| 放水次序 | 放水量/kg | 放水前品温/℃ | 放水后品温/℃ | 备注 |
|---|---|---|---|---|
| 破头浆 | 66 | 31 ~ 32 | 28 ~ 31 | |
| 破二浆 | 22 | 22 ~ 25 | 19 ~ 21 | |
| 破三浆 | 22 | 19 ~ 22 | 17 ~ 19 | |
| 破四浆 | 22 | 14 ~ 16 | 14 ~ 15 | 加酒药 2kg |
| 破五浆 | 22 | 13 ~ 15 | 12 ~ 14 | |
| 破六浆 | 22 | 12 ~ 15 | 11 ~ 14 | |
| 破七浆 | 22 | 12 ~ 14 | 11 ~ 14 | 加麦曲 10kg |
| 破八浆 | 8 | 12 ~ 14 | 12 ~ 14 | |
| 合计 | 206 | ~ | ~ | |

（7）喂饭：落缸后的 5d，另外蒸煮 65kg 米的饭，将其摊在竹簟上散冷至 60 ~ 65℃，移入竹笼内，倒入缸中，用木耙充分搅拌，经喂饭后品温又回升至 20 ~ 23℃。

（8）搅拌：在喂饭后 24h 左右，测量品温，并检查缸面发酵动态。

达到一定品温(24~28℃)后,首先在醪盖中央用木耙捣一个洞,逐渐从中央向缸面四周搅拌。一般在头耙后经1h时开二耙,再隔2h时开三耙。必须根据室温变化灵活掌握,六耙以后便可任意搅拌了,直搅至品温与室温相平为止。

(9)灌坛:搅拌6d后,主发酵已基本结束,便将每缸发酵醪分盛29~30个小酒坛中进行后发酵。冬至前后堆叠在室外,立春前后堆叠在室内,前后酵需80~90d,便可压榨。

(10)压榨、煎酒、装坛、封口:操作同绍兴酒操作工艺。

【产品特色】

本品晶莹透明,有光泽感,无混浊或悬浮物,具有极富感染力的琥珀红色,米香扑鼻,酒味醇厚。

## 二十八、杭州黄酒

杭州地区自古就有饮用和酿造黄酒的历史。酿造用的主料有糯米也有粳米。古时候很多绍兴人把绍兴酿酒的技术带到了杭州,聪明的杭州人在品尝过绍兴黄酒后,都开始酿制起自己的米酒,经过一番摸索之后,在绍兴黄酒的酿造基础上杭州人酿造出了具有自己地方特色的黄酒。

【主要原料】

粳米或糯米 100kg(包括喂饭)、酒药 0.05kg、麦曲 8kg、清水100~120kg,以上原料为一缸用量。

【工艺流程】

原料选择与处理→浸米→蒸饭→淋饭→拌药→落缸→糖化分缸→喂饭发酵→灌醪后酵→压榨→煎酒→包装入库→成品

【工艺要点】

(1)原料选择与处理:选择无病虫害,无腐烂霉变的优质糯米或粳米,洗净除去沙粒等杂质,沥干备用。

(2)浸米:气温15℃以上,24～36h;15℃以下为2～3d。吸水率:陈米27%～30%,新米23%～25%。

(3)蒸饭:蒸好后的饭重(以每100kg米计),新粳米170～180kg,陈粳米180～203kg,糯米145～150kg。

(4)淋饭:淋饭后(以每100kg米计),新粳米215～225kg,陈粳米225～235kg,糯米190～200kg。

(5)拌药、落缸:品温掌握为,气温15～25℃,落缸品温24～26℃;气温5～15℃,落缸品温26～28℃;气温0～5℃,落缸品温28～30℃;气温在25℃以上,落缸品温越低越好。

(6)糖化分缸:24h品温已逐渐升至34～35℃,已有酿汁。来酿最高品温一般要求不超过35℃。糖化养窝时间为1.5d。放水前酿液含糖量:粳米10%～13%,糯米15%～20%。分缸放水后品温应在18～22℃,加水后加入8%麦曲,加麦曲按不同气温掌握:气温在15℃以下时,翻酿时加麦曲;15～20℃时,喂饭前加麦曲;气温20℃以上时,灌坛前2～5h时加麦曲。

(7)喂饭发酵:每缸总质量控制在325～330kg(每缸为100kg米计)。计算方法如下:

总质量(kg) = 淋饭重(50kg米计) + 喂饭重(50kg米计) + 曲重 + 水重

喂饭后的品温,气温在20℃以上,不超过27℃;气温在20℃以下,品温在22～24℃。喂饭可采用摊饭冷却,也可采用淋饭法。发酵最高品温控制不超过33℃,做到"人等耙",做好发酵管理。

(8)灌醅后酵:当气温在10℃以上时,喂饭后10h灌醅;当气温在5～10℃范围内时,喂饭后20～24h灌坛;当气温在5℃以下是,可推迟1～2d。

（9）压榨:酒精度达 15.8% ,总酸在 0.45% 以下。澄清 3d 后煎酒。酒糟残酒率 48% ~ 50% 。

（10）煎酒:煎酒品温控制在 85 ~ 88℃ 。

（11）包装入库:热酒灌坛后,立即包扎。

【产品特色】

本品呈琥珀红色,晶莹透明,有光泽感,无混浊或悬浮物,口感绵延,酒味醇厚。

## 二十九、金华踏饭黄酒

金华踏饭黄酒是使用红曲和麦曲为糖化发酵剂,用脚将饭和曲在木盆内踏黏后落缸酿成。主要在浙江金华、艺溪、义乌等地民间生产基础上发展起来的。

【主要原料】

糯米 150kg、红曲 9kg、麦曲 6kg、水 200kg,以上原料为一缸用量。

【工艺流程】

原料选择与处理→浸米→蒸饭→摊饭→踏饭→搅拌→压榨→煎酒→包装入库→成品

【工艺要点】

（1）原料选择与处理:选择无病虫害,无腐烂霉变的优质糯米,洗净除去沙粒等杂质,沥干备用。

（2）浸米:一般情况下,糯米浸渍 24h。

（3）蒸饭:将浸米取出,分两甑盛好,汽蒸。另备木桶两只,每桶盛河水 100kg。待米面全部透汽,闷盖 3min,将饭抬下立即倒入木桶中,用木棒撬匀。待 10min 左右,饭粒已吸水膨胀,然后将其摊在竹簟上散凉。

（4）摊饭:在摊饭前,先将麦曲、红曲混合一起撒在竹簟上,然后将饭铺在竹簟上摊凉,至落缸品温为 28 ~ 32℃。

(5)踏饭:饭摊凉后分三批落缸,第一批先在缸中用脚反复踏黏,第二批、第三批分别在木桶中踏黏后放入,然后盖上木盖,不论天气冷热不加任何保温物(每年生产季节为农历 8 月开始至翌年清明时停酿)。

(6)搅拌:下缸后大约经 30h,本来膨胀成馒头状,此时已自形回落即可进行搅拌操作。第一次搅拌时品温 32 ~ 34℃,以后每日搅拌一次,特殊情况(品温超过 35℃)搅拌两次,搅拌至 5 ~ 7d,便可灌坛进行后发酵了。后发酵 50 ~ 60d,才可以榨酒。

(7)压榨:采用杠杆式木榨,杠杆的尾端用绳索悬挂石块,效率很差。榨出酒液移入空缸中让其澄清数日,然后将清液灌入 10 ~ 15kg 装的酒坛中,坛口用油纸竹笋壳扎住封口,接着煎酒,与一般黄酒操作不同。

(8)煎酒:用大石板砌成一只石橱,一面有两扇木门,底层安装 1m 口径的大锅两口,上铺木板,橱外侧并列一只同样口径的大铁锅。开始煎酒时,在橱内以每三个酒坛堆成一列,共容 10kg 酒坛 108 个左右。橱内铁锅灌水半锅,再将木门用黄泥巴涂封缝隙,然后生火。大约 1h 后,外锅水已沸腾,即由孔道流入内锅,总计每批蒸 3 ~ 4h 时便可出橱。灭菌完全与否全凭老技工听橱内发生的声音为准。酒坛取出封以泥头,在阳光下晒干,库存陈酿后即成。

【产品特色】

本品呈红褐色,澄清透亮;滋味醇厚甘爽。


# 三十、江阴黑酒

江阴黑酒是用糯米酿制而成,该酒视之如胶墨,嗅之香味浓郁,入口甜而不腻,饮后补血健脾,为孕妇产后调经活血补酒,品列江南名酒。

相传此酒也为杜康所创,当年杜康在家乡以高粱、玉米等粮食酿制出著名的"杜康酒"后,偕同好友刘伶云游四海,来到江南,并隐居于江阴城东。杜康用江南糯米经蒸熟后发酵酿制的米酒,酒性绵厚醇甜,更适合江南一带人饮用。一日,杜康在对糯米进行蒸煮时,刘伶到访,杜康忙于接见好友,竟将一锅酿酒的米饭煮焦,两人觉得丢了太可惜,决定用此米饭酿酒。不想这种酒不仅具备了米酒的特点,且酒香四溢,还有补血、健脾、开胃之功效,于是就把这种酒命名为黑酒,也因此有了"江阴黑酒饮三碗,醉倒刘伶整三天"的故事。

著名作家路遥在创作《平凡的世界》时积劳成疾,卧床不起,久治无功,后经榆林一张姓老中医治疗,短时期便恢复精神,重新工作。他在《早晨从中午开始》一文中说到:老中医的药方共有两味药,其中一味便是炒焦的糯米。路遥说服药后数月,肺腑中的脏毒都化为黑痰吐出。因此,江阴黑酒以炒焦的糯米作原料,绝对不是偶然,而应该是江阴这个古老的酒乡吸收了传统中医的精华——"精心酿制而成"。徐霞客云游四方时不但对黑酒念念不忘,而且常常以自豪的心情向远方的朋友推荐家乡的黑色佳酿。如今,倍受江阴人珍视的"霞客牌"黑酒已在日本、韩国博得一片赞赏。

【主要原料】

淋饭用糯米80kg、喂饭用糯米20kg、酒药187g、麦曲10g、煮黑汁用籼米9.4kg、水105.5～108.5kg、广皮31.25g、花椒16g,以上原料为一缸用量。

【工艺流程】

原料选择与处理→浸渍→蒸煮→淋水→搭窝→并缸→喂饭→放水→搅拌→灌坛→压榨→煎酒→装坛→成品　　　　　↑

　　　　　　　　　　　　　　　　　　　　　　黑汁制备

【工艺要点】

(1)原料选择与处理:选择无病虫害,无腐烂霉变的优质糯米,洗净除去沙粒等杂质,沥干备用。

(2)浸渍:根据糯米、粳米性质及不同气温掌握浸米时间。室温在5℃以下,不论米质,一律浸渍48h;室温在5~10℃,粳性米浸渍44h,糯性米浸渍40h;室温在10~15℃,粳性米浸渍40h,糯性米浸渍38h;室温在15℃以上,粳性米浸渍38h,糯性米浸渍36h。

(3)蒸煮:将浸米捞在竹箩中,用清水冲淋至白水流出。摇动米箩,沥净余水,便可倾入甑中蒸饭。如米质硬而糙,应在米面全面透汽后,用喷壶适当浇水1~2kg(每甑25kg米),让其米面重新透汽,然后闷盖4~5min。对糯米不喷水,但也需闷盖4~5min。但需注意,当蒸汽透面时要不断用小帚耙动米粒,盖住后再通蒸汽,直至全面透汽耙不动,而米粒已全部变色成饭为止。否则容易产生中间部分结成硬块、生熟不均现象。

(4)淋水:与淋饭酒操作相同。淋水后气温与落缸要求品温之间的关系见表2-3。

表2-3 气温与落缸要求品温之间的关系　　　　单位:℃

| 气温 | 落缸要求品温 | 气温 | 落缸要求品温 |
| --- | --- | --- | --- |
| 15~20 | 20~24 | 2~5 | 30~32 |
| 10~15 | 25~28 | 0以下 | 32~34 |
| 5~10 | 28~30 | — | — |

(5)搭窝:瓦缸使用前先用石灰乳、沸水灭菌,清洗。每缸落缸米量,黑酒40kg,黄酒45kg,操作方法同淋饭酒操作。

(6)并缸:一般经32h左右,窝中已有甜液出现。第三天将甜液浇在饭面,第四天再将缸边已软化的饭粒揿入酒液中,可以防止产酸现象。一般第六天便可并缸。

(7)喂饭:每缸下饭40kg(以原料米计),并缸后为80kg,喂饭

20kg,每缸合并原料米重100kg,另加麦曲10kg。

(8)黑汁制备:以四缸米的酒为一组(计糯米400kg),第一次取籼米20kg炒焦,用水40kg煮成黑汁,再加水套煮一次,供第二次炒焦籼米煮黑汁用,但第二批时每四缸仅需用17.5kg籼米作原料就够了。每缸酒加10kg黑汁。

(9)放水:落缸的第九天米饭已充分糖化,此时开始放水,放水量根据不同等级的米规定如下(以每缸100kg原料重计)。黑酒甲级米加水108.5kg;乙级米加水107kg;丙级米加水105.5kg。放水时每缸先加总量9/10的水,其余1/10的水视放水后所需品温用温水调节。气温与放水要求品温之间的关系见表2-4。

表2-4　气温与放水要求品温之间的关系　　　　单位:℃

| 气温 | 放水要求品温 | 气温 | 放水要求品温 |
|---|---|---|---|
| 2 以下 | 22 ~ 23 | 10 ~ 15 | 18 ~ 19 |
| 2 ~ 5 | 20 ~ 21 | 15 以上 | 16 ~ 18 |
| 5 ~ 10 | 19 ~ 20 | — | — |

(10)搅拌:放水18~20h,最高不能超过30℃,第一次搅拌品温以28℃为宜,以后每日搅拌一次,至第5~6次搅拌时酒液已澄清。在搅拌期间对已发生质量问题应采取下列措施:①对发生变酸的发酵醪投入白酒1.5~2kg,制止继续发展;②用磺酸钙中和,提前压榨;③用后发酵缸严格灭菌。

(11)灌坛:落缸20d后,品温已与室温相近,即可灌坛进行后酵作用。同时每缸酒醅加入经煎炒磨碎的花椒粉16g、广皮31.25g,充分混合以增加成品酒的风味。灌坛时,酒醅离坛口12cm止。然后封口,外面包扎两层笋壳,堆存室内,发酵期60d左右。

(12)榨酒、煎酒、装坛:同一般黄酒操作方法。

【产品特色】

本品呈黑褐色,酒香浓郁醇厚,口感甘甜绵软,甜而不腻。

## 三十一、嘉兴冬酿粳米黄酒

嘉兴黄酒是中华民族历史最悠久、最古老的酒种之一,也是中华民族特有的酒种。历史上,黄酒名品数不胜数。它与啤酒、葡萄酒并称世界三大古酒,是中华民族的瑰宝。而嘉兴黄酒又以嘉善黄酒,西塘老酒等最为有名。嘉兴酿造业在明清时代就已经很发达,历经千年传承而不衰。

嘉冬酿粳米黄酒以粳米作原料,以特制曲和酒母作糖化发酵剂,于冬季采用传统配方和工艺酿制而成。历经发酵、压榨、陈贮、勾兑、检验等程序酿造而成,酒液澄黄、透明、有光泽,醇香浓郁,味鲜甜、醇厚、柔和、爽口,属半甜型黄酒,内含 18 种氨基酸,营养丰富,是大众喜欢的低度饮料酒,适用于筵席、宴会等场合。

【主要原料】

淋饭用粳米 75kg、喂饭用粳米 37.5kg、宁波酒药 0.3kg、麦曲(纯种熟麦曲)10kg、糟(甜水酒糟或秋酿黄酒糟)11.25kg、水(包括淋饭后吸水量在内)360kg,以上原料为一缸用量。

【工艺流程】

原料选择与处理→浸渍→蒸煮→淋水→搭窝→并缸→喂饭→搅拌→配槽→灌坛→压榨→煎酒→成品

【工艺要点】

(1)原料选择与处理:选择无病虫害,无腐烂霉变的优质粳米,洗净除去沙粒等杂质,沥干备用。

(2)浸渍:浸渍 14～18h 后捞起。

(3)蒸饭:捞起的浸米盛入竹箩内,用清水冲洗 3 次,沥干上甑蒸煮。待蒸汽全面透出饭面后,闷盖 4~5min,将饭甑抬下,连饭浸入水缸中浸泡 2~3min 取出,沥干,倒入另一空缸中,用木楫撬散饭粒,使吸水比较均匀,然后装入饭甑重行蒸煮至无白心为止。

(4)淋水:每甑 37.5kg 米,用 100kg 水淋水,根据室温回淋盛出的温淋水,下缸时品温要求在 25~27℃。

(5)搭窝:蒸饭淋水已毕便倒入瓦缸中,用手反复搓散饭块,拌入酒药粉末,搭成"U"字形圆窝。室温在 5~10℃,要求拌后品温 23~26℃ 为宜。然后用草席保温,每缸酒的原料米分成两缸搭窝。

(6)并缸:待甜酒液满窝后,经 60~70h,将两缸合并成一缸,同时加入余下的水,一次加入。

(7)喂饭:并缸放水后,约经 27~28h,进行喂饭。将摊在竹簟上冷却的饭,倒入发酵缸中,立即用耙充分搅匀。品温在 24~26℃。

(8)搅拌:室温在 5~10℃ 时,自喂饭后相隔 20~22h 即需用木耙搅拌。喂饭后 20~22h 可开第一耙,品温控制在 27~29℃;32~34h 可开第二耙,品温控制在 24~26℃;54~56h 可开第三耙,品温控制在 18~20℃;76~80h 可开第四耙,品温控制在 11~14℃。

(9)配糟:第四耙后,品温逐渐下降接近室温,从此时起便应少开耙,加入 12% 的麦曲及 10% 的糟。

(10)灌坛:喂饭后 8~10d,将其灌入酒坛中,因冬季室温较冷,可堆放在阳光下进行后发酵作用。

(11)压榨、煎酒:经过 80~90d 可榨酒,操作与一般黄酒相同。

【产品特色】

本品酒液澄黄、透明、有光泽,醇香浓郁,味鲜甜、醇厚、柔和、爽口。

## 三十二、无锡老廒黄酒

无锡是我国最古老的产酒地区之一,生产黄酒历史悠久。由于有惠山泉水及梁溪水等优质酿造水,酿出了不少名牌酒,深得饮酒者的好评。在其产品中有一种是使用煎熬的酸浆,一部分作为酿酒配料,一部分用来调节培养酒母时的酸度以控制杂菌。由于生产出的酸浆经过煎熬工序,因而有"老廒黄酒"的名称。这是该黄酒的特点,也是继承《齐民要术》曾用过"浓缩酸浆酒母"工艺的继续,但与酸浆酒母工艺不同。另外,培养酒母所用酒药属药曲,配用药料独特;所用麦曲是挂曲,有独到之处,成品酒味自然醇厚,得到消费者的好评。

【主要原料】

糯米 50kg、浆水(预发酵)15kg、浆水(落缸)15kg、麦曲(预发酵)3kg、麦曲(落缸)10~11kg、麦曲(酒母)0.7kg、焦糖色 0.1875kg、水 75kg、糟烧(酒母)62.5mL,以上原料为一缸用量。

【工艺流程】

原料选择与处理→浸渍→取米→煎浆→酒母制备→蒸煮→预发酵→落缸→前发酵→后发酵→压榨→煎酒→灌坛→成品

【工艺要点】

(1)原料选择与处理:选择无病虫害,无腐烂霉变的优质糯米,洗净除去沙粒等杂质,沥干备用。

(2)浸渍:每瓦缸盛米 225~300kg,加水 350kg 左右,要求水面约高出米层 6mm。室温在 10℃ 左右,浸渍约 10d,如天气严寒约需 15d。

(3)取米:起米的前一天,用竹片将浮在表面的白色菌膜去除,并用铜勺将米面下深至 24mm 左右的水全部撇除换以清水。隔日,上层 50kg 米因有异味,必须用清水充分冲洗至无气味为止。其余留下的米及浆水,用铜勺取出放入淘箩中,下放一木桶接收浆水。每缸可得浆水 112.5kg 左右,然后让其澄清 4～6h。取出的浸米,抬至河边用清水淋洗至无白水流出为止。冬日米粒中常夹有冰块,应拣出融化后放入。

(4)煎浆:将澄清的浆水放入大铁锅中烧沸后定火,上面见浮有白色凝结物随时撇除去。如此经沸腾、定火、撇沫 3 次,俗称"三煎三滚"。取出熟浆放入清洁瓦缸中,隔日备用。每 100kg 浆水可得熟浆 80kg。

(5)酒母的制备:

①首批酒母的培育:在酿造首批老廒酒的前三天,需预先试制酒母。取上等白糯米 7.5kg,浸渍 12h,捞出,淋洗,蒸熟,用冷水淋至 30℃ 左右,倒入已用沸水泡洗的小瓦缸中。然后加入自制酒药 0.625kg,拌匀搭窝。搭窝后品温已降至 25℃,保温 18h 后,甜液已达窝面的 4/5 处,即加入精选敲碎的块曲粉 2.5kg、70 度的糟烧 0.5mL、熟浆 15kg 进行发酵。经 24h 后,若品质优良,即可作为冬酿首批生产试酿老廒酒的酒母。酒母优劣鉴别方法是:将取出部分醪液放在小盆中,观察表面所起的泡形,以现菊花形者为佳。

②酒母的连续培育:老廒酒的酒母,除首次用酒药外,往后均采取连续接种培育方法。将上述成熟的酒母,用竹篓插入酒母醪中,从篓中汲取清液 0.5kg(以后每批从预发酵中取出 0.5kg),移入清洁的瓦盆内,盆预先用高浓度糟烧烫洗杀菌。另放入麦曲 3.5kg、米饭 0.25～0.375kg、糟烧 312.5mL,拌和均匀。自拌盆起,经 10h,检查其发酵力的强弱,主要是观察气泡发生的形状。用洗干净的手翻拌一次,品温不超过 26℃。拌盆后约 40h,便可用于预发酵了。每盆可供酿造 5 缸老廒黄酒使用。

(6)蒸煮:原料米一般经浸渍 10d 后,用手指捻米即碎。蒸煮时间为蒸汽透面蒸 5～10min,即可铺在清洁的大方砖地上,但也视米质的优劣而决定蒸煮时间。饭铺在地上后,天冷时(0～10℃),堆积厚约33cm。天热时(10~15℃),堆积10~15cm。摊至翌日早晨供下缸用。一般在晚上20~21时蒸饭。

(7)预发酵:在早晨5时许,取摊凉的米饭4kg,放入清洁瓦缸中,然后依次放入熟浆15kg、麦曲3kg、1/5盆酒母。混合均匀后,品温25~26℃。约经0.5h,麦曲饭粒全部下沉,但经2~3h时,又复浮至缸面形成饭盖。4h后便不断有气泡发生,品温上升1℃左右。此时可以落缸,落缸前另用篓取出清液0.5kg,供下一批连续制酒母接种用。

(8)落缸:预发酵4h后,将余下大量摊凉的饭拍入缸中,加入麦曲10~11kg、生水75kg、熟浆7.5kg,同缸中前期发酵醪约20kg一起搅拌均匀。将饭团搓碎,盖上草盖。缸的容量,一般约可制75kg米的老廒酒。如室温在15℃以上,每缸米量减至50~60kg;室温在5℃以下,每缸米量可增至82.5kg。

(9)前发酵:从落缸8h后,在缸的下部应有嘶嘶响声发出,可根据声响强弱程度来决定增加或减少保温用具。至18h后再查听一次。一般开始搅拌时约在落缸24h以后,那时品温已达33℃左右,缸面有裂缝,醪液甜,酒味薄。若太甜,醪液厚,即发酵力不足之证。此后仍需继续搅拌。开耙的时间与品温关系见表2-5。

表2-5 开耙的时间与品温关系

| 开耙次序 | 距落缸时间/h | 开耙前品温/℃ | 开耙次序 | 距落缸时间/h | 开耙前品温/℃ |
|---|---|---|---|---|---|
| 第一耙 | 24 | 32~33 | 第三耙 | 32~33 | 32~33 |
| 第二耙 | 28~29 | 33~34 | 第四耙 | 41~43 | 26 |

(10)后发酵:离落缸起的第五天,每缸发酵醪中加入糟烧2.5kg,搅拌均匀,灌入瓦坛中,用竹箬包装,每缸发酵醪约可灌9坛。秋末冬初和冬末春初堆在室内,严冬生产可堆室外,一般堆放期为60d。

(11)压榨、煎酒与灌坛:压榨工具用木榨、绢袋。酒坛外用石灰粉刷成白色。方法与绍兴酒相同。榨后酒液中,每50kg米的酒加焦糖色0.1875kg,让其澄清1d,第三天煎酒。煎酒时撇沫两次,泼水一次,温度达90℃左右。在灌坛时,每坛又加糟烧0.25kg。贮存1~2年即可。每100kg米产酒215kg左右。

【产品特色】

本品色泽橙黄透明,无苦涩味,具有一般黄酒的香气。

## 三十三、苏州醇香酒

苏州有着历史悠久的酿酒文化,明清两代,苏州人多以糯稻酿酒,称为"白酒"。《清嘉录》卷一·引《札朴》云:"糯米为甜酒,俗呼白酒,即稻醴也。"苏州的酿酒基础雄厚,从业人员众多,从而形成了高度密集的酿造体系。《古今图书集成》职方典卷六七六记载苏州府:"新郭、树塘、李墅诸村,比户造酿,烧糟发客。横金、下保、水东人并为酿工,远近皆用之。"这种群酿之风,一度使苏州这个著名的产米之乡粮耗大半,导致外地米商纷纷而来,供其原料。清人包世臣《安吴四种》卷二六就指出:"然苏州无论丰歉,江广安徽之客米来售者,岁不下数百万石。良由糟坊酤于市,士庶酿于家,本地所产,耗于酒者大半故也。"苏州酒业正是在这种局面下达到了历史上的巅峰状态,成为运河酒业中的一颗明珠。

苏州醇香酒与黄天源糕点、陆稿荐酱肉、采芝斋糖果等一样,都是老苏州值得夸赞的老字号特产,而配以醇香酒烹做的"醇香酒焖鸡"更是苏帮菜中的名菜。在中国的现代酿酒史上,苏州醇香酒也是榜上有名,1963年、1971年,苏州醇香酒均被评为江苏名酒。

【主要原料】

糯米125kg、麦曲5kg、酒药0.25kg、陈冷香酒125kg,以上原料为一缸用量。

【工艺流程】

原料选择与处理→浸米→蒸饭→淋水→落缸拌药→加曲放酒→开耙→灌坛养醅→压榨→煎酒→过滤→装瓶→成品

【工艺要点】

(1)原料选择与处理:挑选无病虫害,无腐烂霉变的优质糯米,洗净除去沙粒等杂质,沥干备用。

(2)浸米:浸米时间根据米质、气温、水温灵活掌控,一般在48h左右。

(3)蒸饭:在木甑中蒸饭,待全面均匀上汽后,加盖再蒸3~5min。饭达到熟、透、匀、无白心为标准,即可出甑。

(4)淋水:用清水冲淋熟饭,以降低饭的品温,达到糖化发酵的要求。根据气温调节淋水量和回淋水量,应掌握在35~40℃。淋水后要求饭温均匀一致。

(5)落缸拌药:将饭倒入发酵缸内,捏碎饭块,撒匀酒药拌匀后,搭成凹形(即搭窝)。一般控制品温在28~30℃。

(6)加曲放酒:落缸后36~40h,窝内酒液已满至窝口,品温在28~30℃为宜。继续培养36~48h,即可加曲翻拌。再经96h投放陈冷香酒,要求酿醅达到酒度12% VoL以上,酸度0.5%以下,糖分9.5%~10%。

(7)开耙:开耙目的是调节酒醅品温,排出二氧化碳,吸收新鲜空气以利于糖化发酵作用。自投放陈冷香酒后经过24~36h,酒醅品温27~28℃时可以开耙,以后每隔24h开耙一次。

(8)灌坛养醅:经12~14d、酒度在17% VoL、酸度0.5%以下、糖分18%~20%时,即可灌入酒坛,坛口用荷叶;竹箬包扎,再加泥密封,堆放于阴凉室内进行养醅,时间在100d以上。酒度17% VoL、糖分20%左右,可进行压榨。

（9）压榨、煎酒：用木榨。压榨要求缓压，以防浑浊多酒脚。每次压榨500kg的原料酒醅。压滤酒澄清3～4d，可以加热灭菌（煎酒，温度85℃）。再用荷叶、竹箬包扎，泥封。

（10）过滤、装瓶：煎酒后，经2年左右贮存，再过滤沉淀，装瓶即为成品。

【产品特色】

本品呈褐红色，清亮透明；酒香浓郁，味甜醇、柔和，无辣味和异味。

## 三十四、无锡惠泉酒

无锡惠泉酒早在清康熙、乾隆时期就非常有名。当时士大夫们不欣赏烈性的酒，如汾酒、潞酒等，而崇尚低度的"南酒"。所谓"南酒"就是指江南一带出产的米酒，即无锡惠泉酒、苏州福贞酒、宜兴红友酒、镇江苦露酒等。其中无锡惠泉酒最为出众，是京师流行的礼品酒。在《红楼梦》等著名文学作品中也能找到它的身影。

无锡惠山多泉水，相传有九龙十三泉。经唐代陆羽、刘伯刍品评，都以惠山寺石泉水为"天下第二泉"，从而声名大振。从元代开始，用二泉水酿造的糯米酒，称为"惠泉酒"，其味清醇，经久不变。在明代，惠泉酒已名闻天下。曾任吏部尚书、华盖殿大学士的李东阳，在《秋夜与卢师邵侍御辈饮惠泉酒次联句韵二首》中写道："惠泉春酒送如泉，都下如今已盛传"，"旋开银瓮泻红泉，一种奇香四座传。"

无锡惠泉酒在这么多"南酒"中能够脱颖而出，原因有二，一是当时无锡为布码头，商品流通十分活跃。乾隆年间无锡有位诗人写道："万斛龙骧衔尾开，檣乌檣燕喜徘徊。蜀山窑器名泉酒，个个船来买一回。"诗后注"粮船北上，必集湖尖置买义兴窑器及惠泉名酒。"无锡惠泉酒因此得以传遍大江南北。二是制作原料精良。无锡米品质好,明代时列为皇室御用米,专建"无锡仓",用以贮存无锡米。惠泉酒就是以泉水浸无锡米,用独特方法酿成。泉水只用有名的无锡惠山二泉水,清冽甘甜。

【主要原料】

糯米、摊饭用糯米、麦曲、酒药、糟烧酒、陈年黄酒、惠泉水。

【工艺流程】

原料选择与处理→浸渍→蒸米→淋水→落缸拌药→搭窝→加曲放酒→糖化发酵→喂饭→后发酵→压榨→煎酒→过滤→装瓶→成品

【工艺要点】

(1)原料选择与处理:挑选无病虫害,无腐烂霉变的优质糯米,洗净除去沙粒等杂质,沥干备用。

(2)浸渍:一般在 48h 左右,吸水率可达 35%,沥干后可进行蒸煮。

(3)蒸米:在木甑中蒸饭,待全面均匀上汽后,加盖再蒸 3~5min。饭达到熟、透、匀、无白心为标准,即可出甑。

(4)淋水:用清水冲淋熟饭,以降低饭的品温,达到糖化发酵的要求。淋水后要求饭温均匀一致。

(5)落缸拌药、搭窝:将饭倒入发酵缸内,捏碎饭块,加入酒药,接种量为 3.7%,撒匀酒药拌匀后,搭成凹("U")形(即搭窝),一般控制品温在 28~30℃。

(6)加曲放酒、糖化发酵:当糖分达到最高峰时,即加入 60% 以上的糟烧酒,前后两次共计 8.84%,同时加入 90% 特制陈年黄酒和 14% 的麦曲。

(7)喂饭、后发酵:加麦曲后的第二天喂入 100% 的摊饭,保温糖化发酵。当发酵基本结束后,可转入后酵陈酿。

(8)压榨、煎酒、过滤、装瓶:成熟后的醪即可进行压榨、煎酒等操作再过滤沉淀,装瓶即为成品。

【产品特色】

本品呈琥珀色,酒体晶莹透亮,无杂质沉淀;酒香醇厚无异味;口感柔和清凉。

## 三十五、丹阳黄酒

丹阳黄酒,俗名陈酒,最先还有"百花老陈","曲阿酒"、"十里香"、"玉乳浆"、"官酒"和"状元红"等品名。此酒色泽黄橙透明,鲜甜香美,醇和爽口,灌坛封缸贮窖越久,风味越佳。解放前,以新丰和里庄所产最好,但新丰更胜一筹。丹阳黄酒以水质清洌甘甜,工艺精细,数百年来名列前茅。

丹阳黄酒之所以美名远扬,一是与它选取上好水源——玉乳泉有关。唐朝品泉专家张又新,曾到过丹阳玉乳泉,他品尝后赞为"天下第四泉",陆游在《入蜀记》中也有对玉乳泉的描写:"十六日早发云阳,汲玉乳泉井水,井在道旁,名列水品,色类牛乳,甘冷冰齿……""曲阿美酒十里香,玉碗盛来琥珀光""开坛十里香,举杯千家乐,名泉酿名酒,玉乳待贵客"。二是丹阳产的糯米,色泽红润光洁,是制酒的上品,所以又有"酒米出三阳,丹阳为最好"的"酒米"之称;古时历代一直被列为贡品,所以又有"宫米"之名;糯米中以桂花香糯、猴突头糯、小红糯、黄壳糯和香珠糯为最佳,用它酿造出来的黄酒,清香醇和,透明如饧,独具一格。

【主要原料】

糯米 150kg、酒药 0.92kg、麦曲 8kg、水 15～20kg、白酒(以发酵醪质量计)12%、陈皮 1 片以上原料为一缸用量。

【工艺流程】

原料选择与处理→浸米→蒸饭→淋水→拌曲搭窝→并缸发酵→

压榨→澄清→煎酒→装瓶→成品

【工艺要点】

(1)原料选择与处理:挑选无病虫害,无腐烂霉变的优质糯米,洗净除去沙粒等杂质,沥干备用。

(2)浸米:浸米时间12~16h。

(3)蒸饭:将浸米用清水淋清沥干,上甑蒸饭。待全部透汽后,再加盖闷蒸15~20min(以米饭熟透均匀、饭粒疏松而不烂为准)。

(4)淋水:用水淋饭降低饭温,再用温水复淋。品温在30~32℃时,可落缸拌曲。

(5)拌曲搭窝:每缸75kg原料米的饭,按米重计用酒药0.375%,均匀拌入。然后将其搭成直径15cm的"U"字形的圆窝,上覆盖草保温。经24h左右已流出甜液,此时品温最高不超过33℃,每天用铜勺从窝中取甜酒酿浇饭面3~5次。48h以后,品温逐渐下降至24~26℃,历时72h,便可拌入麦曲。

(6)并缸发酵:以75kg原料米计,加入麦曲8kg,放水15~20kg,用手充分拌匀,然后将两缸合并。经24h品温上升到30℃左右,即可搅拌降温至28~30℃。每隔24h搅拌一次,连续三次便可静置发酵。经20d酒醪成熟(视酒醪质量而定)即可榨酒。

(7)压榨、澄清、煎酒:用木榨榨酒,经24h左右可压榨。将酒液移入缸内澄清3~5d,再灌入坛中澄清7~10d,除去酒脚。再按发酵醪量计,配入50度的白酒12%,灌入坛中,每坛35kg。放入陈皮1片后,坛口用棉纸、竹壳扎紧,整坛没入水中,使坛口露出水面。将水烧开,蒸至坛口燃点着火即完成煎酒(全部过程需2h),即可泥封。存储后装瓶即为成品。

【产品特色】

本品色泽橙黄清亮,香气醇香浓郁,口感鲜甜爽口,风味独特,回味无穷。

## 三十六、丹阳封缸酒

丹阳是我国盛产名酒的古城,有着 1500 多年的酿酒历史。唐代就以"新丰酒"闻名天下,李白诗云:"南国新丰酒,东山小妓歌",又说:"再入新丰市,犹闻旧酒香。"元代萨都刺《红湖曲》中说:"丹阳使者坐白日,小吏开瓮官酒香。倚栏半醉风吹醒,万顷湖光落天影",这是丹阳酒又叫官酒的来源。

丹阳地处江苏省南部,土地肥沃,盛产糯稻,素有"酒米出三阳,丹阳为最良"之说。丹阳封缸酒当然也是以当地盛产的优质糯米为原料,(这种糯米性黏,颗粒大,易于糖化,发酵后糖分高,糟粕少,出酒率高,非常适合生产糖度高的甜型黄酒。)并且以酒药为糖化发酵剂酿制而成。在糖化发酵中,糖分达到最高峰时,兑入 50 度以上优质的小曲米烧酒,抑制酒精发酵,保持高浓度糖分。经过一定发酵,提取 60% 澄清酒液,再将残余醪液压榨出酒,勾兑在一起,灌坛陈酿方为成品。酒液明亮,呈琥珀色或棕红色,香气醇浓,口味甜香而独特,别具一格。

【主要原料】

糯米 100kg、酒药 0.4kg、米白酒 50kg、水适量,以上原料为一缸用量。

【工艺流程】

原料选择与处理→浸渍→洗米→蒸煮→淋饭→搭窝→加酒→搅拌→进缸→带糟陈贮→压榨→陈贮→成品

【工艺要点】

(1)原料选择与处理:挑选无病虫害,无腐烂霉变的优质糯米,洗净除去沙粒等杂质,沥干备用。

(2)浸渍:用真空输送机将原料糯米吸入浸米池中,注入清水,使水面高出米层 15cm 左右。一般浸渍 6～8h,实际应根据气温而决定浸渍时间。吸水率达到 25%～30%,用手捻之即碎为适度。

(3)洗米:浸渍好的糯米须洗至无白浊水流出为止,并沥干,然后用蒸饭机蒸煮。

(4)蒸煮:由于丹阳糯米质量好,吸水率高,易于蒸熟,蒸后米饭可以达到外硬内软、内无白心、疏松不黏、透而不烂的要求,所以淀粉糖化完全,发酵正常,为提高酒的质量创造了基础条件。

(5)淋饭:淋饭是将洁净冷水从米饭上面淋下,使糯米降温的同时淋去糯米表面黏附物质,使糯米疏松,并增加米饭的含水量,有利于拌酒药和搭窝操作,也有利于搭窝后糖化及酒精发酵的顺利进行。

(6)搭窝:冷却至规定温度后的米饭倒入发酵缸中,然后按原料米重量的 0.4% 拌入酒药,拌匀后搭成直径 15cm 的"U"形窝。要求窝中米饭疏松,以不下塌为适度,增加与空气接触面积,有利于根霉及酵母的增殖,并在表面上撒些酒药,加稻草盖保温。经 24h 窝中已出现糖液,将其泼洒在饭面上,促进糖化和酵母的增殖。48h 后,品温会逐渐下降至 24～26℃,糖液几乎快满窝,糖化已达到最高峰。

(7)加酒、搅拌、进缸、带槽陈贮:糖化进行到 72h,即加入 50 度白酒,每 100kg 原料米加白酒 50kg。然后用木耙搅拌均匀,并入大罐,进行熟成,约 100d 即可压榨。

(8)压榨:丹阳封缸酒醪的糖分高、黏稠,比一般干型酒压榨困难得多,因此现已改用板框式气膜压滤机,较原用木榨效率提高。

(9)陈贮:为了保证封缸酒的风味,压榨出的酒不经灭菌,直接泵入罐贮存,进行陈酿及澄清。

【产品特色】

本品酒液明亮,呈琥珀色或棕红色,香气醇浓,口味甜香而独特。

## 三十七、金华寿生酒

金华寿生酒,系金华传统名酒,创制于明朝,是中国优质黄酒之一。早在1915年巴拿马万国商品博览会上即获金奖。1988年首届中国食品博览会上又获金奖,在同类酒中堪称一绝。

金华寿生酒是一种半干型黄酒,由明代初期戚寿三在农家自酿的金华酒基础上创新而成。它以精白糯米作原料,兼用红曲、麦曲作糖化发酵剂,采用"喂饭法"分缸酿造而成。因品质超群,自成一派,成为历代酒中珍品。寿生酒金黄透亮、呈琥珀色,香味浓郁,过口爽适,口味醇厚,形、味、色俱佳。袁枚在《随园食单》中曾有描述:"金华酒,有绍兴之清,无其涩;有女贞之甜,无其俗。亦以陈者为佳。盖金华一路水清之故也。"

【主要原料】

糯米100kg、红曲8kg、麦曲4kg、水120kg,以上原料为一缸用量。

【工艺流程】

原料选择与处理→浸米→洗米→蒸饭→摊凉→落缸前发酵→喂饭→发酵→压滤→煎酒→澄清→灭菌→装瓶→成品

【工艺要点】

(1)原料选择与处理:挑选无病虫害,无腐烂霉变的优质糯米,洗净除去沙粒等杂质,沥干备用。

(2)浸米:用自然水温的清水浸泡,一般浸米2d。

(3)洗米:浸泡好后的米,放入清洗容器内,用清水淋清为止。

(4)蒸饭:用木甑或蒸饭机均可。蒸到米饭外硬内软,内无白心,蒸后疏松不黏,透而不烂即可。

(5)摊凉:在自然室温冷却,饭温一般为35～40℃。

(6)落缸前发酵:按配方投料毕,拌匀,品温以20℃为宜,开始前发酵。

（7）喂饭与发酵：投料后约 2d，品温达 38℃左右时，将醪一分为二（分缸）进行喂饭操作。经发酵，品温达 38℃时可开头耙，第二耙品温 36℃，以后视升温及酒醪口味灵活掌握开耙。喂饭 3d 后，灌坛后发酵，一般长达 60~85d。

（8）压滤：用传统木榨法进行压榨，压榨后进行过滤。

（9）煎酒、澄清、灭菌：生酒加适量酱色调配，澄清，煎酒 85℃左右灭菌。

（10）装瓶：灭菌后装瓶即为成品。

【产品特色】

本品金黄透亮、呈琥珀色，香味浓郁，过口爽适，口味醇厚，形、味、色俱佳。

## 三十八、江西九江封缸酒

九江封缸酒是产自江西省庐山脚下，九江地区的传统名酒。传说在唐代元和年间已开始生产，有千年以上的历史。由于风味优美，而驰名于世，成为庐山游客饮之为快的美酒，也是游客喜爱的纪念品。封缸酒古称醅酒。相传唐代大诗人白居易贬谪九江，任江州司马。离乡别亲之乡愁，政治失意之心冷，常饮此酒以消愁。曾与江州好友刘十九饮酒赋诗："绿蚁新醅酒，红泥小火炉，晚来天欲雪，能饮一杯无？"

这封缸酒还有一个有趣的传说，相传有一年王母娘娘开蟠桃大会，要众仙参加宴会。土地神听说九江醅酒色美味醇，在赴蟠桃会时随手携了一坛上天，准备请众神仙与他一同品尝。会上众仙饮罢瑶池美酒后，土地突然想起自己带来的醅酒，便令侍从打开来，本欲自己先尝尝，然后再请诸神品尝。谁知酒坛刚一启封，那醇香的酒味便引得众仙口水直流。不等土地神自己先尝,大家便涌上前,你一碗,他一碗,一抢而光。而王母娘娘的玉液琼浆竟被冷置在一旁,无人问津。王母娘娘一怒之下,下令将九江所有的醅酒全部封起来,谁也不准喝。时间一年年的过去,终于有耐不住美酒诱惑而又大胆的人,将封住的酒打开来饮用,发现封缸后的醅酒如甘露,格外香甜,颜色也由原来的淡黄变成了琥珀色。这一发现,使他又惊又喜。把这事偷偷告诉了自己的好友。于是一传十,十传百,消息不胫而走,大家纷纷启封。土地神见王母娘娘忘了这事,也就睁一只眼闭一只眼,自己也乐得受用。从此,醅酒便得名"陈年封缸酒"。有一首民谣曾概述了这件事,民谣道:"天上玉液琼浆,不如九江封缸。色美味甜性稳,气煞王母娘娘。"

【主要原料】

糯米、酒药、白酒、水适量。

【工艺流程】

原料选择与处理→浸渍→蒸饭→淋饭→搭窝→发酵→加酒→封缸→地窖陈贮→压榨→陈贮→成品

【工艺要点】

(1)原料选择与处理:挑选无病虫害,无腐烂霉变的优质糯米。优质糯米在浸渍前,通过筛米机将糠、秕等杂质除掉。

(2)浸渍:将过筛后的糯米倒入浸渍缸内,加清水至高于米面10cm。一般春天浸泡8h,夏天3~4h,秋天5~6h,冬天10h。切开米粒如无白心,说明已泡透。将米捞入竹箩,再用清水冲去米浆即可。

(3)蒸饭:浸米沥干,倒入木甑内,通蒸汽进行蒸煮,蒸至饭粒内无白心为佳。

(4)淋饭:采取淋饭法,降低品温。气温在26~32℃,可淋品温至34℃左右,冬季可高一些。

(5)搭窝:将淋过的米饭倒入缸内,按糯米量 0.75% 的比例加入酒药粉,拌匀。然后将其搭成窝,保持疏松状态,以利酵母生长。窝面上薄薄撒些酒药粉,使根霉繁殖起来,形成菌膜,防止杂菌侵入。加缸盖保温,寒冷冬季还要另用草帘将缸围起保温。

(6)发酵、加酒封缸、地窖阵贮:拌入酒药 24h 后,窝内已聚集了 3~4 寸厚糖化液,味甜,此时即可加白酒以减弱酒精发酵。所用白酒是自制的,酒度 50° 左右,分批加入,使酒精发酵逐步衰减,以获得酒味较浓的风味。第一次加白酒总用量的 6%,第二次 12%,第三次 18%,第四次 24%,至糖化终了,再将剩余的白酒加入,然后盖好缸盖。第三天翻缸一次,第四天酒醪即完全沉底,第七天即可换缸,用牛皮纸封住缸口,带糟陈贮 3~6 个月即老熟。

(7)压榨、陈酿:通过封缸后熟的酒醪,输进压榨机,榨取酒液。经过澄清,抽出清液封缸 4~5 年,所以称作陈年封缸酒。

【产品特色】

本品酒色呈清亮的琥珀色,酒香浓郁,口味鲜甜,酒性平和,后味绵长。

## 三十九、衢州桂花酒

衢州酿酒的历史可谓久矣。1974 年,衢县上方乡(今衢江区上方镇)石灰岩溶洞内,发现有新石器时代的夹砂陶、印纹陶等。1982 年,衢县云溪乡又发现大量西周时期的原始青瓷制品。这些原始青瓷与屯溪、郑州等地出土的瓷器为同一类酒器,表明衢州在西周时期酿酒与制陶已相当发达。

衢州自古就是一个桂花飘香的地方,所以当地人酿造桂花酒也有着悠久的历史。桂花酒是选用秋季盛开之金桂为原料,配以优质米酒陈酿而成,具有色泽金黄、芬芳馥郁、甜酸适口的特点。它是宴会及制作鸡尾酒的上乘美酒,也是自享或馈赠亲友的佳品。

这桂花酒也有一段传说,从前,水门尖山脚下住着一个以砍柴为生的人,名叫吴刚。有一次,吴刚砍下一根毛竹,从山顶架到天上,人也就从这根毛竹竿爬到月亮上。这时,王母娘娘正召集各地神仙在月亮上开蟠桃会,吴刚在月亮上这里看看,那里玩玩,看见一棵大桂花树。吴刚是砍柴人,便想把它砍倒。可是,桂花树根有一只公鸡守在那里,不让吴刚把桂花树砍倒。等吴刚砍了几下,那只公鸡便对着吴刚脚上的一个旧伤口猛啄一口。吴刚"哎哟"一声,放下斧头揉痛处。等痛停了,他举起斧头再砍时,桂花树那被砍过的地方又长好了。就这样砍了啄,啄了揉,总是砍不倒这棵桂花树,倒把许多桂花打落在地上。回到凡间后,吴刚把落在地上的桂花收回来,做成了桂花酒。此酒既香又甜。第二年,王母娘娘开蟠桃大会时,吴刚就带着桂花酒去见王母娘娘。王母娘娘和其他的神仙喝了桂花酒,都夸奖吴刚做得好。便叫他留在天上专门做酒。从此,吴刚也就成为天上的神仙了。民间根据吴刚留下的配方也做起了桂花酒,自此流传开来。

【主要原料】

糯米100kg、优质白米酒70kg、甜酒曲0.5～1kg、桂花香料适量、水适量,以上原料为一缸用量。

【工艺流程】

原料选择与处理→浸渍→淋水→蒸饭→淋饭→拌曲搭窝→糖化发酵→加酒→封缸→压榨→调配→包装→灭菌→成品

【工艺要点】

(1)原料选择与处理:挑选无病虫害,无腐烂霉变的优质糯米。优质糯米在浸渍前,通过筛米机将糠、秕等杂质除掉。

(2)浸渍:糯米倒入缸内,加水浸渍1～2d(吸水率36%～38%),

即可淋水。

（3）淋水：淋去浆水至清液。

（4）蒸饭：分层上甑蒸饭，待全部上汽后，再蒸 30min。若米质偏硬可适量洒水。糯米饭质量要求熟而不烂、熟透均匀。

（5）淋饭：随即出甑于小饭甑内（15kg）进行淋饭，淋水量视气温灵活掌握。

（6）拌曲搭窝：将淋过的米饭倒入缸内，按配方量加入甜酒曲，拌匀。然后将其搭成窝，保持疏松状态，以利酵母生长。窝面上薄薄撒些酒曲粉，使根霉繁殖起来，形成菌膜，防止杂菌侵入。加缸盖保温，寒冷冬季还要另用草帘将缸围起保温。品温一般在 26～28℃，冬季在 32～35℃。

（7）糖化发酵：搭窝后进行保温发酵。保温糖化一般经 20～24h 后来酒酿。来酒酿品温在 35～36℃。经 72～96h 糖化，酒醅浮起，糖度达 35%、总酸 0.45% 左右。

（8）加酒、封缸：待酒体澄清，不呈乳白色时，可加入米白酒，翻拌均匀，立即灌坛，密封。

（9）压榨：经 3～6 个月可以压榨。

（10）调配、包装、灭菌：压榨后调入桂花香料及调色，包装灭菌为成品，贮存 0.5～1 年可瓶装。

【产品特色】

本品色泽淡黄、清亮；具有桂花香，无辣味；酒味醇厚、甘甜；酒体纯正，无杂味。

## 四十、黄桂稠酒

黄桂稠酒，又叫西安稠酒、陕西稠酒、贵妃稠酒，古称"醪醴"、"玉浆"，为中国古老的传统佳酿，是陕西八大名贵特产之一。稠酒，其汁稠、醇香、绵甜适口,酒精含量在15%左右。后来,人们在酒液中配以中药黄桂,使酒有黄桂芳香,故取名"黄桂稠酒"。

相传周朝时,镐京城内已风行"浊醪"。《诗经·周颂》中也有"为酒为醴"的记载,而"醪醴"便是西安稠酒的前身。据《唐西京城坊考》载:"长乐坊出美酒"。在唐代,长安城中生产稠酒的长乐酒坊,已成为达官贵人、文人骚客每每光顾的好去处。传说唐玄宗携杨贵妃光临长乐坊饮酒,味美醇香的稠酒使贵妃倾倒,当即将手中的桂花赠与店主。店主将桂花植于贮酒园中,不料桂枝生根开花,在长安坊繁衍成林,花开时节,桂花香,稠酒香,香溢长乐坊。店主遂将桂花用蜜腌制后兑入酒中,使酒更具特色,清香远溢。"黄桂稠酒"便由此传开,至今仍为佳话。

【主要原料】

糯米、麦曲(曲用量为糯米的10%)、甜酒曲(用量为糯米量的2%)、黄原胶、稳定剂适量(稳定剂用量为酒醪量的1%)、桂花酒萃取液及酿造水适量,以上原料为一缸用量。

【工艺流程】

原料选择与处理→浸米→蒸饭→摊凉加曲→发酵→调配→过胶体磨→灌装→灭菌→成品

【工艺要点】

(1)原料选择与处理:挑选无病虫害,无腐烂霉变,精米率在80%以上的优质糯米。

(2)浸米:气温0~10℃,浸泡12~48h;气温10~20℃,浸泡12~36h。浸米吸水率25%~30%。

(3)蒸饭:米饭质量要求熟而不烂,熟透均匀。米饭含水量要求在40%~45%。

(4)摊凉加曲:用无菌水使饭迅速、均匀地冷却至25~32℃,拌入甜酒曲和麦曲粉(应粉碎后使用,水分为15%左右)。

(5)发酵:发酵7d即为成熟酒酿。品温在27～32℃,如品温高,适当搅拌。

(6)调配、过胶体磨:将上述成熟酒酿按成品酒理化指标进行成分调配,并加入桂花萃取液、稳定剂及黄原胶。在溶解黄原胶时,要防止形成胶团,需将其均匀分散开。再用胶体磨将上述混合物磨成粒度为0.5μm的流动液体。

(7)灌装、灭菌:将上述酒液定量灌装于洗净的搪瓷桶中,经水浴巴氏灭菌后,再贴标并进行外包装。

【产品特色】

本品为乳白色的乳状液体,无沉淀及其他杂质;具有和谐的独特香气;口味甜而微酸。

# 四十一、福建老酒

中国的酒文化历史悠久,源远流长。先秦时代,居住在闽、江、浙一带的人就习惯把糯米酿成的黄酒称为老酒。老酒在唐宋时期便闻名于世,而福建老酒便是这类老酒中的佼佼者。

福建老酒采用百年传统工艺,以糯米为主要原料和以红曲为糖化发酵剂,精酿而成,经3年以上贮存,香气浓郁,酒味醇厚。

【主要原料】

糯米170kg、红曲7.5kg、白曲4kg、清水114～152kg,以上原料为一缸用量。

【工艺流程】

原料选择与处理→浸米→洗米→蒸饭→摊凉→拌曲→下缸→糖化发酵→开耙→翻醅→压榨→调酸→灌装→灭菌→成品

【工艺要点】

（1）原料选择与处理：挑选无病虫害，无腐烂霉变的优质糯米。

（2）浸米：春季 8 ~ 12h，夏季 5 ~ 6h，以米粒透心、手指捏之能碎为适度。

（3）洗米：用清水淋米，以流出的水不浑浊、不带白色为止。沥干水滴时间约 15min。

（4）蒸饭：用饭甑按常法蒸饭，饭要熟透。

（5）摊凉：将蒸好的饭抬到饭床上（或竹簟上），用木掀将饭向四边摊开，并随时翻动，用鼓风机或电扇吹风冷却。

（6）拌曲、下缸：在下缸拌曲前 8 ~ 12h，应先将洗刷干净的缸盛入清水，按配方盛入，然后再投入红曲浸渍，浸曲时间 7 ~ 8h。在下缸拌曲时，应先从缸内捞出红曲一小碗，以供下缸铺面用。下缸拌曲后的品温应根据不同室温掌握，见表 2 - 6。

表 2 - 6　下缸拌曲后品温控制　　　　　单位：℃

| 室温 | 下缸拌曲后的品温 | 室温 | 下缸拌曲后的品温 |
|---|---|---|---|
| 0 ~ 5 | 28 ~ 29 | 16 ~ 20 | 25 ~ 26 |
| 6 ~ 10 | 27 ~ 28 | 21 ~ 25 | 24 ~ 25 |
| 11 ~ 15 | 26 ~ 27 | — | — |

下缸时先将漏斗插入缸口，后用双手将饭拌入漏斗中，边放边用手推向缸内。此时应迅速加白曲粉，同时将所浸红曲翻起，将饭、曲、水搅拌均匀。最后将已捞起的红曲铺在上面，以防上层饭粒硬化和杂菌侵入。在缸口盖上报纸（或木盖），捆缚牢固，抬入发酵室内。

（7）糖化发酵：下缸后经 24h 后，酒醅品温上升至 29 ~ 31℃。72h 时发酵最旺盛，最高品温不超过 36℃。72h 后酒醅品温逐渐下降，至第 7 ~ 8d 其发酵品温接近室温。下缸后，每隔 12h 测温一次，手摸醅面应有软绵绵的感觉,有正常发酵声。

(8)开耙、翻醅:翻醅时间主要根据实际情况而定:①醅面糟皮很薄,以手摸发软;②酒醅发出刺鼻的酒气,酒液略带甜辣味;③酒醅当中有陷酿面,有裂缝;④品温降至15℃以下与室温相平。出现这几种情况时应进行翻醅。翻醅的时间一般为入缸后20d。开耙次数一般连续3d,每天一次。

(9)压榨、调酸:将已发酵醅80~100d成熟酒,抬至压榨场地,搅拌均匀。抽酒后压榨。将压榨出酒液与第二次加酒糟水榨出的酒液,混合后放入大酒桶内,用石灰浆调整酸度为0.3%~0.5%,然后澄清16~20h。

(10)灌装、灭菌:灌装,加热杀菌,进仓库陈酿。

【产品特色】

本品呈红褐色、清亮透明;具有红曲黄酒特有醇香;口感醇和爽口,具有红曲老酒特有风味。

# 四十二、福建龙岩沉缸酒

福建龙岩沉缸酒历史悠久,17世纪明代末期就有酿造。福建龙岩沉缸酒,以优质糯米为原料,自产药曲、散曲及厦门白曲为糖化发酵剂;利用多菌种混合发酵酿制而成。通过先制成甜酒酿,再分别投入古田红曲改进其色泽,用大米白酒抑制酵母菌的酒精发酵,而获得高糖分含量的黄酒。该酒在酿造时,酒醪必须沉浮三次,最后沉于缸底,所以称作沉缸酒。沉浮三次,"沉"就是加烧酒抑制了酒精发酵后酒精发酵停止,无二氧化碳气泡产生,使其沉下的现象;"浮"是酒精发酵旺盛,气泡大量上冒将酒醪浮起的现象。加酒后不沉或沉浮不到三次,说明其含糖量不够,质量不佳,是完全有道理的。该酒的色泽鲜艳,有来自红曲的琥珀光泽,酒香浓郁,风味独特,是其最大特点。饮后余味绵长,糖度虽高而无黏甜感,诚属佳品。

【主要原料】

糯米 30kg、白酒 25kg、古田红曲 1.5kg、药曲 0.1kg、散曲 0.05kg、厦门白曲 0.05kg、水 22~25kg,以上原料为一缸用量。

【工艺流程】

原料选择与处理→浸米→冲洗→蒸饭→淋饭→落缸搭窝→第一次加酒→翻醅→第二次加酒→养醅→熟成→抽酒→澄清→沉淀→煎酒→灭菌→装坛→陈酿→勾兑→装瓶→成品

【工艺要点】

(1)原料选择与处理:所选糯米的精白度应在 88%~90%。此外,要求没有虫蛀,无霉烂,颗粒完整饱满,糯性强,蒸熟后的饭软而黏。杂米不得超过 8%,碎米不得超过 5%。洗净备用。

(2)浸米、冲洗:浸米池要洗刷干净,并定期用石灰水灭菌。浸米池冲洗干净,装好清水,然后将定量的米投入,耙平,放水至高出米表面 6cm。用铲子上下翻动,洗去糠秕,把水放掉,再用清水冲净池壁及米表面上的水沫,待水流尽关闭阀门。再度放水洗米,捞去水面漂浮物,进行浸渍。注意水面保持在浸米之上,浸米时间夏秋季一般 10~14h,冬春季 12~16h,用手捻即粉碎,吸水率可达 33%~36%。

(3)蒸饭:将浸米捞起放入竹箩,用水冲洗至水清,并淋干。将浸米分为两份,先将部分装入蒸桶扒平,待蒸汽全部透出米面,将所剩浸米均匀地撒至透气部位。撒完待蒸汽完全冒出米面,即可盖上麻袋,闷蒸 30~40min。如米质硬,每甑可淋入温水 1~1.5kg,再蒸 15~20min,以便蒸得匀透,软而不烂,无夹生米心。蒸饭过程吸水率可达 14%。

(4)淋饭:饭蒸熟后抬至淋缸的木架上,用冷水冲淋降温。淋水用量根据气温、水温及要求品温进行调整,其目的是使米饭温度内外一致。取淋缸内温水复淋的水温也要根据下缸品温及室温而定,其间的关系如表 2-7 所示。

表 2-7　淋水及复淋水用量、复淋水与室温的关系

| 室温/℃ | 淋饭用冷水量/kg | 复淋用温水量/kg | 复淋水温/℃ | 淋水后饭温/℃ |
|---|---|---|---|---|
| 10~15 | 60 | 30 | 50~60 | 34~36 |
| 15~20 | 60 | 30 | 40~50 | 32~34 |
| 20~25 | 60~90 | 30 | 30~40 | 25~32 |
| 25 以上 | 105 | — | — | 25 以下 |

（5）落缸搭窝：称好每缸所用各种曲的重量，边下饭边撒曲，然后用手翻拌均匀。用木棍在缸中央摇出一个"U"形窝，冬季窝要小些，窝口直径约 20cm，夏季窝要大些，窝口直径 25cm。用手将窝表面轻轻抹平，以不使饭粒下塌为准，再用竹扫帚扫去缸壁所附着饭粒，用湿布擦净缸口，插入温度计，盖上缸盖。冬天注意保温，室温与落缸品温的控制很重要。表 2-8 是沉缸酒落缸搭窝品温的控制情况。

表 2-8　沉缸酒搭窝时温度的控制

| 室温/℃ | 10~15 | 15~20 | 20~25 | 25 以上 |
|---|---|---|---|---|
| 落缸后品温/℃ | 32~34 | 30~32 | 28~30 | 28 以下 |

（6）第一次加酒：落缸 12~24h 后，饭粒上开始有白色菌丝生长，缸中已开始较旺盛的酒精发酵，发出二氧化碳嘶嘶冒出的声音。用手轻轻地压一下饭面，就有气泡外溢，同时饭面下陷，饭粒已无强度而似已分解成空壳，窝内已有糖化液出现，略带酒味，最高品温可达 37℃。36~48h 后，窝中聚积糖液 4/5，酒精含量 3%~4%。加第一次白酒前将称好的红曲倒入另一缸内，加 100% 清水洗涤，清除孢子、灰尘和杂质，立即倒入箩筐内淋干。加酒时先把淋干红曲均匀地分放各缸，倒入配料规定量的 20% 的白酒（每缸约 5kg），用手翻拌均匀，擦净缸壁，测定品温，加盖保温。

(7)翻醅:加酒后约24h(气温高时约12h)进行第一次翻醅,然后用手将缸内四周的醅盖压入液下,把中心部位的醅盖翻向四周,使中央形成一个锅形洞。上、中、下品温差别在2℃以下。室温在25℃以上时每天翻两次,室温在25℃以下时,应每天翻一次。翻醅时间要根据经验掌握,这时醅液逐渐变甜,酒的辣味减少。

(8)第二次加酒:落缸后7~8d(秋、夏季5~6d)酒醅温度在28℃以上,酒精含量9% VoL以上,总酸0.5g/100mL左右时,即可第二次加酒。将剩余的80%的白酒(每缸约20kg)倒入醅内搅拌均匀,擦干缸壁,加盖密封。如发酵缸下酒不够用,可并缸或分装于清洁酒坛中。加盖后用两层漆纸扎紧坛口,堆叠整齐。

(9)养醅、熟成:加完第二次酒后进行熟成,使微弱的糖化发酵作用持续进行,产生芳香成分,消除强烈白酒气味,增加醇香、柔和及协调感。养醅时间根据气温灵活掌握,一般在40~60d。当酒醅糖度达到25%~27%,酒精含量降至20% VoL以下,酸度上升到0.4%左右时,即可压榨。熟成期间不宜经常开启,更不应搅动酒醅,以免感染杂菌。

(10)抽酒:发酵好的酒醅用泵或勺桶送入另一个已灭菌的架在空缸上的分离筛内,使酒液与糟分离,糟送去压榨。

(11)澄清:将抽出以及压榨的酒液都泵入澄清桶内,加酱色,搅拌均匀,静置5~7d,泵入贮桶内,灭菌,沉降的酒糟最后进行压榨。

(12)沉淀:将抽出和压出的酒液一起泵入沉淀桶内,根据酒色每50kg酒液加糖色0~70g不等,搅拌均匀,静置5~7d,将上部澄清透明的酒液泵入贮酒桶内灭菌。沉淀物压榨。

(13)煎酒、灭菌、装坛:将贮酒桶内经沉淀的清酒液泵入管式灭菌器内,开启蒸汽阀门,注意调节酒液流量,使热酒管的温度达86~90℃。灭菌后的新酒装入已洗净并经严格灭菌的酒坛内,每坛盛酒25~30kg,坛口立即盖上瓦盖,以减少挥发损失。待坛内酒温稍冷时

（一般是第二天早晨），取下瓦盖，加上木盖，用三层棉纸、三层板纸涂以猪血石灰浆密封坛口，并在坛壁标注生产日期、成酒日期、皮重、净重后进库贮存。

（14）陈酿：为了提高酒质，使糖、酒、酸成分协调，增加酒的醇厚感，必须经较长时间的贮存，沉缸酒一般贮存期为三年。贮存过程应经常（最好每季）检查一次贮存库，检查酒坛有无渗漏，以便及时更换或改正。贮存库要求干燥、通风，无直射阳光。

（15）勾兑、包装：将每批不同质量的酒进行勾兑。勾兑好的酒装入预先洗刷干净并经严格灭菌的瓶中。

【产品特色】

本品呈琥珀色，色泽鲜艳，酒香浓郁，风味独特，饮后余味绵长，糖度高而无黏甜感。

## 四十三、蜜沉沉酒

蜜沉沉酒是福建省福安的特产，其酿制工艺始于清朝乾隆年间，迄今已有 300 余年历史。因初饮之时，香甜可口，喝多之后，沉沉若醉，故得名为"蜜沉沉"。广大群众中流传着这样一首赞颂它的诗歌："韩城佳酿蜜沉沉，香甜醇和醉梦乡，若问不堪成玉液，更往何处取琼浆。"这首福安民谣，道明了历史上福安蜜沉沉酒的风味特色和珍贵。此酒色泽金黄，清晰透明，清香馥郁，甜蜜爽口，回味绵长。饮用后沉沉若醉，醇醇如蜜。酒液中含有人体所必需的多种氨基酸，营养丰富，具有舒筋活血，滋补强身之功效。后来，蜜沉沉酒经酿造工人加以发掘和技术上的改进，1956 年被评为省名酒，荣获银质奖章。此后在历届省评酒会上保持名酒称号。

【主要原料】

糯米、土白曲、46 度米烧酒、水适量。

【工艺流程】

原料选择与处理→浸米→蒸饭→拌曲糖化→合盘发酵→抽酒→澄清→压榨→封缸陈酿→成品

【工艺要点】

（1）原料选择与处理：挑选无病虫害,无腐烂霉变的优质糯米。

（2）浸米：把称好的糯米倒入木桶内,加水至水层高出米面 20cm 左右。气温在 20~25℃,浸米 6~8h;气温在 10~15℃,浸米 8~10h。浸米标准是米粒吸水透心,用手捏米能碎为准。

（3）蒸饭：将浸米捞入竹篓内,把它放在冲洗架上,用清水从上面冲下。先冲中间,再冲四周,至篓底出水不浑浊,以清水为准。适当沥干后,将糯米放入蒸笼内摊平,使米粒保持疏松。先开少量蒸汽,当看到笼内局部冒泡时,用米耙将米推到蒸汽冒出的饭面,逐层加料,汽上一层加一层米,当加完整个笼面并全部均匀上汽后,将笼盖盖上再蒸 8~10min。蒸至米饭富有弹性,以手捏米,里外一致,无白心。

（4）拌曲糖化：趁热称取相当 15kg 米蒸出的饭,倒入淋饭桶内,抬放淋水台上,先冲三桶水,回冲一桶热水（经冲淋热饭的水,约40~50℃）,此淋饭方法当地称"三一回汤法"。经淋水后,品温降至 25~28℃,可以在固定的拌曲盆内进行拌曲,每盘按米量的 26% 加入土白曲,拌曲一定做到均匀。拌完后,倒入另一个盘缸内,把饭向四周拨开,中间留 10~12cm 的空洞,盖上竹制盘盖,即送入糖化房,糖化温度在 30~34℃。冬、春季,盘缸四周要用草垫或麻袋保温,经 36h 左右,就有酒酿,达空洞的 3/4 时,说明酒酿成熟,此时可合盘发酵。

（5）合盘发酵：按每三盘合并在 250kg 的酒缺内,这叫合盘。按每 50kg 醅加入 46 度的糯米白酒 47kg,用手把饭团搅碎翻匀,盖上木制缸盖,用有光纸刷上柿浆封好发酵。

(6)抽酒、澄清、压榨、封缸陈酿:重酿约经 60d,酒糟沉于缸底。这时可以抽酒压榨。方法是抽出上层澄清酒液,放置再澄清。余下酒醅装入榨袋用麻绳捆好,逐一整齐叠放在酒榨内,而后盖上榨盖,小心架上杠杆,并视出酒情况添加榨石,压榨 3 ~ 5h 后,可将榨石取下揭去榨盖,再将榨袋上下左右翻动对换重叠于酒榨内,再行压榨,待酒液榨尽即可。榨出新酒于陶瓷容器内贮存澄清陈酿。时间 1 ~ 1.5 年以上即成。

【产品特色】

本品呈金红色,清亮透明,口感清甜如蜜;气味芳香。

# 四十四、闽北红曲黄酒

中国酿造红曲酒有着千年历史,红曲酒是纯天然饮品,口感好,有着特殊的保健养生功效。

【主要原料】

糯米 20kg、红曲 2kg、水 30kg,以上原料为一缸用量。

【工艺流程】

原料选择与处理→浸米→蒸饭→摊饭→落缸→搅拌→后发酵→压榨→澄清→中和→煎酒→装坛→封口→成品

【工艺要点】

(1)原料选择与处理:挑选无病虫害,无腐烂霉变的优质糯米,洗净备用。

(2)浸米:糯米浸渍时间视米质、室温、水温不同而定。生产上规定:室温在 10℃以下,浸渍 12 ~ 16h;11 ~ 20℃,浸渍 8 ~ 12h。浸米水位高于米层 9 ~ 15cm。米浸入水后,四周加以搅拌,并捞去上浮杂质。在蒸饭前 0.5h,将米捞入竹箩内,并用清水淋洗至无白水流出为止。每缸浸米 50kg。

（3）蒸饭:蒸饭时分批上甑,待蒸汽透面时,逐渐加料,至每甑米加完,全面透汽,再闷盖 10~15min,抬出摊凉。

（4）摊饭:先将竹簟上洒少许冷水,以免粘住饭粒。然后将蒸好的饭铺在竹簟上摊匀,时加翻拌散热,并根据气温决定落缸品温。当室温在 8℃ 以下时,饭摊凉要求品温为 65~80℃;当室温在 9~15℃ 范围内时,饭摊凉要求品温为 45~60℃;当室温在 16~23℃ 范围内时,饭摊凉要求品温为 25~40℃。

（5）落缸:先将酒缸用蒸汽杀菌,然后灌入清水,放入红曲,先浸渍 2~3h,再将摊凉的饭灌入缸中,待 3~5min,用手伸入缸内,将曲、饭上下翻拌,捏碎团粒,此时红曲又浮出饭面,再用饭粒盖住。落缸品温在 26℃ 左右。

（6）搅拌:落缸后 24~72h,缸面已呈馒头状,并有裂缝,饭粒松软,酒气刺鼻,此时便可搅拌了。视气温变化每日搅拌 2~3 次。7d 后,品温与室温已相近。此后每日只需搅拌一次,待糟粕全部沉底便停止搅拌。一般气温在 5~15℃,品温最高时可达 28~34℃。

（7）后发酵:后发酵期可达 70~100d 之久。

（8）压榨:将发酵完毕的醪液倒入大酒桶中,插入抽酒竹篓,经 2~3h 后,酒液便从竹篾间隙流入篓内,用手桶将篓内酒液抽出。剩余的灌入一只绢袋中,将袋口余绢打个挽髻,堆叠在酒榨的榨箱内,务求整齐均匀。然后用流出的酒液冲洗袋面残糟,先利用其本身重力流出酒液,然后加上箱板、枕木及榨杠,再逐渐在榨杠尾端处悬挂石块,压榨 3~5h,直至酒液不呈细流时,即可停榨。倒出糟粕供洗糟用。

（9）澄清、中和:榨出的酒液让其静置澄清,酒渣回收重新榨酒,将清液倒入木桶中加石灰中和处理。视酒的酸度决定用量,一般冬季不用亦可,而春末夏初酒液用量较多。但是生产上用石灰已成为习惯,有时酸度不高也放入少许石灰以助口味。

(10)煎酒、装坛、封口:灌坛煎酒前用布将中和后的酒液杂质滤除,煎酒法与一般黄酒相同,煮沸酒液趁热灌入酒坛中,坛口用白笋叶、花壳叶(全系竹叶,前者发脆,后者性软)各数张,用小竹篾扎紧,然后用砂土和猪毛拌和密封坛口,约经一个夏季便可饮用。

【产品特色】

本品呈琥珀色,澄清透明,口感绵甜、香醇,无杂质异物。

## 四十五、浙江乌衣红曲酒

浙江乌衣红曲酒主要分布在温州、金华、丽水、义乌、衢州等地区。

【主要原料】

大米、乌衣红曲、水。

【工艺流程】

原料选择与处理→浸米→蒸饭→摊饭→落缸→酒母制备→发酵→压榨→煎酒→成品

【工艺要点】

(1)原料选择与处理:挑选无病虫害,无腐烂霉变的优质大米,过筛取出碎米,洗净后备用。

(2)浸米:浸米前先将碎米筛除,再行浸渍。将大米倒入瓦缸,加水高出米面 6cm 为宜。浸米时间早籼米为 48h,粳米、糯米为 24 ~ 36h,可根据气温高低缩短或延长浸泡时间。除去米表皮含有的糠、秕杂质。浸渍后的米捞入竹箩内,用水冲洗至流出清水为止。

(3)蒸饭:每甑大约装晚粳米 37.5kg,开始蒸。待蒸汽全面冒出,加盖蒸 5min 后,淋水 5 ~ 7.5kg,温度 40℃ 以上。淋完后再加盖蒸 5min,如蒸米仍有未蒸透的白心,将蒸米翻拌一次,再蒸 5 ~ 10min 出锅。

早粳米及籼米的米质更硬,待蒸米全面透气,再加盖蒸5min后,将木甑抬起,浸入40℃温水缸中浸2~3min,时间不可过长,否则蒸米会过于软化。然后在甑面上加冷水,将甑架在木架上,沥干。再加盖重蒸至蒸汽全面冒出后约5min,再翻拌一次,加盖再蒸5min即可出甑。如果在早粳米或籼米浸水时不用温水,改为冷水,饭粒突然遇冷水就会急剧收缩,使水不能迅速渗入米内,延长吸水时间。为了提高产酒率,蒸好籼米、粳米是首要问题,实行双渍双蒸法是较好的工艺条件。

(4)摊饭:饭蒸熟立即将饭摊在竹席上,用耙耙散,其摊冷要求品温,应根据气温来决定,以落缸后品温达到26℃为准。

(5)落缸、制备酒母:先将发酵用缸用石灰水、沸水灭菌,再用清水洗涤数次后使用。一般落缸前采用浸曲酒母法制备酒母。即用5倍曲重的清水浸渍数小时,浸出曲中的淀粉酶等酶,进行曲中淀粉的糖化,以备曲中酵母繁殖所需的糖分,同时酵母也利用此糖分进行酒精发酵,产生酒精,防止杂菌的滋长。因此将发酵醪温调整到24~25℃,促进酵母的生长,同时可以看到二氧化碳气泡逐步由大变小,24h为大泡,36h为小泡,40h已看不到明显的气泡,发酵声已很微弱。经过检测,醪液酸度为0.05~0.09g/100mL,酵母数达0.5~0.9亿个/mL,芽生率达到10%~15%,这些数据充分说明酒母已成。这一阶段的温度变化,从开始到12h内品温由20℃附近升至30℃左右,说明糖化及酵母增殖已经开始,醪液苦涩,略带甜味,浸曲酒母作用已正常进行。至于浸曲酒母阶段的长短,季节影响最大,一般秋夏浸曲要30h左右,不需调节浸曲温度,气温高时还要冷却降温,冬季浸曲40~44h,调节醪温24~26℃。浸曲时为了防止杂菌生长、利于酵母的繁殖,应加入适量乳酸,调节发酵醪pH=4左右。这样既可保障酵母的纯化培养,又可提高酒的风味。

（6）发酵：浸曲酒母备好后，加入摊凉的米饭（或米粉），投入总量控制在32%左右。为了控制发酵温度，有许多厂采取了喂饭操作法，一般在发酵24h后进行，这对提高出酒率和酒的质量有一定作用。前发酵一般在4～5d，整个发酵过程的品温最高不得超过30℃。后发酵温度控制在22～24℃，后发酵时间一般根据气温和检验结果决定，一般为10～15d。具体控制情况，见表2－9。

表2－9  各季节落缸、喂饭、发酵温度的控制

| 季节 | 入缸温度/℃ | 喂饭温度/℃ | 控制发酵温度/℃ | 后酵入罐温度/℃ | 后酵天数/d |
|------|-----------|-----------|----------------|----------------|-----------|
| 春 | 26～28 | 24～22 | 28～30 | 26～27 | 6～8 |
| 夏 | 24 | ≥0 | 28～30 | 26～23 | 12～15 |
| 秋 | 24 | 20～22 | 28～30 | 23～23 | 8～16 |
| 冬 | 24～26 | 24～26 | 28～30 | 24～26 | 6～8 |

（7）压榨、煎酒：同一般米酒操作。

【产品特色】

本品呈红褐色，酒体清亮，有光泽，无明显悬浮物，具有黄酒特有的风味。

## 四十六、陕西秦洋黑米酒

陕西秦洋自古盛产黑米。黑米被誉为"世界稻米之王"，相传为西汉著名外交家张骞在洋县、城固交界的渭水河畔所发现并选育而成。史载已有3000多年的栽培历史。它不仅以颜色奇特、香气诱人而见长，更以其所含营养丰富，具有滋补药疗作用而著称，故成为历代王朝宫廷之贡品。由于珍稀名贵，故又有"黑珍珠"之美称。

陕西秦洋黑米酒，就是选用当地特产的优质黑糯米为原料酿制而成。其酒色晶莹透亮，醇和香柔，馨芳袭人，味鲜丰润，酸甜适口，

后味爽快,风味独特,营养丰富。

【主要原料】

黑糯米 55kg、大曲 5.5kg、麸曲 1.1kg、酒母 4.4kg、水 110kg,以上原料为一缸用量。

【工艺流程】

原料选择与处理→浸米→蒸饭→摊饭→入缸→发酵→压榨→煎酒→成品

【工艺要点】

(1)原料选择与处理:挑选无病虫害,无腐烂霉变的优质黑糯米,过筛取出碎米,洗净后备用。

(2)浸米:于 14 ~ 24℃水温浸渍 24 ~ 48h。

(3)蒸饭:蒸饭时分批上甑,待蒸汽透面时,逐渐加料,至每甑米加完,全面透汽,再闷盖 10 ~ 15min,抬出摊凉。

(4)摊饭:先将竹簟上洒少许冷水,以免粘住饭粒,然后将蒸好的饭铺在竹簟上摊匀,时加翻拌散热,并根据气温决定落缸品温。当室温在 8℃ 以下时,饭摊凉要求品温为 65 ~ 80℃;当室温在 9 ~ 15℃ 范围内时,饭摊凉要求品温为 45 ~ 60℃;当室温在 16 ~ 23℃ 范围内时,饭摊凉要求品温为 25 ~ 40℃。

(5)入缸:先将酒坛用蒸汽杀菌,然后灌入清水,放入大曲先浸渍 2 ~ 3h,再将摊凉的饭灌入坛中,待 3 ~ 5min 后,用手伸入坛内,将曲、饭上下翻拌,捏碎团粒。落缸品温在 26℃ 左右。

(6)发酵:一般前发酵期为 7d,酒度达到 12%,总酸在 0.47% 以下,还原糖为 0.22%。

其他操作与一般米酒工艺相同。

【产品特色】

本品呈棕(黄)褐色,清亮透明,有光泽;具有黑米酒独特的香味,醇香柔和。

## 四十七、山东兰陵美酒

山东兰陵美酒产于山东苍山县的古兰陵镇。据考证,在3000多年以前,商代甲骨文中就有"鬯其酒"字样,即用黑黍米酿酒,这就是兰陵美酒的前身。春秋时代,兰陵又名东阳,兰陵美酒又叫东阳酒。到唐朝,兰陵美酒的制作工艺已经相当完善,而且质量和数量也相当可观。不但在本地及山东省内畅销,还畅销数千里之外的西安、洛阳等大城市。那时全国许多城镇的酒店为了装璜门面,招揽顾客,都在店前高高挂起"兰陵佳酿"的招牌。大诗人李白喜饮此酒,曾赋诗赞道:"兰陵美酒郁金香,玉碗盛来琥珀光。但使主人能醉客,不知何处是他乡。"诗为酒发,酒因诗名,从此之后,兰陵美酒更加驰名四海。

水土是决定酒品好坏的一个重要因素。传说兰陵的地下水,很久以前会定期变成酒,只要把水从地下汲出,不需任何加工,便是上等的好酒。现代科学证明,兰陵的地下水分碱、甜两种。碱水含有多种矿物质,人不能饮用,专供造酒。当地俗称"围里"的地方,水都是碱水,而一墙之隔的圈子外,就是甜水,甚为奇特。为探索其奥秘,造酒工人曾在兰陵及离兰陵4公里的横山做对比试验。两地酒工对换蒸酒,结果两地酒味区别明显,足以证明兰陵酒得天独厚的水源优势。

兰陵美酒具有天然形成的琥珀色泽,晶莹透明,醇厚可口,回味悠长。可谓色香、味美。兰陵美酒是一种具有养血补肾、舒筋健脑、益寿强身功能的滋补酒。

【主要原料】

黍米40kg、麦曲12～12.5kg、高粱酒(68.5度)77kg、水90kg,以

上原料为一缸用量。

【工艺流程】

原料选择与处理→浸米→淘米→糊化→散冷→糖化加曲→入缸→搅拌→封缸→撇酒→抽酒→压榨→过滤→澄清→配酒→包装→成品

【工艺要点】

(1)原料选择与处理:黍米有黑色、白色和栗色 3 种颜色,以黑色品质为最好。选用的黍子以当年新黍为最好,要求颗粒饱满,形状整齐,不霉不烂,无秕无糠,光滑鲜亮,淀粉含量在 63％ 以上。过筛取出碎米,洗净后备用。

(2)浸米、淘米:每锅用量 80kg 计,浸渍 1～2h 后,淘洗至水清,沥干余水。

(3)糊化:先将锅内 90kg 水烧开,再将黍米倒入锅内,随即降低火力,以免黏结于锅底,同时不断用铁铲搅拌,约 20min 后,黍米逐渐向上浮起,此时可加大火力,猛烈搅拌,至米粒全部裂开成粥状,再压火力,闷盖煮 30min。

(4)散冷:将煮好的粥用铁铲移入凉箱内(箱长 1.7m、宽 1.2m、深 0.2m,底部和四周均钉上锌皮,置于高 0.6m 的木架上,木架四脚装有滚轴,便于移动)。当粥装入后很黏,随即不断搅拌,使之迅速冷至 55℃,便可加曲。

(5)糖化加曲:用曲必须是储存期较长的中温曲,曲香浓郁,糖化力在 35％ 以上。温度冬季为 55℃,春、夏季为 52℃。用曲量冬季为31.2％,春、秋季为 30％,夏季为 29％。搅拌均匀后,自行糖化 70min。

(6)入缸、搅拌、封缸:将冷却到 40℃ 以下的糖化醪,放在瓦缸内,加入 68.5 度的高粱酒(酒度高,折算后加水补充之),温度控制在25℃ 以上,每缸配料以 40kg 黍米的糖化醪计,加入高粱酒 77kg,搅拌使之均匀,盖好,品温在 31 ~ 33℃。每天搅拌一次,3d 后用泥封缸贮存。存放 4 个月(室温在 20 ~ 25℃,最易澄清)。

(7)撇酒:将头汁酒,上层酒液撇至糟粕 5cm 处,即停止撇酒,将此酒送入澄清室瓦缸内澄清。二汁酒继续撇至接近糟粕为止,此酒倒入另缸澄清。

(8)抽酒:表面酒液撇除后,再分 4 次抽酒。头抽酒:用竹篓,套上布袋插入缸内酒醪中,经过 5d 后,酒液已渗入篓内,将此酒抽出单独存于缸内。二抽酒:再经 7d 后,同上抽酒。三抽酒同上。四抽酒:经过 3 次抽酒后,再将两缸合并一缸,静止 10d 澄清,同法抽酒。

(9)压榨:将抽完酒液的糟粕装入一个布袋里,放入一个压榨桶内,桶底有小孔,上面压以木板,木板上放上大小石块,逐渐增加压力,每日压榨 1 ~ 2 次,直至压不出酒。

(10)过滤、澄清:将以上分出的各批酒澄清 20d,除头汁酒外,其他均要分别过滤。过滤时将洁白的细布摊在铁筛上,架在另一缸上,用瓢轻轻撇出清液于滤布上,其酒继续澄清 40d。

(11)配酒:将经过两个月澄清、过滤后的各批酒,根据质量要求,进行配酒,其配方是:头汁酒 42%、二汁酒 9.4%、头抽酒 24%、二抽酒 11%、三抽酒 2.8%、四抽酒 3.3%、压榨酒 7.5%。

【产品特色】

本品呈琥珀色,纯净透明;口感醇厚,香气馥郁,回味悠长。

## 四十八、麻城东山老米酒

位于鄂、豫、皖三省交界的大别山麻城市农村,每年春秋两季,农家都要酿制"老米酒"。春季酿制的叫"桃花酒",秋季酿制的叫"菊花酒"。一般均自酿自饮,代代相传。据《麻城县志》记载,"老米酒"起源于明朝,数百年来承袭至今。历代文人墨客多盛赞麻城老米酒。

苏东坡在黄州府任职三年,多次来到麻城,与友人陈季常品酒、吟诗。苏东坡诗句中的"酸酒"、"甜酒",指的就是麻城老米酒。其中,仅以城东木子店、黄泥坳、张家畈等地所产"老米酒"质量为最佳。质浓而不伤脾胃,淡而不乏后劲,俗称"东山老米酒"。当地气候温暖湿润,水源充足,盛产糯米,适宜酿造"老米酒"。一为自饮,二为待客。近年来"老米酒"还销到全国各地。老米酒色似海棠,香如蜜,甘甜可口,味醇厚。冬饮驱风去寒,夏饮提神健脑。具有养颜益寿,滋阴补阳,舒筋活血等功效,因此深受消费者喜爱。

【主要原料】

糯米、酒曲、水。

【工艺流程】

选料清洗→浸料→蒸米→拌曲→发酵→取酒→陈酿→成品

【工艺要点】

(1)选料清洗:选择当地无病虫害的糯米,除去沙粒等杂质,洗净,沥干水分,备用。

(2)浸料:沥干后的米粒用清水浸泡。一般浸泡时间为 8~12h。

(3)蒸米:多用木甑蒸米。装甑前,应将空甑蒸热。然后将浸泡好的糯米装入甑内,大火蒸料。待上大汽后,往料中洒热水 2~3 次,以增加米层内的含水量,使米粒熟透,有香味散出即可。通常要求"外硬内软,内无生心,疏松不糊,透而不烂,均匀一致"。

(4)拌曲:将蒸好的原料出甑倒入干净的盆内,让其自然冷却。也可以将原料装于干净的竹制筲箕内,架于水槽上用冷开水淋饭,以洗去黏性,降温至30℃左右。同时拌入事先准备好并研磨成细粉的曲种,一般用曲量为糯米干重的0.5%~1.0%,充分拌匀。将拌合曲粉的料装于底部有一层曲水的缸内,按紧压平,料面中间打一孔,略向下凹陷,以增大与空气的接触面,同时往缸内加入少量冷开水,以不完全淹没料层,使料层呈半浸泡状态为宜。

(5)发酵:料经拌曲后入水缸,加水后呈半固态状态发酵。于缸上盖一层干净的塑料薄膜和多层纱布,再以松紧橡皮筋扎紧缸口,让其在发酵室内发酵。发酵室一般不必升温。

(6)取酒:室温下,一般7~10d,即可先后多次取酒。第一次取酒的酒俗称"糊子",酒度较高,每100kg原料粮可出酒50kg左右。第一次取酒后,应往发酵料缸中加入少许凉开水,酿制5~7d后可再次取酒,一次投料,可取酒3~5次。但往后取的酒略比刚开始取的酒汁、酒度均要低。农家取酒时,多用一四周封闭的蔑制筒状物插入酒缸中央酒酿,蔑筒较密,酒糟不能进入筒内、用取酒提子从筒内向外取酒。

(7)陈酿:陈酿前应将前后多批取出的酒汁混合,盛于另一缸内,于15~18℃下静置发酵20~30d,使新酒中的各种成分进一步发酵,成熟,同时也得到澄清,香甜味醇,色泽清亮的"老米酒"。成品"老米酒"原酒度可达8~15度。

【产品特色】

本品色泽清亮,香甜味醇,质浓而不伤脾胃,淡而不乏后劲。

## 四十九、湖北孝感米酒

孝感米酒是湖北省的传统的地方风味小吃,具有千年历史,选料考究,制法独特。它以孝感出产的优质糯米为原料,以孝感历史承传的凤窝酒曲发酵酿制而成。孝感米酒白如玉液,清香袭人,甜润爽口,浓而不黏,稀而不疏,食后生津暖胃,回味深长。

相传,清末,孝感县城有一人开了一家"鲁源兴米酒店",经营糊米酒。有一年夏天天气炎热,制作糊米酒的汤圆浆发酵了,老板鲁幼佰,准备将发酵的米浆倒掉。这时来了一位老顾客要碗汤圆米酒,鲁老板说:"对不起,卖完了。"可是眼尖的顾客却瞅见了发酵过的米浆说:"那不是还有吗?"鲁老板只好说不能吃,那位顾客说:"没事儿,我口渴的厉害,先给我来一碗,吃坏肚子了算我倒霉。"鲁老板只好煮了一碗端了过去。可谁知那个老顾客品尝了一口,连声道好。鲁老板不信,自己过去试着尝了一口,发觉口感与以前不同,更醇香。就这样,无意中创出一个百年品牌来。

【主要原料】

糯米、酒曲、水。

【工艺流程】

选料清洗→浸米→洗米→蒸米→淋饭→拌曲发酵→冲缸→后发酵→米汁分离→调配→包装→成品

【工艺要点】

(1)选料清洗:选择无病虫害的糯米,除去沙粒等杂质,洗净,沥干水分,备用。

(2)浸米:一般浸泡时间为24h。

(3)蒸米:采用蒸笼蒸饭,一般20min即可,使米饭松散、不粘连。

(4)淋饭:蒸好的米饭,用冷水冲淋至24~27℃即可。

(5)拌曲发酵:米饭温度控制在27~30℃,均匀一致。在饭中拌曲,曲用量为米饭的0.25%。拌匀后将米饭做成喇叭状,撒一些曲粉,进行糖化发酵。

(6)冲缸:为稀释发酵酿醅,便于酒精发酵,在糖化发酵过程中加入冲缸液进行冲缸。

(7)后发酵:冲缸后封缸,进行后发酵。

(8)米汁分离:将酿醅中的米粒与汁液分离开,米粒漂烫后,滤汁及漂烫汁过滤后备用。

(9)调配:将米粒和汁液及其他配料进行调配。

【产品特色】

本品清香袭人、甜润爽口,浓而不黏,稀而不疏。

## 五十、嘉兴甜水酒

嘉兴甜水酒又称甜白酒,是我国传统米酒中的一个半甜型品种,其色泽乳白而浊,酸香较浓,酒度低而性温和,口味爽适,微酸带甜,风味独特。

历史上甜水酒在苏、浙、赣3省的产量较大,除城镇酿造外,乡村都普遍自酿,并以此代茶饮用。夏天具有解渴清暑的作用,冬天兑入姜片热饮,则可收到和胃活血,暖体健身的功效。它是新春佳节及喜庆宴席,亲朋好友相聚必备的饮料佳品,深受人们的喜爱。

【主要原料】

糯米75kg、甜酒药0.125kg、水135kg、糖精0.006kg,以上原料为一缸用量。

【工艺流程】

原料选择与处理→浸米→蒸煮→淋水→搭窝→并缸→压榨→配料→煎酒→灌坛→成品

【工艺要点】

(1)原料选择与处理:选择无病虫害,无腐烂霉变的优质糯米,洗净除去沙粒等杂质,沥干备用。

(2)浸米:每四缸酒的原料糯米合浸一缸,加水以高过米面6cm为宜,浸渍10～12h。

(3)蒸煮:放平蒸桶,待水煮沸后,将浸米徐徐倒入蒸桶内。两箩盛一桶(折合糯米85kg),让米面全部透汽后,闷盖5min便可掀盖取下。

(4)淋水:要求淋后品温控制如下,室温5～10℃时,饭温为32～34℃;室温11～15℃时,饭温为31～32℃。

（5）搭窝：每缸拌入酒药，搭窝后室温在 5～10℃，要求品温 31～32℃；室温 11～15℃，要求品温 30～31℃。缸用草席保温。

（6）并缸：拌缸搭窝后 4d，饭窝已下落，此时即可将三缸或四缸甜酒酿合并成一缸，用手翻拌，加草盖让其静置继续糖化。

（7）压榨：大约经过 20d，便可用木榨压榨。

（8）配料：经压榨所得的甜酒酿，以每缸原料米计，加入水 135kg，糖精 6～7g 调匀。

（9）煎酒、灌坛：甜酒酿经加水后，将其煮沸、灌坛，便可。

【产品特色】

本品色泽乳白而浊，酸香较浓，口味爽适，微酸带甜，风味独特。

## 五十一、即墨老酒

即墨老酒是中国古典名酒之一，其酿造历史可上溯到 2000 多年前，有正式记载是始酿于北宋时期。其风味别致，营养丰富，酒色红褐，盈盅不溢，晶莹纯正，醇厚爽口，有舒筋活血、补气养神之功效。即墨老酒产于山东即墨县，古称"醪酒"。据《即墨县志》和有关历史资料记载：公元前 722 年，即墨地区（包括崂山）已是一个人口众多、物产丰富的地方。这里土地肥沃，黍米高产（俗称大黄米），米粒大、光圆，是酿造黄酒的上乘原料。当时，黄酒称"醪酒"，作为一种祭祀品和助兴饮料，酿造极为盛行。在长期的实践中，"醪酒"风味之雅，营养之高，引起人们的关注。即墨老酒属黄酒类，有着悠久的历史。传说战国时，齐国田单以火牛阵大破燕军，当地农民就是以黄酒犒劳将士，鼓舞其杀敌取胜的斗志。即墨黄酒中尤以"老干榨"为最佳。其质纯正，便于贮存，且愈久愈良，系胶东地区诸黄酒之冠。后据即墨"老干榨"历史久远、久存尤佳的特点，为便于同其他地区黄酒的区别，遂改称"即墨老酒"。此名延用至今。

【主要原料】

黍米45kg、麦曲5.5～6kg、酒醪0.5～1kg、清水10～21kg,以上原料为一缸用量。

【工艺流程】

原料选择→洗涤→烫米→浸渍→煮糜→冷却→拌曲→发酵糖化→压榨→熟成→澄清→包装→灭菌→成品

【工艺要点】

(1)原料选择:选择无病虫害,无腐烂霉变的优质糯米。

(2)洗涤:将黍米放入瓦缸(口径76～87cm,底径28cm,高85cm)中,同时注入适量清水,水量距缸口23cm。用木锹搅动,使米翻动起来,洗涤。用笊篱捞出水面上的漂浮杂物,再用两把笊篱循环地把米捞到另一缸内。缸中先加清水10～21kg。

(3)烫米:注入沸水78kg,并用木楫急速搅匀,进行烫米,如果烫米不好,在煮糜时米粒会蹦出锅外。待水温降至44℃左右(夏季应较低些),即可进行浸渍。如果不进行降温,直接加入冷水浸渍,米粒就会急剧收缩而发生开裂现象,暴露出淀粉,造成淀粉损失。

(4)浸渍:为了使黍米充分吸水,根据季节掌握浸渍的时间和温度以及换水次数,表2－10就是浸渍的操作条件。

表2－10 按季节掌握浸米时间、温度及换水次数

| 项目 | 春季 | 夏季 | 秋季 | 冬季 |
|---|---|---|---|---|
| 浸渍水初温 /℃ | 35～40 | 33～35 | 35～40 | 40～44 |
| 换水次数 | – | 2～3 | 1～2 | – |
| 浸渍时间 /h | 18～20 | 8～12 | 18～20 | 22～24 |

(5)煮糜:煮糜的主要设备是传统的锅灶,一般有多组,每组设有煮糜锅和烧水锅各一口。煮糜锅设在灶的前端,锅的口径103cm,深

约43cm,锅底距炉底栅27cm,恰好装50kg黍米,灶的后端设有煮水锅,口径89cm,深34cm。锅灶上方装有木制烟雾排出道,以利煮糜时抽吸弥漫的烟雾,改善操作环境。

在煮糜锅中先加入清水115~120kg加热至沸,把浸米逐次加入,约20min加完,开始先用猛火熬,不断地用木楫搅拌,直至米粒出现裂口,有黏性,此时要改用铁铲继续不断地搅拌。注意铲锅底及锅边附近所粘的糜。约经2h,黍米由黄色逐渐变成棕色,而且产生焦味,此时即应将锅灶的火势压弱,并用铁铲将糜向上掀起,以便散发烟雾及水汽,这样持续2~3min即可迅速出锅。整个煮糜过程需2h。

(6)冷却:煮好的糜放在经过开水烫过的浅木槽内,用木楫翻拌,促使其冷却,待温度降至35℃,即移入用开水灭过菌的发酵缸中拌曲。

(7)拌曲、发酵糖化:用麦曲为砖状的小麦大曲,需进行一年陈贮。破碎成较大的小块,对水分大的曲,在煮糜锅内翻拌焙烤30min,除去水分,并消除残存的产酸菌,同时也进行轻度的焦化。然后用石磨磨成粉末,取5.5~6.0kg,加入装有蒸糜的发酵缸内,同时加入发酵旺盛的酒醪0.5~1kg,作为接种引醪酵母的引醪。混拌均匀,盖上稻草编成的缸盖,外覆麻袋进行保温,进行复式发酵。这时的品温一般控制在28~30℃,经过24~48h,品温上升至35℃,即进行第一次打耙。将浮起的醪盖压入醪液中,揭去保温物。又经8~12h,再进行第二次打耙。将缸盖掀起或去掉。一般经过7d发酵即告成熟,即可进行压榨。

(8)压榨、熟成、澄清、包装、灭菌:使用木榨,榨出清酒。经过澄清和加热灭菌,泵入陈贮罐,经过90d的熟成,装瓶、灭菌后即成。

【产品特色】

本品呈红褐色,酒体透明,有焦香味,口感微苦而爽口。

## 五十二、山西汾州黄酒

山西汾州黄酒,色泽金黄、透明,有浓郁的芳香,酒香醇厚,微苦涩。酒度为 22% ~24%,糖分为 18% ~20%,总酸为 0.4% ~0.7%,是别具一格的甜型米酒。

山西汾州黄酒是以优质黄米为主料,小麦曲为糖化剂。其工艺特点是:清蒸黄米时加点新鲜花椒水,入缸时内加高粱大曲酒,经陈酿 40d 干榨出酒后储存一年左右再装瓶,故其酒味特殊。经有关部门化验,此酒含有对人体有益的 16 种氨基酸,具有补中益气、舒筋活血、抵御风寒之功效,是烹饪调味和佐餐中,不可少的佳品。

【主要原料】

优质黄米、小麦大曲、高粱大曲白酒、新鲜花椒水(每 50kg 水,加花椒 0.0937kg,开锅 10min 以上)。

【工艺流程】

原料选择与处理→浸米→蒸饭→凉饭→入缸→发酵→陈酿→压榨→煎酒→成品

【工艺要点】

(1)原料选择与处理:挑选无病虫害,无腐烂霉变的新鲜黄米(随碾随用)50kg,洗净后备用。

(2)浸米:加水浸泡,冬季 7d 后淘米,清水冲净。

(3)蒸饭:将泡好的黄米装锅,以汽蒸 40min 后,加花椒水约 6kg,同时将米上下翻拌,再蒸 20min,再加花椒水 6kg,并翻拌(视黄米饭软硬程度而定,两次加水 12.5 ~15kg 左右),继续蒸 20min,共蒸 80min。

(4)凉饭:将蒸好饭出锅后放在凉床上,迅速揉搓降温,当温度降到 26 ~27℃(冬季略高)时,加大曲 6kg,搅拌,入缸发酵。

(5)入缸:在清洁的大缸内,加高粱大曲酒 5kg,再加入凉饭,拌匀,入缸品温 26 ~ 27℃。

（6）发酵、陈酿：发酵室温 26 ~ 28℃,发酵 4d 左右,再加高粱大曲酒 30kg（二次共 35kg）,陈酿 45d 以上。

（7）压榨、煎酒：用丝绸袋装成熟醅,木榨榨酒。以 80℃ 煎酒 30min,过滤,包装,成品。

【产品特色】

本品色泽金黄、透明,有浓郁的芳香,酒香醇厚,微苦涩。

## 五十三、广东兴宁珍珠红酒

广东兴宁珍珠红酒因采用上等珍珠糯米为原料,制出的酒红艳有光泽,因而得此佳名。已有数百年悠久历史,明代《幼学琼林》中就有"葡萄绿、珍珠红皆为名酒"的记载。本酒的酿造工艺早就流传于广东省东北部讲客家话的乡村城镇,又有"客家酒"之称呼。而"客家"则是中世纪中原人移居广东的称呼,可能与古代的珍珠酒有一定的关系。

【主要原料】

糯米、酒药、统糠、铁马鞭、大米白酒、水。

【工艺流程】

酒药的制备
↓

原料处理→浸米→洗米→蒸饭→淋饭→入缸搭窝→加酒→榨酒→煎酒→陈酿→勾兑→成品

【工艺要点】

（1）酒药的制备：先将铁马鞭晾干粉碎,加水浸泡一夜,倒入已按比例配好的原料（米粉 85%,统糠 15%,铁马鞭 3%,水 50%）,充分搓匀,分批倒入特制木框中,用滚筒压实,然后用刀切成小四方块,放入筛子上摇成圆粒,撒上严格选好的上等贮存的酒药粉,用量为1%,摇匀。将接种好的圆粒置于竹筛上,按品字形堆叠起来,并用棉被覆盖保温,夏天经16~20h后,品温升到37~38℃;冬天则需要20~24h。然后将竹筛平放在曲室的竹架上,保持室温在30~31℃,继续培养40~48h。待丸状酒药醅上已布满白色的菌丝,并发出特有的香气时,即可出曲,在阳光下晒干,使含水量达到12%~14%。如遇阴雨天气则用火烤的办法,必须迅速令其干燥,最多不得超过7d,以免在贮存时发生霉变。优质的酒药应是雪白色外观,无其他颜色斑点,并有独特的香气,松紧度适中。

(2)原料处理:将选好的糯米过筛,除去糠秕和碎米,保证浸渍时吸水均匀一致。

(3)浸米:倒入浸米缸内,加水至没过米面8~10cm。浸渍时间一般夏季为2h,冬季为6h,就可达到浸米要求。

(4)洗米:捞入竹箩,再用清水冲洗,沥净余水。

(5)蒸饭:分批倒入甑内,通蒸汽蒸煮,在蒸汽透过米层部位,加入下一批米,待蒸米倒完,圆气焖饭数分钟,即可出料。蒸饭捻开无白心即好。

(6)淋饭:蒸饭铲入箩筐内,用清水淋饭降温,同时淋去饭粒黏物质,降温至28~30℃,即可入缸。

(7)入缸搭窝:淋干的饭倒入拌料床上,加入酒药粉(0.4%~0.5%)充分拌匀,放入发酵缸内,按常规进行搭窝,务必使窝疏松。每缸(容量为220L)可放70kg糯米的饭。缸底窝直径约10cm,搭好窝后撒一些酒药粉,加稻草缸盖,冬季还需覆盖保温材料,防止窝温下降。经20~24h,酒药中的根霉迅速繁殖起来,进行糖化,生成糖化液,酵母获得糖分也迅速繁殖,进行酒精发酵,产生热量,品温逐渐升高,糖化及酒精发酵逐步旺盛起来。糖液增加,酒味变浓,控制品温不超过35℃。

（8）加酒：为了抑制酒精发酵，消耗掉大量糖分，加入50度的大米白酒10%（按原料计），经5d，再加入50%的50度大米白酒，搅拌、密封，继续进行糖化而抑制酒精发酵，这样持续进行40～45d。

（9）榨酒：榨酒采用螺旋压榨机，榨饼倒入酒醪，循环榨取酒液。

（10）煎酒：在长期贮存过程中，会因产酸菌的存在而使酒液的酸度上升，达不到陈酿的目的。所以榨得的酒液须进行灭菌，杀灭其中的微生物。灭菌的方法是采用不锈钢的灭菌器，将酒精冷凝下来，并沿回流装置返回。这样持续8～10min的轻度沸腾，就可以达到灭菌的目的。然后调酒度及糖度，冷却之后即可进行陈酿。

（11）陈酿：新熟的酒口味较辛辣，香气不醇，灭菌后在无菌条件下进行陈酿，生成美丽透明的红褐色，因而得珍珠红之名。同时在低温条件下，也生成香气成分，使酒味醇厚，气味芳香而温雅。

（12）勾兑：勾兑也是珍珠红酒生产工艺的重要一环。应当遵循互相取长补短的原则，对不同批次的产品进行调配，以达到珍珠红酒独特风格的要求。

【产品特色】

本品色泽呈红褐色，气味芬芳，蜜甜醇厚，具有陈酒的独特风格。

## 五十四、大连黍米酒

大连黍米酒的生产工艺技术与《齐民要术》中的酿酒技法大体一致，和山东即墨老酒类似，带有浓重的地方色彩。这种黍米酒也多产于胶东半岛和辽东半岛，所需主原料也产于北方，有地方特色。

大连黍米酒，酒性温和、刺激性小、无副作用、风味独特、适宜饮用人群范围广泛，具有御寒祛瘟、活血化淤、通络神经、养肝健胃的功效。

【主要原料】

黍米(小米、糯米)100kg,麸曲 30kg,酒母 4kg,水 500~650kg,以上原料为一缸用量。

【工艺流程】

原料→淘洗→烫米→浸米→蒸饭→冷却→加曲→加酒母→落缸→压榨→配兑→煎酒→成品

【工艺要点】

(1)淘米、烫米:每缸加米 50kg,水温为室温,用木楫淘洗,然后用笊篱取出淘净盛入斗中,沥净余水。再加入清水 25~50kg,随即注入 60℃左右热水 50~60kg,用木楫急速搅拌,进行烫米,直至水温降至 20~24℃,即可浸米。

(2)浸米:浸渍操作与固有的酿酒操作方法相同,冬季浸渍 20~32h,春秋两季为 20h,夏季仅 12h。

(3)蒸饭:将黍米加入沸水锅中,用铁铲不停地翻拌,一般需 90min 以上。火力要前缓后急,要勤翻,以不糊锅底为原则,煮好的糜为棕褐色。

(4)冷却、加曲、加酒母:将热糜挖至拌料槽,拌料槽事先已用沸水浸泡灭过菌。用小木楫翻拌,使之速冷。将拌好的麦曲及酵母加入,翻拌均匀。加曲的温度:冬季 25~26℃,夏季 18~21℃。

(5)落缸:将上面拌好曲和酵母的凉糜,一起倒入缸内,用木楫充分搅拌均匀。发酵温度冬季为 19~21℃,夏季为 17~19℃。7h 后检查品温,当品温升至 33℃左右,并有较刺鼻的气味时,发酵已达到旺盛阶段,用木楫将发酵醪上下翻拌。缸盖要揭开,缸口撇开覆盖物 1/3~1/4。继续使其发酵 7d。

(6)压榨:将醪液灌入丝织袋中,捆好袋口,用油压机压榨。每缸酒醪分两次压榨,第一次压出的酒液为原液。第二次加水压榨出的为洗糟水,作调配成品酒度用,多余的洗糟水可作制醋的原料。

(7)配兑、煎酒:第一二次酒液的配制标准是,酒度在 12.5% Vol以上,糖度为 5% 以上,酸度 0.5% 以下。配制完成后,进行煎酒操作,温度在 80~90℃,然后灌入坛中,静置沉淀,澄清时间为 7~14d,也是后熟期,滤取清液灌装灭菌即为成品。

【产品特色】

本品呈红褐色,清晰透明,醇香浓郁,焦香突出,味道醇厚爽口,苦味适中,具有老黄酒的独特风味。

## 五十五、台湾红露酒

红露酒即红曲酿酒,为中国特产,古称红老酒。据元朝吴瑞的《日用本草》记载"红曲酿酒,破血行药势",可见此酒的起源应早于元朝。红露酒多产于闽粤一带地区,后来传入台湾,成为台湾最主要的一种米酒产品。

红露酒,因以糯米、红曲酿制,营养滋补,成为台湾人最喜爱的"长命酒"。明朝李时珍《本草纲目》记载:"红曲主治消食活血,健脾燥胃。治赤白痢,下水谷。酿酒,破血行药势,杀山岚瘴气,治打扑伤损。治女人血气痛及产后恶血不尽。"由于酒色暗红,所以通称为"红酒"或"红露酒"。红露酒经久藏后,风味更香醇且色泽更深红,民间喜称为"老红酒",是最富营养价值的酒类。

【主要原料】

糯米、红曲、糖化曲、酵母、米酒、水。

【工艺流程】

原料选择与处理→浸米→蒸煮→摊凉→糖化→发酵→压榨→澄清→调配→成品

【工艺要点】

(1)原料选择与处理:挑选无病虫害,无腐烂霉变的优质糯米,过筛取出碎米,洗净后备用。

(2)浸米:将酿米倒入瓦缸,加水高出原料米面6cm为宜,浸米时间为24～36h。浸渍后的米捞入竹箩内,用水冲洗至流出的水清为止。

(3)蒸煮:待蒸汽全面冒出,加盖蒸5min后,淋水5～7.5kg,温度40℃以上。淋完后加盖蒸5min,如蒸米仍有未蒸透的白心,将蒸米翻拌一次,再蒸5～10min出锅。

(4)摊凉:将糯米饭放在桌上或竹匾上摊凉,摊凉时可用电风扇吹风冷却,冬天凉至40℃,春秋凉至35℃,夏天凉至室温相近,即可入缸发酵。

(5)糖化:糖化曲将醪糖化至糖分3.5%时,再接入酵母。接入酵母后,通汽培养20～24h后,再加红曲,红曲用量为发酵醪用米量的20%左右。

(6)发酵:在35～37℃下,发酵5d,酒度达11%～12%。将发酵醪移至澄清桶中,添加酒度为25%的米酒。第一次加60%,搅拌静置2d后,吸取的上清液即为一次液。接着再加余下40%的米酒,同上法吸得二次液。

(7)压榨:剩下的醪经压榨所得酒液与上述一、二次酒液合并混合均匀,静置3～4d。

(8)澄清、调配:沉淀物蒸馏得酒精和榨后的酒糟蒸馏得酒精加入米酒中。上清液即为红露酒,经过过滤机过滤后装入容积为30L的酒坛中,加上木塞,用猪血纸(猪血加石灰)密封。贮存2年为一般红露酒,酒度为18%;贮存4年以上者为陈年红露酒,酒度17%。

【产品特色】

本品呈鲜红色,口感甘甜醇厚、独特。

## 五十六、吉林清酒

【主要原料】

粳米、米曲、酵母、乳酸、水。

【工艺流程】

酒母培养→米曲制作

↓

原料选择与处理→浸米→蒸煮→摊凉→落缸发酵→压榨→澄清
→灭菌→成品

【工艺要点】

(1)原料选择与处理:挑选无病虫害,无腐烂霉变的粳米,过筛取
出碎米,洗净后备用。

(2)浸米:将米倒入瓦缸,加水高出原料米面6cm为宜,浸米时间
为24~36h。浸渍后的米捞入竹箩内,用水冲洗至流出的水清为止。

(3)蒸煮:待蒸汽全面冒出,加盖蒸5min后,淋水5~7.5kg,温度
40℃以上。淋完后加盖蒸5min,如蒸米仍有未蒸透的白心,将蒸米翻
拌一次,再蒸5~10min出锅。

(4)摊凉:将米饭放在桌上或竹匾上摊凉,摊凉时可用电风扇吹
风冷却,冬天凉至40℃,春秋凉至35℃,夏天凉至室温相近,即可落缸
发酵。

(5)酒母培养:粳米40kg的米饭,加水50kg、米曲40kg、酵母
2.5kg、乳酸30mL,在室温10℃左右、品温约16℃培养8h后,品温下
降至13~14℃,搅拌均匀。48h后品温降至室温时即为成熟酒母。

(6)米曲制作:粳米50kg,接酵母,堆积17~18h,最高品温达

39℃。装曲盒后品温为 27~33℃,培养时最高品温不得超过 38℃,翻曲 2~3 次,培养时间 13~15h。最后品温升至 40℃时出曲。

(7)落缸发酵:粳米 155kg、酒母 110kg、米曲 35kg、水 25kg。米饭、水、曲、酒母一起入缸,品温为 16~18℃,室温 8~10℃,8h 后开始搅拌,拌匀,搭窝,使之成为嗽叭形,缸口加上草盖。以后每 1h 搅拌一次,使品温不超过 30℃,即进入发酵阶段。共发酵 10~12d 即成。以后工艺同一般黄酒。

【产品特色】

本品色泽呈淡黄色或无色,清亮透明,芳香宜人,口味纯正,绵柔爽口,其酸、甜、苦、涩、辣诸味谐调。

## 五十七、彝族辣白酒

彝族普遍喜欢畅饮辣白酒,也善于酿制辣白酒。辣白酒是以糯米为主要原料酿成的低度原汁酒,属米酒类。彝族辣白酒的酿造历史悠久,早在明中后期形成的彝族、傣族等许多民族的文献典籍中,已有辣白酒的酒曲配制与酿造的记载。

彝族古老习俗中,酒是人们表示礼节、遵守信义、联络感情不可缺少的饮品。不论在家里,或是在路旁、河边、草坡上歇凉的地方,还是在集市、聚会场所,几个彝胞相遇在一起,便各自拿出随身携带的酒来,席地而坐,围成一个圆圈,酒碗或酒瓶不停地从一个人的手中传递到另一个人的手中,一边依次饮酒,一边叙叙家常。如果中途又来了人,大伙自动地挤拢,然后空出一个座位来,让来人坐下,一同畅饮。每遇彝年或火把节,或喜庆婚礼等,敬上一碗陈年贮藏的辣白酒,是彝族接待长辈尊者和佳朋良友的最高礼节之一。

【主要原料】

糯米、酒曲、水。

【工艺流程】

原料选择与处理→浸洗→蒸饭→凉饭→撒曲装罐→出窝→贮藏
→成品

【工艺要点】

（1）原料选择与处理：挑选无病虫害，无腐烂霉变的糯米，洗净后
备用。

（2）浸洗：将用以酿酒的原料粮用清水浸泡透心。

（3）蒸饭：将浸泡透心或煮熟的原料粮装在甑子内用猛火蒸透。
这时的原料粮称为酒饭。蒸酒饭的甑子以木制或竹制为佳。

（4）凉饭：酒饭蒸透后出甑，放在干净的竹席或笘箕上，摊开，使
酒饭自然降温变凉。夏天须凉透，冬天则由于气温较低，酒饭降到手
触有温暖感为止。用纱布包住酒饭，猛然抛在事先准备好的凉开水
中，并立即取出，滤水后摊开即可。这种强制性快速降温法，叫做"白
龙过江"。

（5）撒曲装罐：酒饭凉到符合要求后，撒上原料量6%左右的酒
曲，再淋少许凉开水，搅拌均匀，即可装入清洗晾干的罐中。酒曲以
自己挖掘采集植物配制的土酒曲为佳。装罐时，可直接入罐，亦可在
罐底放置竹筛或其他竹编滤器，使罐底留出一定的空间，以分开酒糟
和酒汁，使酒液清爽。

（6）出窝：酒饭入罐后，1～2d完成粮食中淀粉的糖化，形成甜白
酒。5～7d后，由于酒曲中酵母菌的作用，完成酵化，酒香浓郁的辣白
酒已酿成。这时即可取出饮用或贮存了。由于酒饭装罐后要保持一
定的温度以利于发酵，常将酒罐放在靠近火塘的地方，或是埋在米糠
内，严冬时节，甚至用棉被来包裹，所以，这种酿造白酒的过程也叫
"捂白酒"。

（7）贮藏：白酒饮用的办法有两种，一是原汁取饮，二是根据酒汁

浓度或口味需要,兑入适量的凉开水饮用。暂时不用,进行贮藏。贮藏的方法是,把辣白酒取出,装入洁净的陶罐中,再用草灰制成的稀糊裹紧罐塞,以避免透气。用这种方法贮藏水酒,夏天可保存约20d,冬天贮存可长达数年。贮存时间越长,酒味越是醇厚,酒劲越加绵长。"彝家老酒",就是这类长期贮藏的水酒。积年贮藏的水酒,取出后酒香扑鼻,糟与汁已完全分离,即成。

【产品特色】

本品酒液清澈透明,略呈黄褐色。饮用时醇香爽口,绝无挂喉、刺鼻的感觉。饮用后神清气爽,酒劲悠然绵长。

## 五十八、哈尼族紫米酒

滇南谷地、红河两岸的哈尼族以当地所产的优质紫米发酵酿造而成的紫米酒,是接待宾客的最佳饮品,清末民初即已远近闻名。此外,种植紫米的傣族、彝族、景颇族也有酿制紫米酒的传统。云南墨江哈尼族自治县境内哈尼族聚居区的群众尤其擅长于酿制。

在哈尼族的生活中,酒与欢乐、情爱、友谊、神圣等人类最美好的情感紧密联系在一起。

【主要原料】

紫糯米、酒药、水。

【工艺流程】

原料选择与处理→浸米→蒸煮→摊凉→入缸搭窝→发酵→成品

【工艺要点】

(1)原料选择与处理:挑选无病虫害,无腐烂霉变的紫糯米,洗净后备用。

(2)浸米:将淘洗干净的紫糯米,用冷水泡4~5h。

(3)蒸煮:笼屉上放干净的屉布,将米直接放在屉布上蒸熟。

（4）摊凉：酒饭蒸透后出甑，放在干净的竹席或箬箕上，摊开，使酒饭自然降温变凉。夏天须凉透，冬天则由于气温较低，酒饭温度降到手触有温暖感为止。

（5）入缸搭窝：蒸熟的米放在干净的盆里，待温度降到 30~40℃时，拌进原料量 7% 左右的酒药。用勺把米稍压一下，中间挖出一洞，然后在米上面稍洒一些凉开水，盖上盖，放在 20℃ 左右的地方。

（6）发酵：发酵 10d 左右即成。

【产品特色】

本品色泽呈紫黑色，清澈透亮；口感醇厚绵甜，极易入口，有紫糯米的香气。

## 五十九、苗族米酒

滇东南苗族聚居区的苗族以大米酿制米酒，方法与彝族米酒基本相同。苗族米酒是大米发酵而成的原汁米酒，含糖量高，酒精度低，是解除疲劳、清心提神的最佳饮品。苗族群众常用以佐餐，"白酒泡包谷饭"是滇东南苗族的传统饮食习俗。

【主要原料】

大米、酒曲、水。

【工艺流程】

原料选择与处理→浸洗→蒸饭→凉饭→入缸搭窝→发酵→成品

【工艺要点】

（1）原料选择与处理：挑选无病虫害，无腐烂霉变的大米或糯米，洗净后备用。

（2）浸洗：将用以酿酒的原料米用清水浸泡透心。

（3）蒸饭：将浸泡透心或煮熟的原料米装在甑子内用猛火蒸透。

（4）凉饭：酒饭蒸透后出甑，放在干净的竹席或箬箕上，摊开，使酒饭自然降温变凉。夏天须凉透,冬天则由于气温较低,酒饭降到手触有温暖感为止。

(5)入缸搭窝:酒饭凉到符合要求后,撒上原料量5%的酒曲,再淋少许凉开水,搅拌均匀,即可装入清洗晾干的罐中。于中心处挖一个深、宽各6cm的圆洞,在表面再撒上一层酒曲。

(6)发酵:发酵10d左右即成。

【产品特色】

本品酒色泽棕黄,状若稀释的蜂蜜,香味馥郁、青甜爽口。

# 六十、布朗族翡翠酒

翡翠酒是布朗族群众以糯米为原料酿造的米酒,其制作方法与其他民族酿造米酒的方法大体相同。所不同的是,糯米发酵成酒后,布朗族在出酒时用一种叫"悬钩子"的植物叶片将糟与汁滤开。酒色透明清亮,很像翡翠的颜色,是布朗山寨接待亲朋好友的上等饮品。朋友间有"有酒必饮,饮酒必醉"之习俗。

【主要原料】

糯米、酒曲、悬钩子、水。

【工艺流程】

原料选择与处理→浸洗→蒸饭→凉饭→入缸搭窝→发酵→澄清→成品

【工艺要点】

(1)原料选择与处理:挑选无病虫害,无腐烂霉变的糯米,洗净后备用。

(2)浸洗:将用以酿酒的原料米用清水浸泡透心。

(3)蒸饭:将浸泡透心或煮熟的原料米装在甑子内用猛火蒸透。

(4)凉饭:酒饭蒸透后出甑,放在干净的竹席或笤箕上,摊开,使酒饭自然降温变凉。夏天须凉透,冬天则由于气温较低,酒饭降到手触有温暖感为止。

(5)入缸搭窝:酒饭凉到符合要求后,撒上原料量5%的酒曲,再淋少许凉开水,搅拌均匀,即可装入清洗晾干的罐中。于中心处挖一个深、宽各6cm的圆洞,在表面再撒上一层酒曲。

(6)发酵:发酵10d左右出酒。

(7)澄清:出酒后用悬钩子叶片进行过滤澄清。

【产品特色】

本品酒呈翡翠色,透明清亮,酒香醇和,饮之有悬钩子叶片香味。

# 六十一、独龙族水酒

滇西北独龙江流域的独龙族嗜饮水酒。酒在独龙族生活中有多种特殊用途。生产工具贫乏时,独龙族有借斧砍柴的情况,作为租金,借物者要给斧子的主人背去一桶酒。农忙换工,主人也以酒作为给帮忙工人的酬劳。在特定时期,独龙族的酒还带有货币的性质。独龙族有道名菜叫"醉鸡",俗称"夏拉","夏"的意思是鸡或肉,"拉"即酒。作法是把鸡肉或猪肉切成块,用酥油爆炒一下,然后倒入大量的酒,一只鸡需酒1~1.5kg,不放盐,放几颗野花椒提味,加盖焖煮至熟。食时,鸡味、酒香四溢,鲜美独特。

独龙族的婚嫁过程少不了酒,男方向女方求婚,定要送酒;定亲,双方亲家要饮同心酒;婚礼几乎是泡在酒杯中进行的,人人都可以同新娘共饮同心酒。所以,当新娘入洞房时,几乎成了"醉娘"。在结婚仪式上,新郎新娘当着来宾向父母表示:一定听从父母的教诲,互相尊重。互相爱护,永不分离,白头到老,然后共饮"同心酒"。

【主要原料】

独龙人酿制水酒多用玉米,也可用大米、高粱、稗等,酒曲,水。

【工艺流程】

原料选择与处理→浸洗→蒸饭→晾凉→拌曲→入窖→发酵→取汁→成品

【工艺要点】

(1)原料选择与处理:挑选无病虫害,无腐烂霉变的原粮,洗净后备用。

(2)浸洗:将用以酿酒的原料粮用清水浸泡透心。

(3)蒸饭:将浸泡透心或煮熟的原料粮装在甑子内用猛火蒸透。

(4)晾凉:酒饭蒸透后出甑,放在干净的竹席或笤箕上,摊开,使酒饭自然降温变凉。夏天须凉透,冬天则由于气温较低,酒饭降到手触有温暖感为止。

(5)拌曲:晾凉后的熟饭拌入原料量3%~5%酒曲,搅匀。

(6)入窖:在地上挖一个罐形的土窖,窖的底部和四壁用干净肥硕的芭蕉叶铺垫。将酒饭放在窖内,再层层盖上芭蕉叶,使酒饭与土层完全隔离,用稀泥封闭窖口。

(7)发酵:在窖口上燃一堆火,使酒窖内的酒饭在一定的温度下发酵。3~4d后,去火,在窖口上钻一个小孔,凑近孔口嗅其中冒出的热气。若有酸败之味,即放弃不用;若热气中散发出芬芳的酒香,则小心地扒开泥土,以防泥土落窖。

(8)取汁:拉开芭蕉叶后,取出已发酵的酒饭盛罐中,搅碎舂捣,滤糟取汁,即可饮用。独龙族常在滤出的酒斗中兑上清凉的山泉水,饮之甘美醇香,消暑解渴。

【产品特色】

本品透明清澈,甘美醇香。

## 六十二、芦荟糯米甜酒

本品是以芦荟和糯米为主要原料酿制而成的新型甜酒产品。芦荟糯米甜酒不仅营养价值高,风味独特,而且还有一定的保健作用。

【主要原料】

芦荟、糯米、酒曲、蔗糖、柠檬酸。

【工艺流程】

原料选择与处理→浸米→蒸饭→淋冷→拌曲→入缸→发酵→过滤→
杀菌→调配→包装→杀菌→成品

    ↑

芦荟榨汁

【工艺要点】

(1)原料选择与处理:选择优质糯米,要求去除杂质,米粒完整;
芦荟选取两年以上生,无病毒叶片,清洗干净。

(2)浸米:将糯米除杂,洗净后放入清水,使水面高于米层10cm
左右,浸泡1h,达到用手碾即碎为宜。

(3)蒸饭:将浸好的米用水冲去白浆,在常压中蒸,等上大汽后蒸
25min。蒸出的米具有弹性,熟而不烂,外硬内软,内无生心。

(4)淋冷:将蒸好的米放在纱布上,用清水淋冷,夏季在26～
30℃,冬季则高些,但不高于35℃,以利于酵母的迅速生长。

(5)拌曲:以干糯米计,拌以0.5%的酒曲。

(6)入缸、发酵:拌曲均匀后,入缸并搭窝,然后在表面撒上少许
曲粉,将缸密封,30℃左右发酵约72h。

(7)过滤、杀菌:将发酵好的醪液过滤,得到澄清液,弃去残液。
然后进行灭菌,85℃水浴灭菌10min。灭菌后立即冷却。

(8)芦荟榨汁:将洗净的芦荟去除表皮,打碎,榨汁过滤,得到澄

清的芦荟汁。60℃杀菌30min,以延长芦荟汁的保质期,同时可以除去青涩味儿。

（9）调配:用蔗糖调其糖度,柠檬酸调其酸度,食用酒精调其酒精度,芦荟汁与米酒汁调风味。

（10）包装、杀菌:有三种方法,①可将装入瓶中的米酒置于75℃的热水中,杀菌15min。②也可在酒液进入瓶前用瞬时灭菌器灭菌。③还可用紫外线灯管在过滤的同时灭菌装瓶。

【产品特色】

本品呈乳白色、半透明,具有糯米发酵香及芦荟清香,酸甜比例适当,酒度适宜,口感优良。

## 六十三、瓜果甜酒

本品是以热带瓜果和其他辅料优化组合,多料混酿、发酵制得的色泽、风味独特的新型热带瓜果甜酒。是海南地区热带水果深加工的新途径。

【主要原料】

糯米、瓜果(番木瓜、西瓜、芒果)、白砂糖、果酒酵母。

【工艺流程】

　　　　　　　　　　酸浆水

原料选择→浸米→淋米→蒸饭→淋饭→沥干→拌酒曲→入缸搭

　　　瓜果浆汁　　　　　　　糖、白酒

窝→培菌糖化→甜酒酿→发酵→榨酒→ 调制 →密封陈酿→澄清→过滤→装瓶→杀菌→成品

【工艺要点】

（1）原料选择:选择优质糯米,要求去除杂质,米粒完整;选择新鲜无病虫害的瓜果。

（2）浸米：将糯米除杂，洗净后放入清水，使水面高出米层10cm左右，浸泡1h，达到用手碾即碎为宜。

（3）淋米：将浸米捞出，用清水淋清浊汁。

（4）蒸饭：将浸好的米在常压中蒸，等上大汽后蒸25min。蒸出的米具有弹性，熟而不烂，外硬内软，内无白心。

（5）淋饭：用少量凉开水淋饭，使米饭冷却到34～36℃。要求迅速而均匀，不产生团块。

（6）拌酒曲：沥干水分，接入酵母种子液（2.5％），拌匀。

（7）入缸搭窝、培菌糖化：拌曲均匀后，入缸并搭窝，然后在表面撒上少许曲粉，将缸密封，30～32℃发酵约7d。可得甜酒酿。

（8）瓜果浆汁的制备：①芒果浆的制备：挑选成熟度高、无病虫害的芒果，除皮去核，果肉加三倍温开水，用高速捣碎机打浆成浓稠状芒果浆。②番木瓜浆的制备：选成熟度高、色橙红、无病虫害的番木瓜果宴，削皮除籽，切碎后用高速捣碎机打成浆状番木瓜浆。③西瓜汁的制备：选成熟、光亮无腐烂的西瓜、去青皮和种子，用高速捣碎机捣成浆状，用双层纱布包裹，手摇螺旋压榨器压汁，再用双层纱布粗滤得西瓜汁。

（9）瓜果浆汁的搭配：芒果含糖量、酸度大于番木瓜、西瓜，但芒果含果胶物质较多，纯用芒果成本高，且酒液不易澄清。番木瓜、西瓜若单独配料，酸度低，不利于酵母发酵，且易染杂菌，导致酒味不正。后二者与芒果配料恰好可增糖、调酸，利于澄清，降低成本，提高酒质。

（10）瓜果浆汁的调制：调糖至25％，调酸至0.5％，接入酵母液（5％），常温（30～32℃）进行发酵。

（11）发酵、榨酒、调制、密封陈酿、澄清、过滤、装瓶、杀菌：果汁发酵4d后加入甜酒酿,混合均匀继续发酵5d,压榨出新酒液,调制糖度和酒度,封缸陈酿15d后经澄清、过滤、装瓶、杀菌即为成品瓜果甜酒。

【产品特色】

本品即有黄酒醇香味鲜的特点,又有瓜果的芳香,香醇甘爽,适合大多数南方人的口味。

## 六十四、桂圆糯米甜酒

桂圆是我国南方珍贵特产,色香味俱佳,营养价值很高,而且是养血安神的滋补佳品。用桂圆和糯米为原料酿制出的一种滋补桂圆糯米甜酒,含有多种氨基酸、维生素、有机酸、多糖等成分,是男女老少,四季适饮的滋补佳品。

【主要原料】

桂圆、糯米、甜酒曲。

【工艺流程】

果料处理→果酒酿制→勾兑调配→陈酿→成品

↑

米酒酿制

【工艺要点】

(1)果料处理:将桂圆果用高压自来水清洗,除去附在果皮上的尘埃及部分微生物孢子,然后将洗净的果剥皮去核后,将果肉放入不锈钢锅里(或铝锅,但不得用铁锅),添加原料量8%～10%的水,蒸煮30min,同时不断搅拌。

(2)果酒酿制:蒸煮后的果肉先用干净的滤布过滤,最后果肉送压榨机压榨取汁。经压榨后的果渣添加少量的水再经蒸煮,过滤后压榨。将两次得到的压榨汁与过滤液合并在一起。由于压榨和过滤得到的果汁含糖分不高,不易发酵,因此需要在果汁中添加白砂糖以调整果汁含糖量为 20%~22% 为宜。按照每 100kg 果汁加入 4~5g 的比例添加苯甲酸钠,以抑制杂菌生长。将添加防腐剂的果汁冷却沉淀后,泵入经消毒清洁的发酵桶内,装量为桶容积的 4/5,再添入 3%~5% 酒母搅拌均匀进行发酵。发酵温度控制在 22~28℃,主发酵期为 8~12d。发酵到酒液残糖在 0.5% 以下,表明主发酵结束。用虹吸法将果酒移至另一干净桶(酒脚与发酵果渣一起另蒸馏生产蒸馏果酒)。主发酵后的桂圆果酒一般酒精度为 8%Vol~9%Vol,应添加蒸馏果酒或食用酒精,将酒精度提高至 14%Vol~15%Vol。将酒桶密封后移入酒窖,保持 12~28℃,连续一个月左右,进行后发酵。后发酵结束后,要再添加食用酒精使酒度提高到 (16~18)%Vol,同时还要添加适量的苯甲酸钠作防腐剂,再经换桶后,进行 1~2 年的陈酿。陈酿期中还要在当年冬季,第二年的春、夏、秋、冬季换几次桶。换桶前不可振动酒桶或搅拌酒液,老熟后的桂圆果酒在与糯米甜酒勾兑前,要加糖调配,使桂圆果酒含糖量达 15%,备用。

(3)米酒酿制:选择质量较好、无霉变、少杂质的糯米作原料,用清水浸泡 24h。浸泡时间夏季适当缩短,冬季可适当延长。糯米浸泡后,放入蒸饭锅内上汽蒸煮 20min 左右。如检查糯米饭太硬,可洒温水少许,以增加饭的含水量,再蒸 10min,至糯米饭粒熟透。饭熟的标准是熟、透、软、匀,且不硬不糊。将蒸好的饭用无菌冷水淋洗,使饭粒温度在 30~35℃。加入原料量的 0.8%~1% 纯种甜酒曲药粉拌匀,装入小瓦缸中,每缸装原料约 10kg。用专门制作的圆锥形棒在拌曲饭中间留一个大"U"形空洞,以利糯米饭与足够的空气接触,促进糖化发酵。然后盖上缸盖移入发酵房发酵。将品温控制在 30~35℃,发酵期为 4 个星期。待其发酵完全后,按其物料重量加入 25% 左右的无菌水搅拌均匀后,过滤压榨取汁。过滤压榨后的糯米甜酒酒度一般为 (8~10)%VoL,应加蒸馏米酒使酒度提高到 16%~18%

VoL,并加入适量的苯甲酸钠进行防腐,移入储酒桶进行 1～2 年陈酿。经过 2 年陈酿后,加糖调配,使糯米甜酒含糖量达 15%,备用。

(4)调配、陈酿:将两种经陈酿好的酒按桂圆果酒 40%,糯米甜酒 60% 的重量比例勾兑在一起,同时加入蒸馏米酒调酒度为 20% VoL,调糖为 16%。再移入储酒桶老熟陈酿半年。经半年后,用 12 层棉饼过滤机过滤后,桂圆糯米甜酒应清亮透明,带有桂圆糯米特有的香气和发酵酒香,色泽为浅金黄色。此时可将酒灌入洗净消毒好的酒瓶中,压盖封盖,装箱,入库。

【产品特色】

本品呈浅金黄色,清亮透明;具有桂圆糯米甜酒特有的醇香;饮之口感甜蜜、醇正、无异味。

## 六十五、魔芋甜酒

魔芋喜阴湿,性凉味平,茎可入药,有凉血润肺、化痰散结之效,而且还富含铁、锌、硒等微量元素。魔芋精粉是由魔芋干燥、磨粉制成的,含有多种人体所需的氨基酸、微量元素及膳食纤维,具有亲水性、可食性、低热量性等多种特性,是一种不可多得的天然保健品。将魔芋精粉加入具有滋补功效的优质甜酒酿中制成魔芋甜酒,兼有药食两效功能,且甘甜、醇厚,风味诱人,是理想的营养保健饮品。

【主要原料】

糯米、魔芋精粉、甜酒曲。

【工艺流程】

糯米→浇淋→蒸饭→摊冷→拌料→糖化发酵→调配→过滤→

　　　　　　　　　　　　　↑　　　　　　↑

　　　　　　　　　　添加酒曲粉　　魔芋精粉处理

灭菌→装灌→密封→成品

【工艺要点】

(1)浇淋:糯米用 50～60℃温水浸泡 1h,然后用水冲洗干净并沥干。

(2)蒸饭:将浇淋好的糯米倒入蒸饭甑内,扒平盖好,加热蒸饭。上汽后 15～20min,揭盖,搅松,泼第 1 次水,扒平盖继续蒸。上大汽后 20 min,又揭盖搅松,泼第 2 次水,扒平盖复蒸,直至熟透。蒸熟后饭粒饱满,熟透,不生不烂,无白心,含水量62%～63%。

(3)摊冷、拌料:蒸熟出甑的糯米饭团迅速搅散摊冷。摊冷至品温 32～35℃,加入原料量 1.2%～1.5%的甜酒曲粉拌匀。

(4)糖化发酵:将拌曲后的饭料迅速倒入发酵缸内,然后封闭缸口,入发酵房糖化发酵。控制发酵温度在 37～39℃,不要超过40℃,后期降到 29～31℃。发酵时间 3～5d,夏短冬长。

(5)魔芋精粉处理:称取原料量 10%的魔芋精粉,缓慢地加入水中并搅拌,而后静置,让其溶胀 1～2 h。用高压均质机进行均质,均质压力控制在 20～25 MPa,温度控制在 80～85℃。

(6)调配:将均质备用的魔芋精粉与发酵成熟的甜酒酿及去离子水进行混合(混合比例约为魔芋精粉:糯米:水 =1:10:15),可依口味适当加入配制好的甜味剂、酸味剂、香精等,搅拌均匀。

(7)过滤:采用清滤法,以硅藻土为材料,去除调配后的浑浊物质,达到进一步澄清甜酒的目的。

(8)灭菌:采用超高温瞬时灭菌。

(9)装罐、密封、成品:灭菌后冷却到 80℃,装罐,密封,而后用冷水冲淋冷却,即为成品。包装用玻璃瓶、金属罐、纸质软包装等均可。

【产品特色】

本品液体黏稠透明,有完整的发酵糯米粒悬浮,低酒精度,酸甜爽口,具有魔芋独特的香气。

## 六十六、刺梨糯米甜酒

刺梨果含有丰富的维生素 C,据有关科研部门测定,100mL 刺梨果汁中含维生素 C 高达 1600~1800mg,其维生素 C 含量是中华猕猴桃果的 10 倍,甜橙的 45 倍,苹果的 455 倍,享有"水果的维 C 皇后"美称,它还含有丰富的维生素 E 和十几种氨基酸。李时珍的《本草纲目》中记载刺梨"食之可解闷,消积滞"。

本品是采用刺梨和糯米精心酿制一种天然营养丰富的低度刺梨米甜酒。

【主要原料】

刺梨、糯米、酒母、甜酒曲、苯甲酸钠。

【工艺流程】

刺梨果→选果→清洗→修整→沥干→刺梨果酒制备→勾兑调配

　　　　　　　　　　　　　　　　　　　　　　　↑

　　　　　　　　　　　　　　　　　　　糯米酒的制备

→陈酿→成品

【工艺要点】

(1)刺梨果的选果、清洗、修整、沥干:将腐烂变质的、未成熟的、变干的果去掉,最好选用八九成熟的刺梨果。将选过的刺梨果用高压自来水清洗,以除去果上的尘埃、泥沙和污物等。清洗后的刺梨用小刀削去不合格部分,如碰伤的地方等,再用高压自来水冲洗一遍。装于箩筐中,让其自然沥干。

(2)刺梨果酒的制备:洗净沥干后,送入锤式破碎机进行破碎(也可手工进行破碎),破碎成疏松状态时出汁较佳。刺梨果破碎后输入压榨机压榨,压榨时,装料要适中,旋入开榨,当果汁开始流出时暂停加压,待流速稍缓后再加压,如此反复多次,直到无果汁流出为止。果汁中加入适量的苯甲酸钠,以抑制杂菌生长。添加腐剂的果汁沉

淀后,泵入经消毒清洁的发酵桶内,装量为桶容积的 4/5。再添入
3%～5% 酒母,搅拌均匀进行发酵,发酵温度控制在 20～25℃ 之间,
主发酵期为 6～7d。发酵到酒液残糖在 0.5% 以下,表明主发酵结束。
用虹吸法将果酒移至另一干净桶(酒脚与发酵果渣一起蒸馏生产蒸
馏果酒),主发酵后应添加蒸馏果酒或食用酒精,将酒精度提高至
14% VoL～15% VoL。将酒桶密封后移入酒窖,保持 12～25℃,连续一
个月左右,进行后发酵。后发酵结束后,要添加食用酒精使酒度提高
到 16% VoL～18% VoL,再经换桶后进行 1～2 年的陈酿。陈酿期中还
要在当年冬季,第二年的春、夏、秋、冬季换几次桶,换桶前不可振动
酒桶或搅拌酒液。老熟后的刺梨果酒在与糯米甜酒勾兑前,要加糖
调配,使刺梨果酒含糖量达 15%,备用。

　(3)糯米酒的制备:选择质量较好、无霉变、少杂质的糯米作原
料,用清水浸泡 24h。浸泡时间夏季适当缩短,冬季可适当延长。
糯米浸泡后,放入蒸饭锅内,上汽蒸煮 20min 左右。如糯米饭太硬,
可洒温水少许,以增加饭的含水量,再蒸 10min,至糯米饭粒熟透。
饭熟的标准是热透,软匀,不硬不糊。将蒸好的饭用过滤无菌冷水
淋饭,使饭粒温度在 30～35℃。加入原料量的 0.8%～1% 纯种甜
酒曲,拌匀,装入大瓦缸中,每缸装原料约 10kg。用专门制作的圆锥
形棒在拌曲饭中间留一个大“U”形空洞,以利于拌曲的糯米饭与空
气充分接触,促进糖化发酵的进行。然后盖上缸盖移入发酵房发
酵,将品控制在 30～35℃,发酵期为 4 个星期。使其完全发酵后,按
其物料重量加入 25% 左右的过滤无菌水搅拌均匀后过滤压榨取
汁。过滤压榨后的糯米甜酒应添加蒸馏米酒使酒度提高到(16～
18)% VoL,并加入适量的苯甲酸钠防腐剂进行防腐,移入储酒桶进
行 1～2 年陈酿。经过 2 年陈酿后,加糖调配,使糯米甜酒含糖量达
15%,备用。

（4）勾兑调配、陈酿、成品：将两种经陈酿好的酒按刺梨果酒50%，糯米甜酒50%的重量比例勾兑在一起，同时加入蒸馏米酒调酒酒度为20%VoL，调糖为16%含量，再移入储酒桶老熟陈酿半年。经半年陈酿后，用10层棉饼过滤机过滤后，刺梨糯米甜酒应清亮透明。

【产品特色】

本品呈浅金黄色，清亮透明，允许有微量正常的瓶底聚集物；具有刺梨糯米甜酒特有的醇香；饮之口感甜蜜，醇正，无异味。

## 六十七、红籼米甜酒

红籼米多产于我国南方各省，产量高，品质优良，营养丰富，除用作粮食外，还是食品加工原料，而且有一定的食疗和保健功能。南方部分地区地用其酿制的低度甜酒，深受消费者喜爱。

在当前名目繁多的饮料酒市场中，低度红籼米酒独具一格。它酒度低，味甘甜，色泽琥珀透亮，既是调味佳品又具有防止寒滞，激发活力，暖胃去湿等滋补功效。同时又含有葡萄糖、多种维生素、有机酸类及锌、铁、锰、钙等多种人体必需的微量元素和不可缺少的氨基酸类，因而又是一种很好的保健性饮料，尤其适宜身体虚弱者及产妇等饮用。

【主要原料】

红籼米、白糯米、50度米酒、多菌株甜酒曲。

【工艺流程】

　　　　　　　　　　　　　　　种曲　　　　　　米酒

红籼米→洗净浸泡→蒸饭→摊凉→接种→发酵→浸泡提取→液渣分离→静置→澄清→陈化→过滤→灭菌→成品

【工艺要点】

（1）洗净浸泡、蒸饭、摊凉：取无虫蛀霉变的红籼米和糯米各

2.5kg进行混合,快速清洗沥干后,按干原料量的130%加入清水6.5kg,常压蒸熟。要求熟透无生心、焦锅等。出锅后趁热将饭抖散,晾至室温,一般28～30℃,即可进行接种发酵。

（2）接种、发酵:采用多菌株甜酒曲,接种量按干原料量的0.2%计,拌匀,置于28～30℃保温发酵76～96h。

（3）浸泡提取:采用50度纯米酒,按料液比(从干原料计)为1:2的比例浸泡提取,方法如下:加入纯米酒10kg,划块不搅匀,以免影响过滤。常温28～30℃泡浸4～5d,酿渣上浮。中间可轻轻搅动1～2次。

（4）液渣分离:上层清液采用白布自然过滤,酿渣采用压榨过滤,然后两液合并、弃渣。

（5）静置、澄清、陈化、过滤:压(榨)滤后的合并酒液,静置5～10d澄清、陈化后再过滤,可采用吸滤的方法。滤液呈琥珀色且透亮。再次进行澄清,采用离心或抽滤等方法过滤,即得红粬米甜酒。

（6）灭菌:采用80℃,10min灭菌,如有沉淀则再静置沉淀后过滤。

【产品特色】

本品呈琥珀色,透亮,无悬浮物及沉淀,口味蜜甜微酸,酒味较轻,可口,无异味。

# 六十八、山药米酒

本品是通过在米酒酿造过程中添加适量山药而制成的一种在传统工艺上略作改进的新型米酒产品。山药含有人体必需的各种营养成分。其碳水化合物、蛋白质、维生素、矿物质及一些具有疗效作用的成分非常丰富。较一般粮食作物,山药淀粉具有聚合度低、分子量小、支链淀粉含量高、易糊化、吸水膨胀性强等特性。据《本草纲目》

记载,山药味甘、性平,具有健脾、补肺、固肾、益精之功效。

在制作米酒的过程中添加适量的山药,可以使米酒具有山药的风味,还可以使米酒的营养成分更加丰富,赋予山药米酒特殊的保健功能。

【主要原料】

山药、大米、淀粉酶、糖化酶、活性干酵母。

【工艺流程】

山药汁制备

大米→清洗→浸泡→磨浆→液化→糖化→过滤取汁→混合配料

活化酵母

→发酵→陈酿→澄清→调配→杀菌→灌装→成品

【工艺要点】

(1)山药汁制备:选新鲜山药洗净、去皮后,放入搅拌机中破碎出汁。破碎打浆后的山药汁应尽快糊化,增强护色剂的护色效果,有效防止放置中出现的褐变问题,保证成品质量,同时也起到杀菌作用,提高出汁率。加热处理以蒸煮法,温度85~90℃为宜。

(2)大米清洗、浸泡:选优质大米洗净,然后放入在40~45℃水中浸泡6h。

(3)磨浆、液化、糖化、过滤、取汁:对浸泡过后的大米进行磨浆。磨浆结束后,加入淀粉酶升温至98℃,保温30min后,冷却到70℃,加入糖化酶1h,用板框过滤。

(4)混合配料:山药汁、大米汁按1:5混合,灭菌,冷却至30℃,放入发酵缸。

(5)活化酵母:将砂糖溶解制成5%的糖溶液,然后煮沸,冷却到30~40℃。加入投料总量0.02%活性干酵母,搅拌均匀,放置30min

即可得到酵母活化液体。

（6）发酵：将活化好的干酵母以 100 mg/kg 加入山药、大米混合汁中，密闭发酵，温度25℃左右。当发酵液中糖度降至7%~8%时，添加7%蔗糖；当发酵液糖度第二次降至7%时，再加蔗糖5%；当残糖为0.5%~1%时，换罐，再添加50~100mg/kg偏重亚硫酸钠，15~22℃发酵3~5d。

（7）陈酿：8~15℃陈酿3~6个月。第一次换桶时添加酒精，使酒精体积分数在10%左右，虹吸法换桶2次。

（8）调配：将澄清的酒液调配好，存放一定时间，过滤后装瓶。若一些指标达不到要求，可以加入糖浆、柠檬酸、优质脱臭酒精、水进行调配，得到质量一致的成品。然后经杀菌、灌装即为成品。

【产品特色】

本品呈淡黄色，澄清有光泽，允许瓶底略有积聚物；具有特有的山药的香味；酒体协调，醇厚，绵甜爽口，无异味。

# 六十九、红枣糯米酒

红枣糯米酒是灌阳县著名的传统食品，是以糯米、红枣为主要原料精心酿制而成的。自古以来，灌阳县就盛产红枣，据有关资料记载，早在西汉汉文帝十二年（公元前168年）前，灌阳县就出产红枣，历代编写出版的《灌阳县志》均说灌阳特产红枣，民国三十三年编的《广西年鉴》也将灌阳红枣列为广西特产之一。

灌阳红枣品质优异，富含糖分、蛋白质、脂肪、钙、铁、磷和维生素C、B族维生素等营养物质。它气味甘平，具有养脾气、丰胃气、通九窍、助十二经、补小气、润心肺、止咳、补五脏、治虚损、除肠胃癖气等功效。灌阳红枣既可作鲜果食用或入药，又可以果代粮酿酒。灌阳人民的祖先很早就已经懂得了用红枣作原料酿酒了，距今已有1000

多年的历史。在民国以前,当地百姓多是自酿自饮。在40年代初,一些酿酒作坊小规模生产红枣糯米酒,挑担串村叫卖。

解放后,灌阳县成立了国营灌阳酒厂,工人们在继承民间红枣糯米酒的传统工艺的基础上,与现代酿酒工艺结合起来,生产出品质优良、风味独特的红枣糯米酒。产品酒度低,甜绵香醇,并具有开胃、健肠、润肺、益血、补五脏、止咳、治虚损等功效。深受消费者的欢迎,成为人们节日、婚宴和馈赠亲友的佳品。

【主要原料】

糯米、干枣、白曲、米烧酒。

【工艺流程】

原料选择→浸米→蒸饭→摊凉→拌曲→糖化发酵→加酒→加干红枣→后发酵→压榨→澄清→成品

【工艺要点】

(1)原料选择:选择色泽良好、无虫蛀、无霉变的优质精白长形糯米。

(2)浸米:将糯米淘洗干净后再浸泡,让米充分吸水。浸泡时间夏季为3~5h,冬季为5~8h。浸泡后的糯米粒应保持完整,手捻易碎,断面无白心,吸水量以25%~30%为宜。夏季浸泡时应勤换水,以免酸败。

(3)蒸饭:先用清水冲去米浆,沥干,用铝锅蒸煮,待蒸气逸出锅盖时开始计时,15min洒水1次,以增加饭粒含水量,共蒸30min。蒸好的米要求达到外硬内软、内无白心、疏松不糊、透而不烂和均匀一致为好。

(4)摊凉、拌曲:米饭出甑后,倒在竹席上摊凉。待饭温降至36~38℃不烫手心时,撒入酒曲,白曲用量为5%,拌匀。

(5)糖化发酵:拌曲后让米饭进行糖化发酵,发酵温度控制在

28～30℃。

（6）加酒：发酵的酒酿中分两次加入米烧酒。第一次加米烧的目的是为了降低发酵温度，避免酸度过大，以使酒液甜酸恰到好处；第二次加米烧酒是为了调整酒度，以达到标准要求。

（7）加干红枣、后发酵：在发酵的中期投入干红枣，即进入后期发酵。

（8）压榨、澄清：同一般米酒操作。

【产品特色】

本品酒色橙红，晶亮透明，香醇馥郁，甜净爽口，糖度高而无黏稠感。

# 七十、猴头米酒

猴头米酒采用糯米等原料，在发酵过程中添加猴菇菌子实体，经酿造而成的具有营养保健功能米酒。猴菇菌是一种药食两用的真菌，性平，味甘，利五脏，助消化，滋补，抗癌、可辅助治疗神经衰弱。

【主要原料】

糯米50kg、小曲0.3kg、干猴菇菌子实体2～3kg、饭水总质量160kg左右、以上原料为一缸用量。

【工艺流程】

干猴菇菌子实体润料<br>↓

原料选择与处理→浸米→蒸煮→冷却→拌曲→落缸搭窝→糖化发酵→开耙→后酵→压榨→煎酒→成品

【工艺要点】

（1）原料选择与处理：选择色泽好，无虫蛀、无霉变的优质糯米。干猴菇菌子实体用粉碎机粉碎成0.5cm大小的块粒状备用。

（2）浸米：将糯米淘洗干净后再浸泡，让米充分吸水。浸泡时间夏季为 3~5h,冬季为 5~8h。浸泡后的糯米粒应保持完整,手捻易碎,断面无白心,吸水量以 25%~30% 为宜。夏季浸泡时应勤换水,以免酸败。

(3)干猴菇菌子实体润料:称取已粉碎的菌体于盆中,以 1:4 的料水比,加入 30~40℃的温水拌和,润湿 2h,再用单层粗布包好备用。

(4)蒸煮:浸米淋清浆水后,上甑。然后在米层上放竹制隔离层,再放已润湿包好的菌体,常压蒸煮,操作同一般蒸煮法。

(5)冷却、拌曲等:采用淋饭法或摊饭法均可,米饭和猴菇菌体混合均匀后拌曲,落缸搭窝,糖化后加水发酵、开耙、后酵、压榨、煎酒等操作均按常法。

【产品特色】

本品色泽呈黄褐色,久存则呈黑色,具猴菇菌肉香和米酒特有醇香。入口味鲜,回味绵长。

# 七十一、山楂米酒

山楂米酒在北方各地有着悠久的酿制历史,因其特殊的功效深得大众喜爱。山楂米酒有补助脾胃、促进消化之功效,适用于防治肉食积滞、脾胃不和、脘腹胀满、消化呆滞、面色萎黄等症。

【主要原料】

山楂、桂圆肉各 250g,红枣、红糖各 30g,米酒 1kg。

【工艺流程】

原辅料加工→调配(加米酒、红糖)→密封浸泡→过滤→澄清→成品

【工艺要点】

(1)原辅料加工:先将山楂、桂圆肉、红枣洗净去核沥干,然后加工成粗碎状。

（2）调配、密封浸泡：将果料倒入干净瓷坛中,加米酒和红糖搅匀,加盖密封,浸泡10d。

（3）过滤、澄清：10d后开封,过滤澄清即可服用。

【产品特色】

本品颜色微红,有少量果肉悬浮物及沉淀;口味蜜甜微酸,有山楂的香味又有浓浓的酒香,无异味。

## 七十二、明列子米酒

明列子原产于泰国,又名珍珠果,为一种叫"罗勒"植物（又名叫兰香、香菜,罗勒籽或兰香子）的成熟果实。其大小如芝麻,将其浸泡于开水中会迅速吸水膨胀,摄入人体后可促进肠道蠕动,有助于消化。除此外,还可清肠明目;对食物中许多的有害成分具有解毒作用。

明列子米酒是在用糯米酿造成的米酒中加入明列子制成的一种具有营养保健功能的米酒。因产品酒精度低,口感爽滑,风味独特,颇受消费者喜爱。

【主要原料】

糯米、甜酒曲、明列子、麦芽糖浆、白糖、柠檬酸、食品防腐剂、悬浮剂等。

【工艺流程】

原料选择→糯米浸泡→蒸饭→冷却→拌曲→发酵→调配→成品

【工艺要点】

（1）原料选择：选择色泽良好、无虫蛀、无霉变的优质精白长形糯米。

（2）糯米浸泡：将糯米淘洗干净后再浸泡,让米充分吸水。浸泡时间夏季为3~5h,冬季为5~8h。浸泡后的糯米粒应保持完整,手捻易碎,断面无硬心,吸水量以25%~30%为宜。夏季浸泡时应勤换水,以免酸败。

(3)蒸饭:将浸好的糯米装入蒸饭桶内蒸熟。米层厚度控制在10cm左右,蒸饭时间控制在25～30min。要求蒸出的饭粒外硬内软、内无白心、不糊不烂。

(4)冷却:有淋冷法和摊凉法。淋冷法采用无菌水淋冷,适于夏季操作。摊凉法是将饭粒摊开冷却,适于冬天操作。

(5)拌曲:把酒曲研碎过筛,拌入冷却沥干的糯米饭中。拌曲量一般为干糯米重的0.2%～0.3%。

(6)发酵:发酵时控制发酵温度在28～30℃,室内保持通风,发酵时间为2～3d。发酵至酸甜适度、米粒完整为佳。发酵完成后把明列子先用开水浸泡10min左右。用开水冲洗干净备用。

(7)调配:此道工序是农村一般土法制米酒所没有的,技术性较强,必须严格操作。将悬浮剂(专用食品添加剂)与白糖混合,加入冷水中。把冷水加热至沸腾并保持5～10min,使悬浮剂完全溶解,保持温度在80℃备用。把酒糟用无菌水冲散、加热灭菌,冷却至80℃与明列子、柠檬酸等一起加入悬浮液中,用无菌水定容,灌装后即为成品。

【产品特色】

本品呈黄色,酒精度低,口感爽滑,风味独特。

# 七十三、八宝糯米酒

八宝糯米酒采用枸杞、莲子、葡萄干、花生仁、核桃仁、青豆、红豆、银耳等各具特色的原料。其中枸杞具有润肺清肝、益气生精、补虚劳、强筋骨、祛风明目等作用。莲子具有清热解毒、利尿等功效。核桃仁中不饱和脂肪酸含量丰富,特别富含磷脂,具有健脑补肾、乌发养颜、温肺润肠、补心养脾、补气益血等特殊功能。银耳中蛋白质含量丰富,并含有多种必需氨基酸,银耳多糖可提高人体的免疫功能。花生仁含有人体必需的不饱和脂肪酸。青豆、红豆含有营养价值较高的完全蛋白。在糯米酒中加入八宝,经杀菌后可制成营养丰富、糖酸比适宜、香味浓郁、酒味醇厚的八宝糯米酒。同时,它具有润肺清肝、安神补肾、清热健脾等功效,而且营养丰富,易于消化吸收。

【主要原料】

糯米、小曲、枸杞、莲子、葡萄干、核桃仁、花生仁、青豆、红豆、银耳、樱桃。

【工艺流程】

选料→浸米→蒸饭→淋饭→搭窝→糖化发酵→辅料调配→调配→装瓶→杀菌→成品

【工艺要点】

(1)选料:选用当年产的新鲜糯米,要求粒大、完整、精白、无杂质、无杂米。

(2)浸米:糯米经淘洗净后,进行浸米,浸米水一般要超出10cm左右。冬季浸米一般需24h以上,夏季浸米,以8~12h为宜。以用手捻米能成粉末为准。

(3)蒸饭:先用清水冲去米浆,沥干,用铝锅蒸煮,待蒸气逸出锅盖时开始计时,15min洒水1次,以增加饭粒含水量,共蒸30min。蒸好的米要求达到外硬内软、内无白心、疏松不糊、透而不烂和均匀一致为好。

(4)淋饭:将蒸好的米置于纱布内,用清水淋凉,反复数次,淋至24~27℃,使饭粒分离。

(5)搭窝、糖化发酵:冷却后糯米拌入小曲进行搭窝(小曲用量为干糯米量的1%)。搭窝的目的是增加米饭和空气的接触面积,有利于好气性糖化菌生长繁殖。搭窝后,进行糖化发酵,发酵温度控制在28~30℃。约经24h,有白色菌丝出现,冲缸。冲缸用水量为干米量的3.6倍。

(6)辅料调配:目的主要是对米酒的酸度、糖度、酒精度进行调整,并加入适量的八宝料。料中莲子、花生仁、青豆、红豆在加入前进行单独预煮,目的是使其成熟、口感好。莲子要先除去小芽,花生仁应先除去外部红衣。加水量要适宜,以煮制后水仍淹没小料为准,煮熟后,倒出蒸煮水,沥干水分待用。核桃仁须除去瓢皮。银耳先用温水浸泡。枸杞、葡萄干等以洗去外部杂物为准。用蔗糖、乳酸、食用酒精调出适合大众口味的糖度、酸度和酒精度。

(7)装瓶:将调制好的八宝糯米酒装瓶。

(8)杀菌:目的杀死大部分微生物、钝化酶,保持糯米酒质量的稳定。在78℃条件下水浴40min,经过杀菌处理的八宝糯米酒即为成品。

【产品特色】

本品呈白色或淡黄色,均匀一致;酒液澄清,米粒完整,无分层,小料无异色;有米酒应有的甜味、酒味,微酸,无异味。

# 七十四、湖北糯米酒

湖北糯米酒也叫糊汁酒,口感绵甜、香醇,是酒度较低的营养、保健型饮料酒。

【主要原料】

糯米(经改良后用大米即可)、湖北糯米酒专用酒曲(本酒曲是由高活性微生物接种而成的生物酒曲)。

【工艺流程】

选米淘洗→上甑蒸煮→摊凉拌曲→糖化发酵→过滤压榨→高温杀菌→封缸陈酿→成品

【工艺要点】

(1)选米淘洗:要求精米率在85% ~95%以上,如碎米过多,酿造发酵时米与米之间的间隔过小,导致不能充分发酵,会直接影响到酒的产量。选好后倒入清水浸泡。水面淹没糯米 20cm。浸泡时间:冬春季水温 15℃ 以下,14h;夏季 25℃ 以下,8h。以米粒浸透无白心为准。夏季换水 1~2 次。

(2)上甑蒸煮:将糯米捞入箩筐冲去白浆,沥干后投入饭甑内。以猛火蒸饭至上齐大汽后 5min,揭盖向米层洒入适量清水,再蒸10min。待饭粒膨胀发亮,松散柔软,嚼不黏齿,即为成熟。

(3)摊凉拌曲:米饭出甑后,倒在竹席上摊凉。待饭温降至 36~38℃ 不烫手心时,撒酒曲,翻动一次,再撒入酒曲,酒曲用量为 5%,拌匀。

(4)糖化发酵:饭温控制在 21~22℃,即可入坛。按每 100kg 原料加净水 160~170kg 的比例,同拌曲后的米饭拌匀,装入酒坛内加盖,静置室内自然糖化。湖北糯米酒适合在中低温条件下生产,因此一般安排在每年 9 月份至次年 3 月份生产。

(5)过滤压榨:装坛后每隔 2~3d,用木棒搅拌,把米饭压下水面,并把坛盖加盖麻布等。当坛内逸出浓郁的酒香味,酒精逐渐下沉,酒液开始澄清,说明发酵基本结束。此时可开坛提料,装入竹篾制成的酒箩内进行压榨,让酒糟分离。

(6)高温杀菌:将制得的生酒,盛入供消毒杀菌的容器中,水浴加热至 80℃ 左右,保温 20min 左右,进行杀菌。

(7)封坛陈酿:杀菌后的酒装入口小肚大的酒坛内,封住坛口,进行陈酿,储存时间越久,酒香越醇。每 100kg 大米可生产出 300~350kg 湖北糯米酒。

【产品特色】

本品澄清透明,口感绵甜、香醇,无杂质异物。

## 七十五、板栗糯米酒

板栗是一种营养价值较高的坚果类食品,深受人们的喜爱。中医认为板栗能补脾健胃、补肾强筋、活血止血。板栗对肾虚有良好的疗效,故又称为"肾之果",特别是老年肾虚、大便溏泻更为适宜,经常食用可强身愈病。以新鲜板栗、糯米为主要原料,辅以蜂蜜、枸杞子、党参、当归等多味中药的浸提原汁,生产具有养胃健脾、强筋养血、滋补肝肾的新型营养保健酒——板栗糯米酒。

【主要原料】

(1)主料:板栗、糯米、甜酒药表曲。

(2)辅料:黄芪、党参、杜仲、枸杞子、龙眼肉、黄桂、当归、蜂蜜、优质白酒。

【工艺流程】

原料处理→蒸煮→落缸→前发酵→后发酵→压榨→煎酒→调配→成品

【工艺要点】

(1)原料处理:先将新鲜板栗去壳,装入广口瓦缸中,加入自来水使之浸水24h,水面高出板栗10cm左右。浸水过程中,夏天每6h换1次,其它季节8h换1次水。浸水结束后,用粗粉机将其破碎,破碎粒度以绿豆粒大小为宜,并注意将其汁液一并收入不锈钢锅中。

(2)蒸煮、落缸、前发酵:糯米与板栗分开蒸煮,糯米的蒸煮时间掌握在1.5~2h,板栗2.5h。待蒸煮后的原料降温至30℃时,立即入缸,加入0.3%的甜酒药,拌匀,搭窝,使之成为嗽叭形,缸口加上草盖,即进入前发酵阶段。

在前发酵过程中,必须勤测品温,要求发酵温度始终保持在28~30℃。6d后,品温接近室温,糟粕下沉,此时发酵醪酒度可达8%~

10%，可转入后发酵。

（3）后发酵：

先用清水将酒坛洗净，再用蒸汽杀菌，倒去冷凝。水用真空泵将酒醪转入酒坛中，再加入适量48～50度香醅酒，总灌坛量为酒坛容量的2/3，然后用无菌白棉布外加一层塑料薄膜封口，使之进入后发酵阶段。后发酵时间掌握在30d，此过程要控制室温在15℃左右，料温12～15℃。

香醅酒的制备：先将新鲜米酒糟80kg，麦曲1.5kg和适量酒尾混合，转入瓦缸中踏实，再喷洒少量75%～80%的高纯度食用酒精，以防表层被杂菌污染，最后用无菌的棉布外加一层塑料薄膜封口，发酵80d而得香醅，再把适量的香醅转入到一定量的优质白酒中，酒度为45～50度，密闭浸泡10d，经压榨、精滤后而得香醅酒。

（4）压榨、煎酒：采用气膜式板框压滤机压滤，再用棉饼过滤机过滤，所得生酒在80～85℃下灭菌，然后进入陈酿期。而经二次滤下的酒糟由于含有大量的蛋白质，可直接用于畜、禽的饲料或饲料的配比料使用。

（5）调配：

在陈酿6个月的基酒中加入2.5%～3%的蜂蜜、适量的糖以及多味中药原汁，静置存放12h后，再进行精滤，即得板栗糯米保健酒。

多味中药原汁的制备：先将黄芪、党参、杜仲、当归等切成厚度为3mm左右的薄片，然后与枸杞子、龙眼肉、黄桂混合，转入40度优质白酒中浸10d，经过滤而得多味中药原汁。

【产品特色】

本品酒色为橙黄色，澄清透亮；滋味醇厚甘爽；酒体丰满协调；气味芬芳馥郁。由于在酒中添加了适量的黄桂和蜂蜜，使成品酒更具有独特的芳香和淡淡的蜜香。

## 七十六、番茄米酒

番茄米酒是在传统的米酒酿制过程中加入番茄而成。番茄俗称西红柿,含有丰富的营养,被称为神奇的菜中之果,有"菜中佳味,果中美品"之称。番茄中不但含有丰富的维生素、矿物质及氨基酸等营养成分,而且还富含番茄红素,其含量居各种果蔬之首。番茄红素是一类非常重要的类胡萝卜素,它的抗氧化性很强,是维生素 E 的 100倍,具有很强的清除自由基能力。另外,对防治动脉硬化、高血压和冠心病都具有良好的作用。因此,番茄米酒不仅增加了米酒的色香味,而且提高了米酒的营养价值和保健功效。

【主要原料】

番茄、大米、米酒曲、糖化酶、米酒干酵母、增香酵母、麦曲。

【工艺流程】

番茄汁的制取
↓

大米→浸泡→蒸饭→凉饭→拌曲(加酒药)→糖化→加曲冲缸→发酵→
　　　　　　　　↑
　　　　增香酵母、糖化酶　　　　　　麦曲、米酒干酵母

压榨、过滤→装瓶→封口→灭菌→成品

【工艺要点】

(1)番茄汁的制取:选用充分成熟的无病虫害、无霉烂变质的新鲜番茄,用清水洗去番茄表面吸附的微生物和灰尘。清洗干净后切成小块,用榨汁机压榨取汁。用网筛或布袋过滤,除去果汁中的碎番茄肉、番茄皮和粗纤维等物质。将得到的番茄汁在 135℃灭菌 8～10s,然后冷却至常温备用。

(2)浸泡:将米洗净除去杂质后,按米:水＝1:2 的比例,水温20～25℃浸泡 24～48h。要求米粒吸足水分,手搓成粉末,内无白心即可。

水温小于20℃时可适当延长浸泡时间直至符合要求。米粒吸足水分后立即蒸煮。

（3）蒸饭：用蒸饭锅蒸饭，蒸约35min至熟透，蒸出米熟而不烂，疏松不糊，内无白心，软硬适中为宜。

（4）凉饭：米饭出锅后摊开自然冷却，降温至30~35℃。

（5）拌曲、糖化、加曲冲缸、发酵：加入冷却饭1.5%的米酒曲（以蒸好的米计）、增香干酵母和糖化酶（80U/g大米），翻动搅拌均匀。然后压实，并在中间挖圆锥形的孔洞，即采用传统的人工"搭窝"操作。目的是增加米饭和空气的接触面积，有利于糖化发酵菌的生长繁殖，促进糖化发酵。在28~30℃糖化约1d，当糖液满至酿窝4/5时加入活化后的米酒干酵母（将活性干酵母以1:20的比例活化，即1g干酵母加入20mL水和2%白砂糖，35℃活化30min）、麦曲及番茄汁（冲缸用番茄汁量为大米量的3.6倍）进行冲缸，充分搅拌均匀，并注意保温（16~22℃）。

（6）压榨、过滤、装瓶、杀菌：待醪液发酵完毕后，用压榨机榨取番茄米酒，然后用过滤机滤取清液，装入瓶中，封口。在85℃灭菌15min，即为成品酒。

【产品特色】

本品色泽金黄鲜亮，清澈透明、晶莹、有光泽、口感丰满醇厚。

# 第三章　米醋的生产

## 第一节　原料及处理

### 一、米醋原料

米醋在我国长江以南地区酿制较多,习惯上以大米(糯米、粳米、籼米)为酿醋的主料。

稻米由皮层、胚乳、胚三部分组成。制醋用的成品大米是稻米皮层被不同程度碾去后的米粒,它主要包括胚乳及残剩的少量胚。大米含淀粉达 70% 以上,是制米醋的优良原料。

大米中的糯米,是制镇江香醋的主些原料。所含淀粉全为支链淀粉,黏度大,不容易造化,糖化速度缓慢,成品醋质地浓厚风味较佳。

碎米是稻米加工的副产品。一般稻米加工中,碎米量可占整粒白米量的 6% 左右。碎米的化学组成同整米基本相同,生产单位为了降低成本,多用碎米作为普通米醋的原料。

### 二、原料处理

(1)处理目的与方法:制米醋所用原料,多为植物原料,在收割,采集和贮运过程中,往往混有泥砂杂质,若不去除干净,将会磨损机械设备,堵塞管路、阀门和泵,造成重大损失。

对那些变质的原料,也应加以剔除以免严重降低米醋产量和质量。对带有皮壳的原料,由于皮壳在发酸过程中会降低设备利用率,堵塞管道,而皮壳本身不能为一般微生物所利用。故在粉碎之前,先将皮壳去净。在投入生产之前,稻米原料应经过一定的处理。处理方法大体是稻米原料经过多次分选处理。原料经分选机吹去尘土与轻的夹杂物,再经过几层筛子把稻米筛选出来,所得稻米基本可达到要求。

(2)粉碎与水磨:制醋所用的稻米原料,通常呈粒状,外有皮层包住,不能为微生物所充分利用。为了扩大原料同微生物"酶"的接触面积,充分利用有效成分,在大多数情况下,稻米原料应先进行粉碎,然后再进行蒸煮糖化。酶法液化新工艺的原料破碎方法则是进行水磨。水磨目的和粉碎一样,也是为了扩大原料的表面积,使之糖化完全。磨浆应先将稻米浸泡,磨时稻米和水的比例为1:2。加水过多,则会造成磨浆粒不匀、出浆过快、粒度偏粗现象,为下一步糖化造成困难。

(3)原科蒸煮:酿醋所用的大米原料,吸水后在高温条件下进行蒸煮,使原料组织和细胞彻底破裂,原料所含淀粉质吸水膨胀,由颗粒状态转变为溶胶状态。经过蒸煮,原料易为淀粉酶所糖化,原料中的某些有害物质会在高温下遭到破坏。由于高温蒸煮,对原料进行杀菌,减少了酿醋过程中杂菌污染。

目前酿制米醋按糖化法可分成四大类:煮料发酵法;蒸料发酵法;生料发酵法和酶法液化发酵法。除了生料发酵法不蒸煮原料外,其余三种方法均须经过原料蒸煮阶段。

# 第二节　醋母

醋母原意是"醋酸发酵之母"。醋酸发酵主要是由醋酸菌引起的,它能氧化酒精为醋酸,亦能氧化葡萄糖为葡萄糖酸,是醋酸发酵中最重要的菌。老法制醋的醋酸菌,完全是依靠空气中、填充料及麸曲上自然附着的醋酸菌,因此发酵缓慢,生产周期较长,一般出醋率较低,产品质量不够稳定。目前,我国还有相当一部分制醋作坊在酿制时不加纯培养的醋酸菌。

## 一、古代醋曲的制作

我国酿造用糖化剂最早为谷芽、麦芽,后来使用丝状菌为主的米曲霉曲及根霉曲。这些制曲技术源远流长,传至今日,已遍及东亚各国。欧美各国的糖化剂主要是麦芽,利用麦芽的糖化酶进行淀粉的糖化是欧美酿造工业的主要糖化工艺。啤酒、威士忌酒的糖化就是这样。这也是东西方酿造技术上的主要区别。欧美使用根霉菌作糖化剂始自 1892 年,德国人卡尔迈特收集我国大量酒药,分离出糖化力较强的根霉,将其应用于酒精工艺,这才突破了西方一直使用麦芽作糖化剂的范畴。我国使用麦芽作糖化剂的历史很悠久。《尚书·说命篇》中有"若作酒醴,尔惟曲蘖"的记述,"蘖"即麦芽,可说明古代用麦芽酿酒。孙诒让《周礼正义》中记载:"醴齐,酿之一宿而成,体有酒味而已也。"高诱解释《吕氏春秋·重己》篇的醴说:"醴者以蘖与黍相醴,不以曲也,浊而甜耳。"这就是利用麦芽糖化黍中的淀粉而制成的一种酒味淡薄的酿造酒。

虽尚未发现用麦芽作糖化剂生产食醋的记载,但今日我国还有风味很好的饴糖醋在生产。在西方国家及日本有麦芽醋,自然有它的渊源和发展历史,尚须进一步考证。

至于我国古代酿造米醋所用糖化剂,主要有以根霉为主的白色饼曲和以米曲霉为主的黄色曲两类。至于红曲,根据文献所载,它不是主要糖化剂,而是作为辅助糖化剂使用的。"醋"中国古称"酢"、"醯"、"苦酒"等。《齐民要术》、《居家必用事类全集》、《醒园录》等著作所出现不同制醋用曲可归纳如下：

麦䴷(米曲霉)：《齐民要术》中有三种，分别为"作大酢法"、"秫米神酢作法"、"烧饼作酢法"；《居家必用事类全集》中有"造麸醋法"、"造大麦酢法"、"造三黄醋法"；《醒园录》中有"极酸醋法"。

笨曲(根霉)：《齐民要术》中的"秫米曲作酢法"。

黄蒸(米曲霉)：《齐民要术》中的"神酢法"。

以米曲霉为主的酿醋用曲——麦䴷(黄衣)及黄蒸。在《齐民要术》中有 23 种米醋酿造法，主要是以麦䴷为糖化剂和发酵剂。另外虽也有用笨曲(只有一例)或黄蒸的，所占比重并不大。麦䴷，又名黄衣，俗名麦䴷，是用蒸熟整粒小麦做的一种以米曲霉为主的散曲。黄蒸是以磨细的小麦粉加水，蒸熟，是以米曲霉为主的小块曲。与以整粒小麦做成散曲的不同，黄蒸是饼曲。

"衣"是古人对微生物繁殖后的菌体的总称。在《齐民要术》"动酒酢法"中所称"衣生"的"衣"则是指醋酸菌的菌膜。"黄衣"的"衣"是曲霉繁殖后的菌体及所结孢子，"黄衣"则是根据其黄色而命名的。从现代微生物学讲，应是以米曲霉为主的曲子。

用稻米酿造米醋，从生物化学的角度分析，是淀粉糖化、酒精发酵及醋酸发酵的工艺。笨曲中根霉的糖化力很强，因此《齐民要术》中的笨曲素以酿酒用曲著称，而麦䴷(黄衣)则是以制酱、豉为主。为什么制醋却多用麦䴷而少用笨曲？这是由于麦䴷是米曲霉曲，除具有较强的糖化力外，其蛋白酶的活性也很强，用于制醋可将原料中的蛋白质水解，生成氨基酸及肽类，增加了食醋的风味。

## 二、现代酿醋常用醋酸菌

(1)奥尔兰醋酸杆菌(A. *orleanense*)是法国奥尔兰地区用葡萄酒生产醋的主要菌株。它能产生少量的脂，产醋酸能力弱，但耐酸性较强,能由葡萄糖产 5.26% 葡萄糖酸。

（2）许氏醋酸杆菌（A. Schenbachii）是国外有名的速酿醋菌种,也是目前制醋工业较重要的菌种之一,产酸可高达 11.5%。最适生长温度 25～27.5℃,在 37℃ 时即不再产醋酸。它对醋酸没有进一步的氧化作用。

（3）恶臭醋酸杆菌（A. Rancens）是我国醋厂生产使用菌种之一。它在液面形成皱折的皮膜,菌膜沿容器壁上升,液不浑浊。一般能产酸 6%～8%,有的菌株能产 2% 葡萄糖酸,能把醋酸进一步氧化为二氧化碳和水。

（4）沪酿 1.01# 醋酸杆菌（A. lovaniense）是上海酿造科学研究所和上海醋厂从丹东速酿醋中分离出的菌株。该菌株经上海试验后投入生产使用,现全国有很多醋厂引进应用。

酿醋选用的醋酸菌,最好是氧化酒精速度快,不再分解醋酸,耐酸性强,制品风味好的菌。目前国外有些工厂用混合醋酸菌生产食醋,除能快速完成醋酸发酵外,还能形成其它有机酸与脂类等组分,能增加成品香气和固形物成分。总之,选用优良的醋酸菌是酿好醋的关键。

## 三、现代醋酸菌种的培养和保藏

（1）试管斜面培养基:酒精 2mL、葡萄糖 0.3g、酵母膏 1g、琼脂 2.5g、碳酸钙 1.5g、水 100mL。配制时,各组分先加热溶解,最后加入酒精。

（2）培养:接种后置于 30～32℃ 恒温箱内培养 48h。

（3）保藏:醋酸菌因为没有孢子,所以容易被自己所产生的酸杀死。醋酸菌中有能产生香脂的菌种,但超过十几天即自行死亡。因此,宜保藏在 0～4℃ 冰箱内,使其处于休眠状态。由于培养基中加入碳酸钙,可以中和所产的酸,故保藏时间可长些。

# 第三节　糖化技术

## 一、糖化的目的

米醋原料经过蒸煮,其细胞组织中的淀粉发生糊化和溶化,处于溶胶状态。但是这种糊化或溶化的淀粉,均不能直接被酵母菌利用。因此,必须先把淀粉转化为可发酵性糖类,然后才能由酵母菌将糖发酵成为酒精。淀粉转化为可发酵性糖类的过程称为淀粉的糖化,其实质是大分子淀粉在酶或酸的作用下水解为小分子糖类。

在食醋生产中,一般不采用淀粉的酸法水解。这里所讨论的糖化,都是指淀粉的酶法水解。淀粉糖化所用的糖化剂,主要为黑曲霉、米曲霉、红曲霉、根霉以及麦芽、苏皮等。其中备含有一系列淀粉酶。淀粉在这一系列淀粉酶的作用下,经过液化和糖化过程,逐步降解为小分子糖类,其种类随所用糖化曲的不同而不同。除了可发酵性糖类外(如葡萄糖、麦芽糖),还有非发酵性糖类(如异麦芽糖、潘糖)。

## 二、酿醋常用糖化剂

淀粉质原料酿制米醋,必须经过糖化、酒精发酵、醋酸发酵 3 个生化阶段。把淀粉转变成可发酵性糖,所用的催化剂称为糖化剂。米醋生产采用的糖化剂,现在基本有以下 6 个类型。

### (一)大曲(块曲)

大曲是以根霉、毛霉、曲霉、酵母为主,并有大量野生菌的糖化曲。曲饼亦属于这一类型。这类曲生产工艺复杂,但优点是便于保管和运输,酿成的米醋风味好,但淀粉利用率较低,生产周期长。现在我国著名的几种米醋的生产仍多采用大曲。

**1.大曲生产工艺流程**

大麦、豌豆→粉碎→混合→加水拌料→踩曲→入曲室→上霉→晾霉→起潮火→大火→后火→养曲→出曲→成品

**2.大曲生产工艺要点**

(1)粉碎:将大麦70%与豌豆30%分别粉碎后混合。冬季粗料占40%,细料占60%;夏季粗料占45%,细料占55%。

(2)混合、加水拌料、踩曲:拌料要均匀掌握好水分,每50kg混合料加温水25kg。踩曲用十二人依次踩实。踩好的曲块应厚薄均匀、外形平整、四角饱满无缺、结实坚固,每块曲3.5kg以上。

(3)入曲室:入曲室将曲摆成2层,地上铺谷糠,层间用苇秆间隔洒谷糠,曲间距离15mm,四周围用席蒙盖,冬季围席2层,夏季1层,蒙盖时用水将席喷湿。曲室温度冬季为14~15℃,夏季为25~26℃。

(4)上霉:上霉期要保持室温暖和,待品温升至40~41℃时上霉良好,揭去席片。冬季需4~5d,夏季2d。

(5)晾霉:晾霉时间12h,夏季晾到32~33℃,冬季晾到23~25℃,然后翻曲成3层,曲间距离40mm,使品温上升到36~37℃,不得低于34~35℃。晾霉期为2d。

(6)起潮火:晾霉待品温回升到36~37℃,将曲块由3层翻成4层,曲间距离50mm。品温上升到43~44℃,曲块4层翻成5层,品温上升持续至46~47℃,需3~4d。

(7)大火:进入大火拉去苇秆,翻曲成6层,曲块间距105mm,使品温上升至47~48℃,再晾至37~38℃,坡架翻曲成7层,曲块间距130 mm,曲块上下内外相互调整,品温再回升至47~48℃,晾至38℃左右。此后每隔2天翻1次。总共翻曲3~4次,大火时间7~8d。

曲的水分要基本排除干净。

（8）后火：曲在后火时有余水，品温高达 42～43℃，晾至 36～37℃，翻曲 7 层，上层间距 50mm，曲块上下内外相调整。因曲块较厚，尚有一点生面，适于用温火烘之，需 2～3d。

（9）养曲：等曲块全部成熟，进入养曲期，翻曲成 7 层，间距 35mm，品温保持于 34～35℃。曲以微火温之，养曲时间 2～3d。全部制曲周期为 21d。

（10）出曲：成曲出曲前，尚需大晾数日，使水气散尽以利于存放。成曲出曲室后，贮于阴凉通风处，堆曲时保留空隙，以防返火。如制红心曲，则应在曲将成之日，保温坐火，使曲皮两边向中心夹击，两边温度相碰接火，则红心即成。

**（二）麸曲**

麸曲为国内酿醋厂所普遍采用的糖化剂。糖化力强，出醋率高，采用人工纯培养，操作简便。麸曲生产成本低，对各种原料适应性强，制曲周期也短。

老法制醋所用的大曲、麦曲、药曲等都是利用空气中、工具及覆盖物上存在的微生物，在原料上自然繁殖而成。由于菌种来源极其不纯，成曲质量差异很大，使产品质量不够稳定，原料利用率低。1970年以前北京市制醋行业大部分使用北京市龙门醋厂制曲车间生产的大曲，每年制曲耗用粮近百万斤（大麦、豌豆）。1971 年推广应用黑曲霉麸曲并停止了大曲的生产，不仅节约了制曲用粮，而且提高了醋20% 左右的出品率。由于麸曲酶系比大曲单纯，故在产品风味和澄清程度上还有一定的差距。

固体麸曲的生产方法通常有曲盒制曲、帘子制曲和机械通风制曲 3 种。制盒曲、帘子曲劳动强度大，目前只有制作种曲时或小厂采用，大生产中已被淘汰了。帘子制曲虽然有一定改进，但仍不能摆脱手工操作,劳动强度大而且占用厂房面积大,生产效率低,还受气候影响,产品质量不稳定,通常只有制备种曲时应用此法。机械通风制曲,曲料厚度为帘子法的 10 ~ 15 倍,曲料入箱后通入一定温度、湿度的空气,提供曲霉适宜生长的条件,这样便可达到优质、高产及降低劳动强度的目的。

麸曲的生产操作如下:

**1. 试管培养**(龙门醋厂 **AS3. 758** 黑曲霉曲生产工艺)

称大米 50g,冲洗干净,加入 350mL 水煮成饭状,降温至 50 ~ 55℃ 接入新鲜的黑曲霉 20g,放入 500mL 三角瓶中盖上棉塞,在 50 ~ 55℃ 水浴锅保温糖化 4h,取出用脱脂棉过滤,再用滤纸过滤 1 次即为糖化液。100mL 糖化液加入琼脂 2 ~ 3g,溶化后装入试管,高压灭菌 0. 1MPa、20min,取出做成斜面培养基,放入冰箱备用。在无菌条件下接种,置于 30℃ 保温箱 72h 后,长满黑褐色孢子即可使用。

**2. 三角瓶培养**

称取麸皮 100g,稻壳 5g,加水 75 ~ 80mL,拌匀装入 1L 三角瓶中,厚 0. 5 ~ 1cm,加棉塞包好防潮纸,高压灭菌(0. 1MPa、15min)后取出放入无菌室冷却至 30℃。将试管中黑曲霉移接在三角瓶中,置于 30℃ 保温箱中培养,经 24 ~ 28h 观察生长情况,如布满白色菌丝,即可扣瓶。将三角瓶倒放在保温箱中,再经 48h,等长满黑褐色孢子即成熟,短期备用。

**3. 木盒种曲培养**

称取麸皮 50kg,加水 50 ~ 55kg,拌匀,装锅冒汽后 40min 取出,在无菌培养室过筛疏松,等品温降到 35℃ 左右,种曲 0. 3% ~ 0. 5%(质量分数)接入三角瓶。接种后品温降至 30 ~ 32℃,堆集 1 ~ 2h,然后装入灭菌的曲盒内,厚度 1cm 左右。码成柱形,前期室温 29℃,当品温上升到 34 ~ 35℃ 时倒盒。等长满菌丝后将盒内曲料分成小块,即划盒。划盒后将曲料摊平,盖上灭过菌的湿草帘,然后将盒摆成品字形。地面上洒些水,以保持室内湿度。中期室温保持在26℃,待曲料布满黑褐色孢子即种曲成熟。全部生产过程需72h。后期室温控制在30℃,排除曲房潮气,存放在阴凉、空气流动处,干燥备用。

**4.通风制曲**

由于曲料厚度在20~25cm,要求通风均匀,阻力小,因此在配料中适当加入稻壳或谷糠等以保证料层疏松。

每50kg麸皮加入稻壳4~5kg,加水30~32.5kg拌匀,装入锅内冒汽30min出锅。用扬料机打碎结块并降温至32~35℃,接种0.3%~0.5%(质量分数)。装入曲池内,品温30℃,室温保持28℃左右,品温上升至34℃时开始通风,降至30℃时停风,待曲块形成翻曲1次。疏松曲块利于通风,连续通风控制品温,经28~30h菌丝大量结块,即成麸曲。出曲室摊开阴干,短期备用。

**5.注意事项**

装曲料入池时要松散,有利于种曲发芽和通风。曲子菌丝形成后,如妨碍通风时要及时翻曲。品温过高时要及时采取降温措施,放冷风或打开天窗,防止烧曲。前期间断通风阶段做到兼顾降温保潮;中期连续通风阶段注意控制品温不高于36℃~38℃;后期要提高室温排除潮气,使成曲水分在25%以下。成曲不易贮存,最好边生产边使用。因成曲含水分容易升温,丧失酶活力,即使干曲也不宜久存。

**(三)小曲(药曲或酒药)**

小曲主要是根霉及酵母,利用根霉在生长过程中所产生的淀粉酶以进行糖化作用。小曲酿醋时,用量很少。小曲便于运输和保管,但这类曲对原料选择性强,适用于糯米、大米、高粱等原料,对于薯类及野生植物原料的适应性差。

### （四）红曲

红曲是我国特产之一，红曲霉培养在米饭上能分泌出红色素与黄色素，而且有较强的糖化酶活力，被广泛应用于增色及红曲醋、乌衣红曲醋的酿造。

### （五）液体曲

液体曲一般以曲霉菌为主，经发酵罐内深层培养，得到一种液态的含 $\alpha$ - 淀粉酶及糖化酶的曲子，可代替固体曲，用于酿醋。液体曲生产机械化程度高，能节约劳动力，降低劳动强度，但设备投资大，动力消耗大，技术要求高。

### （六）糖化酶

糖化酶主要以深层培养法生产提取酶制剂，如用于淀粉液化的枯草芽孢杆菌所产的淀粉酶及用于糖化的葡萄糖淀粉酶都可加工成酶制剂，用于食醋酿造。在糖化酶品种的选择上，传统的固态发酵工艺以酶代曲，可以选择固体糖化酶；在间歇糖化时，固体或液体糖化酶可以直接加入糖化锅，不必稀释；在连续糖化时，可先用 30℃ 温水稀释糖化酶后进行流加。液体糖化酶由于浓缩倍数高、活力高、酶系纯、杂质少，使用效果优于固体糖化酶；复合糖化酶由于进一步提高了最终成品醋的收得率，因此，比普通糖化酶有着更好的效果。

**1. 高转化率糖化酶（GA）**

该酶分为固体和液体 2 种剂型，规格分为 $5 \times 10^4 U/g$ 和 $10^5 U/g$（或 U/mL）。糖化酶是一种外切酶，又称葡萄糖淀粉酶，它能从液化淀粉的非还原性末端水解口 $\alpha - 1,4$ 葡萄糖苷键，产生葡萄糖和少量低聚糖。糖化酶的作用 pH 呈酸性，一般在 4.0 ~ 5.0，作用温度为 60℃。

**2. 复合糖化酶（Blend GA）**

由于原料中含有较多的支链淀粉，而普通糖化酶水解支链淀粉

中的 $\alpha - 1,6$ 葡萄糖苷键的速度极慢,造成产物中有少量不可发酵性的低聚糖不能进一步转化成酒精,影响了产品收率。所以,复合糖化酶在液体糖化酶中添加了一种普鲁兰酶。普鲁兰酶又称脱枝酶,它能快速切断 $\alpha - 1,6$ 键,有利于糖化过程中产生更多的葡萄糖。复合糖化酶按糖化酶与普鲁兰酶比例的不同分为 75/25 和 40/60 两种规格,其作用条件与糖化酶相同。

## 三、酿醋常用糖化菌

酿醋工业目前最常用的糖化菌是曲霉菌。而我国传统的大曲和小曲中,除曲霉以外,根霉、红曲霉、毛霉、拟内孢霉也广泛存在,这些霉菌常常是比较优良的糖化菌。大多数食醋生产中对菌种的要求是糖化力高,适应性强、繁殖速度快这两个基本特点。除此以外,还要求菌种的糖化酶具有良好的热稳定性、耐酸性、耐酒精等特点。

(1)米曲霉(*Aspergillus. oryzae*):我国常用的米曲霉菌株为沪酿3.042、3.040、AS3.683。米曲霉多呈黄绿色,但培养在酸度较大或含碳源丰富的培养基上呈绿色,培养在酸度小或含氮源丰富的培养基上呈黄色。老化后逐渐为褐色,发育最适温度 37℃,pH 值为 5.5 ~ 6.0。它的液化力与蛋白质分解力较强。到目前已发现该菌有 50 余种酶。经过多年培养和生产选种,利用各种物理化学方法人工诱变,获得其很多变种。该菌细胞为多核,容易菌丝吻合而发生变异。除作糖化剂外,米曲霉广泛应用于酱、醋、酒及酱油,并能生成曲酸、柠檬酸、延胡索酸。

(2)黄曲霉(*Aspergillus. flavus*):黄曲霉外观形态与米曲霉相似,常用的菌株有 AS3.800。黄曲霉是东方应用最广泛的一种糖化曲,梗如孢子,粗糙,能生成曲酸。曲酸在水溶液中,能使氯化铁产生极强烈的特有红色,发育温度同米曲霉。黄曲霉菌不一定呈黄色,还经常是绿色的。菌落迅速蔓延,最初带黄色,然后为黄绿色,最后变成褐色。

(3)甘薯曲霉(*Aspergillus. batatae*):甘薯曲霉因适用于甘薯原料而得名,常用的菌株 AS3.324,对提高酒及醋的淀粉利用率有明显的效果。菌丝暗黑色,孢子呈球形,老熟后有细刺,菌丝膨大部分类似孢子状态,发育温度 37℃。亦能生成有机酸,并含有强活力的单宁酶,适合于甘薯及野生植物酿醋。其糖化最适 pH 值为 4 ~ 4.6,最适温度 60 ~ 65℃。

(4)宇佐美曲霉(*Aspergillus. usamii*):宇佐美曲霉又称乌沙米曲霉,常用菌株为 As3.758,是日本在数千种黑曲中选育出来的糖化力极强的菌种。菌丝黑色至黑褐色,小梗为二系列,孢子平滑成粗面。孢子头老熟呈黑褐色,能同化硝酸盐,有很强的生酸能力。富含糖化型淀粉酶,糖化力较强,耐酸性很高。它还含有强活力的单宁酶,对制曲原料适应性较强。

(5)河内曲霉(*Aspergillus. kawachii*):河内曲霉又称白曲霉,实际上是乌沙米曲霉的变种。本菌是酸性黑曲霉培养在面包上,放在氯化钙玻璃干燥器内,变异而成为肉桂色的。它的性能和乌沙米曲霉大体相似,唯生长条件较粗放,酶系也比乌沙米曲霉纯。用于酿醋,风味较好,但用于白酒生产会使甲醇含量偏高。培养在麦芽汁琼脂培养基上,菌丛为肉桂色,菌丝无色,有的细胞壁很厚,小梗不分支。孢子呈球形,成熟时成刺面,颜色亦深,发育适温 32 ~ 35℃,曲种容易结孢子,是甘薯酿酒、酿醋的糖化菌种。该菌有生酸能力和液化力,在我国东北地区应用广泛。

(6)黑曲霉(*Aspergillus. niger*):黑曲霉常用菌株 As3.4309,黑曲霉呈黑褐色,顶囊呈大球形。小梗分支,孢子球形,有的菌种为滑面。多数是表面有刺。发育适温 37 ~ 38℃,最适 pH 值为 4.5 ~ 5.0。该菌糖化酶活力较强,培养最适温度32℃。该菌生长缓慢,菌丝纤细,分生孢子柄短,在制曲时,前期菌丝生长缓慢,结块疏松,当出现分生孢子时迅速蔓延。

(7)泡盛曲霉(*Aspergillus. awamori*):菌丝呈白色,孢子生成时由污灰褐色到巧克力的颜色,孢子柄直立、无色、无隔膜。培养时间长时,孢子柄下部有褐色,顶囊为球形、平滑、小梗分支,能生成曲酸及柠檬酸。糖化、液化能力强,是酿酒、酿醋的优质糖化菌株。

(8)东酒一号:宇佐美曲霉的诱变菌。东酒一号菌丛疏松,颜色淡褐。菌丝短密,顶囊较大。在6～8°Bé的米曲汁琼脂培养基上变深或变黑,即表示曲种退化。东酒一号培养生长时要求较高的湿度,较低的温度。制曲时前期生长缓慢,升温慢,但中后期则较好,曲结块较疏松,糖化力、液化力都比轻研二号强,多用于我国上海地区制酒醋。东酒一号对野生植物原料的适应性强,但是制曲时抗杂菌能力低,容易感染青霉、根霉等杂菌。

(9)红曲霉(*Monascus*):红曲霉常用菌株3.978。红曲霉菌菌落初期白色,老熟后变为淡粉色、紫红色或灰黑色等,通常都能形成红色色素。菌丝具有横隔,多核,分支甚多,分生孢子着生在菌丝及其分支的顶端、单生或成链,闭囊壳球形,有柄,子囊球形,含8个子囊孢子,熟后子囊壁解体,孢子留在薄壳的闭囊壳内。生长温度26～42℃,最适温度32～35℃,最适 pH 值为3.5～5.0,能耐 pH = 2.5 的酸性环境,耐10%乙醇。红曲霉能利用多种糖类和酸类为碳源,能同化无机氮。红曲酶能产生淀粉酶、麦芽糖酶、蛋白酶、柠檬酸、琥珀酸、乙醇等。红曲霉用途很广,可作为酿酒、酿醋、豆腐乳的着色剂,并可作食品色素和调味剂。红曲霉不产生转移葡萄糖苷酶,糖化液中不生成寡糖。我国浙江温州、福建地区均用红曲霉酿醋,糖化最适pH 值为4.5～5。

## 四、糖化工艺

糖化工艺分为间歇糖化和连续糖化,间歇糖化采用单个糖化锅,待醪液冷却到糖化温度后,加糖化酶,这时一般不需调节 pH。此后保温搅拌,维持 30～60min,进入发酵工序。加酶量一般为 80～120U/g原料,以 $10^5$ U/mL 规格计,加量(质量分数)为 0.1%。连续糖化一般由几个糖化锅串联而成,醪液在锅内停留时间不少于 30min。流加糖化酶时,必须控制好流加速度,与醪液流量保持一致。

### (一)传统糖化工艺的特点

传统的制醋方法,无论是蒸料或煮料,其糖化工艺的共同特点如下:

(1)依靠自然菌种进行糖化,因此酶系复杂,糖化产物繁多,为各种食醋独特风味的形成奠定了基础。

(2)糖化过程中液化和糖化两个阶段并无明显区分。

(3)糖化和酒精发酵同时进行,有的工艺甚至进行糖化、酒精发酵、醋酸发酵三边发酵。

(4)糖化过程中产酸较多,原料利用率低。

(5)糖化在微生物生长繁殖适宜温度下进行。

(6)糖化时间长,一般为 5～7d。

目前各地对传统工艺都有所改进,现多用纯种培养的黑曲霉制麸曲进行糖化,以利于提高糖化率。

### (二)高温糖化

高温糖化法也叫酶法液化法,以 α-淀粉酶制剂对原料粉浆在85℃以上进行液化,然后用黑曲霉的液体曲或固体麸曲在 65℃以下进行糖化。由于液化和糖化都在高温下进行,所以叫高温糖化法。这种糖化方法,广泛用于液体深层制醋和回流法制醋等新工艺中,具有糖化速度快,淀粉利用率高等优点。

(1)液化工艺:α-淀粉酶的耐热性能随酶的来源而异。生产上为了便于淀粉液化,多半采用耐高温的枯草芽孢杆菌 α-淀粉酶在 65℃下处理 15min,仍可保 100% 活力,只有当温度超过 96℃才完全失活。$Ca^{2+}$ 离子有提高该酶的热稳定性作用。0.1%(以原料计,质量分数)的 $CaCl_2$ 能使该酶经受 96℃的高温,利于液化。

液化时,α-淀粉酶的用量为 5U/g,液化时间仅为 10 ~ 15min。DE 值表示淀粉的水解程度或糖化程度,正常为 17 左右。过高或过低都不利于糖化作用。因为 α-淀粉酶属于外切酶,水解只能从底物分子的非还原性末端开始,底物分子越多,水解生成葡萄糖机会越多。但是 α-淀粉酶分解底物时,首先与底物分子形成络合物,然后发生水解催化作用。这需要底物分子要有一定大小,过大或过小都不利于水解作用。根据生产实践,当液化液中 DE 值上升到 17 左右,较利于糖化作用。

(2)糖化工艺:糖化用曲分液体曲和固体曲两种,液体曲酶系纯,酸度小。曲种以 UV-11 或 3912-12 为最佳。固体曲酶系复杂,有利于提高米醋风味。但固体曲制作过程中易感染杂菌和生酸。曲的用量决定于酶活力的高低,酶活力高则用量少。一般每克淀粉糖化需要 120U,最少也不应低于 100U(以麦芽糖计)。

用于酒精发酵的糖化醪要求浓度为 13 ~ 15°Bé,糖化时间不易过长。如果在 60℃以上高温糖化时间过久,虽然一时还原糖含量较高,但会严重影响酶活力,使之不能进行后糖化作用。

**(三)影响糖化的因素**

**1.温度**

淀粉酶对淀粉的糖化作用,在一定温度范围内,温度越高,反应速度越快。在高温下淀粉易于糊化和液化,但是温度过高,会造成酶失活。因此要严格控制液化和糖化的温度,不能过高或过低。在传统工艺中,由于糖化时进行双边发酵,温度应为微生物生长的适宜温度,不能过高,一般在 33~35℃,最高不超过 37℃。

**2. pH 值**

酶的作用有个最适 pH 值范围,超出这个范围会使糖化酶活力大幅度下降。枯草芽孢杆菌 α-淀粉酶的液化作用时,pH 值控制在 6.2 左右,曲霉对淀粉糖化的最适 pH 值为 5.0~5.8,黑曲霉为 4.0~4.5。在高温糖化法中,原料蒸煮前浸润时间要适当。时间过长,由于微生物活动,会使原料酸度增加,pH 值下降,使液化困难,这种情况在夏天容易发生。此时应将浸泡水放掉,用清水反复冲洗并用 $Na_2CO_3$ 溶液复调 pH 值至 6.2(原料中的酸不是一下子释放出来的)。

**3. 糖化时间**

在高温糖化法中,液化操作应在 90℃ 左右维持 10~15min,以利于淀粉液化。液化液的 DE 值(葡萄糖值,即糖化液中还原糖全部当作葡萄糖计算,占干物质的百分率)应控制在 17 左右,过高或过低对糖化操作都不利。糖化应在 60~65℃ 下进行约 30min,时间不宜过长,否则不但所增加的糖量有限,而且会影响"后糖化力",降低淀粉利用率,同时也降低糖化设备的利用率。在液化和糖化过程中,都需进行搅拌。

**4. 糖化剂用量**

无论是高温糖化法或传统糖化法,都应保持一定酶单位,糖化剂酶单位过少将严重影响原料利用率,造成酒精发酵和醋酸发酵的困难。采用多酶系糖化能使淀粉彻底水解,比单一一种酶要来得好。

**5. 氯化钙用量**

0.1% $CaCl_2$ 能使细菌 α-淀粉酶耐 92℃ 高温。高温液化时如果 $CaCl_2$ 数量不足或者忘加,将使 α-淀粉酶失活,并使液化不能进行。

# 第四节　酒精发酵

酒精发酵的作用是酵母菌把可发酵性的糖,经过细胞内酒化酶的作用,生成了酒精与二氧化碳,然后通过细胞膜将产物排出体外。

在发酵过程中产生的酒精可以通过酵母细胞渗出到体外。因为酒精发酵是在水溶液中进行,而酒精可以以任何比例与水混合的,所以由酵母体内排出的酒精便溶于周围的醪液中。发酵中产生的二氧化碳,由于其溶解度较小,所以发酵醪很快就会被其饱和,当二氧化碳饱和之后,便被吸附在酵母细胞表面,直至其超过细胞吸附能力,这时二氧化碳变为气态,形成小的气泡上升。又由于二氧化碳的气泡相互碰撞,形成较大气泡而溢出液面。二氧化碳的上升,也带动了醪液中酵母细胞的上下游动,从而使酵母细胞能充分与醪液中糖分接触,使得发酵作用更充分和彻底。通常二氧化碳易在罐壁或细胞表面溢出。随着二氧化碳的上升,带动了发酵酸中的酵母细胞和物料上升,有时也能使底层的物料浮于醪液表面,这种类型的发酵称作被动式发酵。如果发酵醇液较黏稠,则气泡到达波面后并不破裂。且形成的泡沫持久不散,有时泡沫还可能由罐顶溢出,造成糖分损失,这种类型的发酵称做泡沫发酵。

从上述可知,发酵过程中产生的二氧化碳应及时予以排除,否则对发酵会产生不利影响。

## 一、酿醋用酒母

目前我国酿醋上常用的酒母为酵母菌,基本上与酒精、白酒、黄酒生产所用酵母菌相同。从分类系统来讲,淀粉质原料酒精发酵常用的菌种为真酵母属中的啤酒酵母(*Saccharomyces cerevisiae*)及其变种,如拉斯 2 号(RasseⅡ)、拉斯 12 号(RasseⅫ)、K 字以及从我国酒精生产中筛选的南阳五号(1300)、南阳混合(1380),还有从黄酒生产中筛选出的工农 501 等酵母菌株,此外,还有应用产酯酵母在食醋酿造中混合应用,如产生浓香蕉味的 AS2.300、AS2.338,原轻工部食品发酵所保藏的 1295、1312,还有产生熟枣酸味的 1274,以及汉逊酵母等。生成酒精的主要酵母是啤酒酵母。

(1)拉斯 2 号(RasseⅡ)酵母:拉斯 2 号酵母又名德国二号酵母(柏林酿造研究所菌株),是 1889 年林特奈从发酵醪中分离出来的一株酵母菌。细胞呈长卵形,麦汁培养,大小为 $5.6\mu m \times (5.6 \sim 7)\mu m$,很少有 $5.6\mu m \times 8\mu m$,子囊孢子 $2.9\mu m$,但较难形成。能发酵葡萄糖、蔗糖、麦芽糖,不发酵乳糖。营养丰富时,细胞贮藏有较多的肝糖,营养缺乏时则有明显的空泡存在。该菌在玉米醪中发酵特别旺盛,适用于淀粉质原料发酵生产酒醋类,但在发酵中易产生泡沫。

(2)拉斯 12 号(RasseⅫ)酵母:拉斯 12 号酵母又名德国 12 号酵母,是 1902 年马旦上从德国压榨酵母中分离出来的。细胞呈圆形、近卵圆形,大小普通为 $7\mu m \times 6.8\mu m$。细胞间连接较多,中央部的数个至十多个细胞常比顶端的细胞大,富有肝糖。在培养条件良好时,多无明显空泡。形成子囊孢子时,每个子囊内有 1~4 个子囊孢子,且较拉斯 2 号酵母易于形成。于麦芽汁明胶上培养时,菌落呈灰白色,中心部凹,边缘呈锯齿状。液体培养时,皮膜形成较快,28℃培养 6d,生成有光泽的白色湿润皮膜,发酵液易变混浊。能发酵葡萄糖、果糖、蔗糖、麦芽糖、半乳糖和 1/3 棉子糖,不发酵乳糖,常用于酒精、白酒、食醋生产。

(3)K 字酵母:K 字酵母是从日本引进的菌种,细胞卵圆形,较小,生长迅速,适用于高粱、大米、薯干原料生产酒精、食醋。

(4)南阳五号酵母(1300):固体培养时,菌落白色,表面光滑,质地湿润,边缘整齐;培养一周,色稍暗,细胞形态呈椭圆形,少数腊肠形,大小 5.94μm×(5.94~7.26)μm×7.26μm。能发酵麦芽糖、蔗糖、1/3 棉子糖,不发酵乳糖、菊糖、蜜二糖,耐酒精 13% 以下。

(5)南阳混合酵母(1308):固体培养时,菌落白色,表面光滑,质地湿润,边缘整齐;培养一周后,色稍暗,细胞呈圆形(6.6μm×6.6μm),少数卵圆形。25~27℃,液体培养 3d,稍混,有白色沉淀,细胞多数呈圆形,少数卵圆形,大小 6.6μm×(7.59~4.29)μm×6.6μm。能发酵葡萄糖、蔗糖、麦芽糖、1/3 棉子糖,不发酵乳糖、菊糖、蜜二糖。

(6)产酯酵母:产酯酵母又称生香酵母,能增加酒醋的香味成分。中科 2300 在麦芽汁琼脂平板上生长,菌落干燥,有皱褶、灰白色,边缘不整齐,子囊孢子呈礼帽形,每囊 1~4 个孢子,多数为 2 个。在麦芽汁液体培养基里,25℃培养 3d,菌体呈圆形、椭圆形、腊肠形。芽孢(3.5~6.5)μm×(6~30)μm。在液体表面形成厚膜,中间形成岛状,产生似浓香蕉味,稍带淘米水的气味。

## 二、酿醋酒母的制作

使糖液或糖化醪进行酒精发酵的原动力是酵母,原意为"发酵之母"。有大量酵母菌繁殖的酵母液就是发酵剂,这种发酵剂在制酒制醋中简称酒母。酵母菌是一群单细胞微生物,属真菌类,是人类生产实践中应用较广的一类微生物。在自然界中,酵母菌的种类很多:有的酵母能把糖发酵生成酒精,有的则不能;有的酵母能产酯香味;有的酵母在不良环境中仍能旺盛发酵,有的则差。在传统老法制醋的酒精发酵中,是依靠各种曲子及从空气中落入的酵母菌而繁殖的,也有的将上一批优良的"酵子"留一部分作"引子",进行酒精发酵。由于依靠自然菌种,批次之间质量不太稳定。采用人工培育的酵母,出酒出醋率高且稳定,但米醋风味不如老法。酵母菌生长的适宜温度在 28 ~ 33℃,35℃以上则活力减退。酵母菌是兼性好氧菌,在不通气条件下,细胞增殖较慢,培养 3h,酵母数只增加 30% 左右,而在通气条件下,培养 3h,酵母细胞数可增殖近 1 倍。从产酒精数量来看,在不通气的条件下,酵母菌的酒精发酵力比较强,在酒精发酵的生产过程中,发酵初期应适当通气,使酵母菌细胞大量繁殖,积累大量活跃细胞,然后再停止通气,使大量活跃细胞进行旺盛的发酵作用。

## (一)酵母的扩大培养

酵母液体培养基,糖化液可用饴糖水(麦芽汁),配比为:饴糖 0.5kg,水 2kg,7 ~ 8°Bé,pH = 4.5 左右,在微酸性条件下,酵母生长较好。

如果酵母液用量大,还可以继续扩大液态培养三代、四代酵母液。

三代酵母液:一般用锡或不锈钢制成的 15L 卡氏罐培养,可装液体培养基 7.5L。培养基可直接用生产上的糖化醪或饴糖水稀释调至 8 ~ 9°Bé,pH = 4.1 ~ 4.4,密封灭菌。冷却至 25 ~ 30℃,酵母液 500mL 接入大三角瓶。接菌要迅速,防止杂菌污染。摇匀后保温培养,其培养条件同三角瓶。

四代酵母液:一般用 500L 大缸加盖作酵母缸或用种子罐作培养容器。其培养基同卡氏罐,消毒灭菌后装入缸内 450L。冷却至 28℃,接入培养 8 ~ 10h 的卡氏罐酵母液 6 只(45L)。在 28 ~ 30℃培养,中间经常搅拌,培养 8 ~ 10h 即可使用。

## (二)机械通风生产固体酵母

除液态法培养酵母外,还有用固态法生产酵母的。具体生产方法为:麸皮 50kg、稻壳 4 ~ 5kg、水 30 ~ 32.5kg,拌匀放入蒸锅。冒汽后 30min 出锅,用扬料机打碎结块并降温。取出一部分与大三角瓶液体酵母拌匀,另加入根霉 3‰ ~ 5‰拌匀。然后再与其余料全部拌在一起,品温控制在 31 ~ 33℃,堆集 2 ~ 3h 入池。室温保持在 28℃,品温升至 36℃开始间断通风,降至 32℃停风。稳定后连续通风,经 32 ~ 33h,待曲料结块,酵母麸曲成熟后出曲室,即可使用。也可摊开阴干短期备用。

### (三)根霉的培养

根霉(AS3. 2746 华根霉)是做米曲汁或酵母麸曲时使用的,分为三代培养。

(1)试管培养:将马铃薯去皮切成薄片,立即放入水中,每 200g 加水 1L,置电炉上 80℃温浸 1h,高压灭菌(0. 1MPa,30min)制成 20% 马铃薯浸汁。每 100mL。浸汁加葡萄糖 2g,加琼脂 1.5 ~ 2g,灭菌(0. 1MPa,30min)后制成斜面培养基。在无菌条件下移接 AS3. 2746 华根霉,置于 30℃恒温箱中培养 72h,待斜面上长满白色菌丝,顶端黑色孢子即成熟,取出放入 4℃冰箱保存备用。

(2)三角瓶培养:麸皮 100g,加水 65 ~ 70mL,拌匀后装入 1L 三角瓶中,厚度 0.5 ~ 1cm,加盖棉塞包好防潮纸,高压灭菌(0. 1MPa,30min),置于无菌室冷却至 30℃。接入根霉,30℃培养 24 ~ 28h,观察生长情况。如长满菌丝即可扣瓶。将三角瓶倒放在恒温箱中,再经 48h 长满黑色孢子即成熟。在无菌条件下取出,放在灭过菌的纸上摊薄。置于烘箱中 40℃烘干,取出用研钵研细,放入消毒干燥的玻璃瓶中备用。

(3)曲盒培养:取麸皮 10kg,加水 60% ~ 70% 拌匀放入蒸锅内,高压灭菌(0. 1MPa,30min),取出后装盒,品温降至 30℃时铺匀,在表层接入根霉种子,由压板压平。室温 28 ~ 30℃,品温 36 ~ 37℃,培养 24h,观察菌丝生长至结饼后,用铁铲切成小块翻转,待黑色孢子长满即成熟,取出阴干或烘干保存,在生产酵母麸曲时使用。

### 三、酿醋过程中影响酒母质量的因素

酒精发酵是米醋生产中的重要环节,其作用是把曲霉分解产生的葡萄糖发酵生成酒精、二氧化碳及其他副产物,为醋酸发酵打好基础,对连续生产有重要作用。酒母是酒精发酵的动力,酒母的质量直接影响到酒精发酵的效果,最终影响到原料利用率及食醋出品率。好的酒母细胞形态整齐、健壮、无杂菌、无芽孢、降糖快。衡量指标有细胞数、酵母出芽率、死亡率、耗糖率、酒精度及酸度等。影响酒母质量的因素有很多,可分为内因和外因。内因是酵母菌本身生理特性的影响,外因是外界环境因素对酵母生殖的影响。

#### (一)内因

米醋生产中要求酵母菌有较强的酒化酶,繁殖速度快,耐酒、耐酸性强,耐热性好,抗杂菌能力强,性能稳定且能产生一定香气。

(1)酵母菌本身生理性能:目前食醋生产中常用的酵母菌是真酵母属中的啤酒酵母及其变种,各酵母的性能有差别。如拉斯2号适合淀粉原料生产酒精,但发酵中易起泡沫;拉斯12号产生的泡沫较少,耐酒精能力强,可达13%(体积分数)。南阳5号和南阳混合酵母适合浓醪发酵,且有较强的耐酒力,其中南阳混合酵母比K字酵母生长更迅速。

(2)接种时间:从酵母菌繁殖规律曲线知道,酵母菌的增殖过程可分为适应期、旺盛期、静止期和衰亡期4个阶段。接种时应掌握在旺盛期的末期为好,这时酵母活力最高,细胞多而健壮,容易造成繁殖优势。

(3)接种量的确定:由于培养基成分一致,营养有限,酵母增殖到一定数量无法再生殖,因此接种量与成熟酒母细胞数的关系不大。接种量大,酒母成熟速度快,缩短培养时间,成熟醪中老细胞多,不利

于酒精旺盛发酵,而且扩大培养次数,增加设备投资。接种量小,酵母繁殖慢,不利设备周转,而且易染杂菌。在酒母培养中,接种量一般控制在1:5~1:10。

(二)外因

酵母在繁殖时,它周围的环境和代谢物的多少,对酵母的繁殖速度有一定的影响。外界的影响因素可以分为物理因素和化学因素。

**1. 物理因素**

(1)温度:温度对酵母菌生长繁殖影响很大。温度低于10℃时,酵母一般不发芽或发芽很缓慢;在20~22℃时,发芽速度很快;达到30℃时,酵母菌的生长繁殖速度达到最大值;高于35℃,其繁殖速度迅速下降,而且酵母容易衰老,出现疲劳状态。酒母制备中,培养温度都采用28~30℃。

(2)培养时间和接种量的关系:接种量大,则培养时间缩短;反之则培养时间较长。接种后的醪液,酵母细胞数一般在$(0.1~0.2) \times 10^8$个/mL,经过10~12h培养,酵母细胞数能够达到$(0.8~1.2) \times 10^8$个/mL。

**2. 化学因素的影响**

(1)营养成分:酵母菌进行增殖,必须有充分的碳源、氮源、无机盐及维生素营养物质,而且必须是能够被酵母同化的物质。酵母是通过细胞膜来吸收营养物质的,有些大分子物质不能被酵母同化吸收。生产中,实验室阶段一般采用米曲汁或麦芽汁做培养基,酒母糖化醪则采用淀粉原料做培养基,一是节约成本,二是驯化菌种。玉米中含有大量淀粉、丰富的蛋白质、适量的无机盐及维生素等物质,适于作为酒母糖化醪的原料。甘薯原料有时也用作酒母糖化醪,但其氮源不足,需添加硫酸铵。在生产中,要注意高浓度的糖分对酵母菌有阻碍作用。据报道,4.8%的糖相当于1%的乙醇对酒精发酵的抑制作用。酒母培养汁,米曲汁或麦芽汁的浓度调整为 7°Bé,糖化醪的浓度则控制在 8~9°Bé。

(2)氧气:酵母菌属兼性厌氧微生物,在有氧的情况下将糖氧化成二氧化碳和水,以获取大量能量用于发芽繁殖,而只生成少量乙醇。酒母培养的目的是获得大量酵母细胞,因此酒母生产中要通入适当无菌空气。实践证明,1m³ 酒母醪,每小时通入 2m³ 无菌空气即可满足酵母繁殖的要求。而且通入无菌空气,对减少耗糖有利,每生成 1g 干酵母,有氧时需消耗 0.35~0.43g 糖,而无氧时则消耗 1.14g。

(3)pH 值:酵母在 pH 值为 2~7 的范围内都可以生长,但最适生长的 pH 值为 4~4.5。一般培养基的 pH 值控制在 4.1~4.4,就足可抑制杂菌生长。调 pH 值时可用硫酸或磷酸,但不能用盐酸或硝酸。酒母罐培养时,由于已经造成酵母菌繁殖优势,一般不再调 pH 值。

(4)酒精:一般生物的代谢产物都对其本身产生毒害作用。成熟酒母醪的酒精含量在 3%~4%,对酒母质量不会造成多大影响;超过 5% 以上时,其生长才受到影响。酒母培养过程要加强生产卫生,对工具和设备进行灭菌,防止杂菌感染。若发现酒母醪细菌多,可以加硫酸调至 pH 值为 2.7~3,维持 3~4h,使杂菌死亡,然后继续进行培养。

酒母的质量是制好食醋的关键,在实际生产中应选用优良的纯种酵母,创造适合酵母菌生长的外界条件,使酵母菌处于生长优势中,确保酵母菌的纯种培养。

# 第五节　米醋生产技术

## 一、传统米醋制品

传统的米醋制品是千百年来各地劳动人民智慧的结晶,至今这些传统的米醋产品在全国都有着极好的口碑。

（一）米醋

米醋就是用谷子、高粱、糯米、大麦、玉米、红薯、酒糟、红枣、苹果、葡萄、柿子等粮食和果品为原料,经过发酵酿造而成的。

下面介绍米醋的一般酿制工艺。

【主要原料】

糯米 50kg、酒药 2kg、湿淀粉 80kg、鲜酒糟 80kg、麸皮 50kg、谷糠50kg、块曲 20kg、酵母 10kg、食盐 6kg。

【工艺流程】

原料处理→蒸熟拌曲→入坛发酵→加水醋化→成品着色

【工艺要点】

(1)原料处理:选择无虫害、霉病的糯米,将糯米浸渍,水层比米层高出 20cm 左右。浸债时间:冬春气温 15℃ 以下时为 12～16h;夏秋气温 25℃ 以下时,以 8～10h 为好。

(2)蒸熟拌曲:浸泡完成后,沥干水分,然后捞起放在甑上蒸至大汽上升后,再蒸 10min,向米层洒入适量清水,再蒸 10min;米粒膨胀发亮,松散柔软、嚼不粘牙即已熟透,此时下甑,再用清水冲饭降温;持水分沥干后,倒出摊铺在竹席上,拌入酒曲药。若是采用其他原料,均要粉碎成湿粉,然后上甑蒸,冷却后拌曲。

(3)入坛发酵:酿酒的缸应以口小肚大的陶坛为好,把拌曲后的原料倒入坛内。冬春季节坛外加围麻袋或草垫保温,夏秋季节注意通风散热。酿室内温度以 25～30℃ 为宜,经 12h,曲中微生物逐渐繁殖起来,24h 后即可闻到轻微的酒香,36h 后酒液逐渐渗出,色泽金黄、甜而微酸,酒香扑鼻。这说明糖化完全,酒化正常。

(4)加水醋化:入坛发酵过程中,糖化和酒化同时进行,前期以糖化为主,后期以酒化为主。为使糖化彻底,还要继续发酵 3～4d,促使生成更多的酒精。当酒液开始变酸时,每50kg米饭或淀粉,加入清水4~4.5倍,使酒液中的酒精浓度降低,以利其中醋酸菌繁殖生长,自然醋化。

(5)成品着色:通过坛内发酵,一般冬春季节40~50d,夏秋季节20~30d,醋液即变酸成熟。此时醅面有一层薄薄的醋酸菌膜,有刺鼻酸味。成熟品上层醋液清亮橙黄,中下层醋液为乳白色,略有混浊,两者混合即为白色的成品醋。一般每百公斤糯米可酿制米醋450kg。

在白醋中加入五香、糖色等调味品,即为香醋。老陈醋要经过1~2年时间,由于高温与低温交替影响,浓度和酸度会增高,颜色加深,品质更好。

【产品特色】

本品色泽透明,香气纯正,酸味醇和,略带甜味。

## (二)镇江香醋

镇江醋又称镇江香醋。"香"字说明镇江醋与其他种类的醋相比,有一种独特的香气。镇江醋属于黑醋(乌醋)。镇江香醋创于1840年,是江苏著名的特产,驰名中外,1909年开始少量出口。镇江香醋在国内曾5次分别获得金牌奖、优等奖、一等奖等,1980年获国家银质奖。

镇江香醋,享誉海外。具有"色、香、酸、醇、浓"的特点,"酸而不涩,香而微甜,色浓味鲜",多次获得国内外的嘉奖。存放时间越久,口味越香醇。这是因为它具有得天独厚的地理环境与独特的精湛工艺。与山西醋相比,镇江醋的最大特点在于微甜。尤其沾以江南的肉馅小吃食用的时候,微甜更能体现出小吃的鲜美。

【主要原料】

糯米500kg、酒药2kg、麦曲30kg、麸皮850kg、砻糠470kg、米色135kg(折大米40kg左右)、食盐20kg、糖6kg,以上原料为一缸用量。

【工艺流程】

酒药

原料选择→浸泡→沥干→蒸熟→冷却→拌匀→低温糖化发酵→

麦曲

后发酵→制醅→陈酿→淋醋→配制→澄清→煎醋→装入容器→灭菌
→成品

【工艺要点】

(1)原料选择、浸泡、沥干、蒸熟、冷却、拌匀酒药:要求米粒圆整、粒大。每次将 500kg 糯米置于浸泡池中,加入清水浸泡。一般冬季浸泡 24h,夏季 15h。浸后要求米粒浸透而无白心,然后捞起放入米箩内,以清水冲去白浆,淋到出现清水为止,再适当沥干。将已沥干的糯米蒸至熟透,取出用凉水淋饭冷却。冬季冷至 30℃,夏季 25℃,拌入酒药 0.4%(2kg)拌匀,置于缸内成"V"字形饭窝。拌药毕,用草盖将缸口盖好,以减少杂菌污染和保持品温。

(2)低温糖化发酵:品温保持 31 ~ 32℃。冬天用稻草裹扎,夏天将草盖掀开放热。经过 60 ~ 72h 饭粒离缸底浮起,出汁满塘。此时已有酒精及二氧化碳气泡产生。

(3)后发酵:拌匀 4d 后,添加水和麦曲。加水量为糯米的 140%,麦曲量为 6%。掌握品温在 26 ~ 28℃,此为后发酵在此期间应注意及时开耙,一般在加水后 24h 开头耙,以后三天,每天开耙 1 ~ 2 次,以降低温度。发酵时间自加入酒药算起,总共为 10 ~ 13d。

(4)制醅:

①拌料接种:制醅入法采用固态分居发酵法。以前用大缸为发酵容器,现在以发酵池代替。一池抵十五缸。缸容量 350 ~ 400kg。取 165kg 酒醪盛入大缸。加 85kg 麸皮拌成半固态状态,取发酵优良

的成熟醋醅大约半畚箕(2~3kg)。再加少许砻糠、一瓢水(冬用温水),把酒醪、砻糠及成熟醋醅用手充分搓拌均匀,放置缸内醅面中心处。每缸上盖2.5kg左右砻糠,不必加盖,任其发酵,时间3~5d。

②倒缸翻醅:次日即应将上面覆盖的砻糠揭开,并将上面发热的醅料与下部表层未发热的醅料及砻糠充分拌和,搬至另一缸,称为"过杓"。一缸料醅分十层逐次过完。过杓品温43~45℃,一般经24h,再添加砻糠并向下翻拌一层。每次加砻糠约4kg,根据实际情况补加一些温水。这样经过10~12d,醋醅全部剥成。原来半缸酒醅已变全缸醋醅,每缸共加砻糠47.5kg。先前装酒醪的缸已全部过杓完毕,变成空缸,此被称为"露底"。

③露底:过杓完毕,醋酸发酵达到最高潮。此时需天天翻缸,即将甲缸内全部醋醅翻倒入另一缸,此也叫露底。露底需拿握温度变化,使面上温暖不超过45℃。每天一次,连续七天,此时发酵温度逐步下降,酸度达到高峰。通过测定,一经发现酸度不再上升,立即转入密封陈酿阶段。

(5)陈酿:

①封缸:醋醅成熟后,立即每缸加盐2kg,然后并缸,使缸并成七、八缸,使醋醅揿实,缸口用塑料布盖实,布面沿缸口用食盐复盖压紧,不使透气。

②伏醅:醋醅封缸一周,再换缸一次,进行翻醅,重新封缸。封缸时间总共3个月左右,整个陈酿期为20~30d,时间越长,风味越好。

(6)淋醋:取陈酿结束的醋醅,置于淋醋缸中。根据缸的容积大小决定投料数量,一般装醅80%。按比例加入米色。配水量根据出醋率计算加水,浸泡数小时,然后淋醋。醋汁由缸底管子流至地下缸,第一次淋出的醋汁品质最好。淋毕后,再加水浸泡数小时。淋出的二醋汁可作为第一次淋醋的水用。第二次淋毕,再加水泡之。第三次淋出的三醋汁作为第二次淋醋的水用。循环浸泡,每缸淋醋三次。

（7）配制、澄清、煎醋、装入容器、灭菌:将头醋汁加入食糖进行配制,澄清后,加热煮沸,趁热装入贮存容器,灭菌后密封存放。

【产品特色】

本品色泽呈深褐色,色泽光亮,无明显沉淀;香气芬芳,浓郁;口感酸而不涩,香而微甜,无异味。

### （三）浙江玫瑰米醋

浙江玫瑰米醋以其独特的风格,成为全国四大名醋之一。由于玫瑰米醋色泽酷似红玫瑰,而有其名。体态晶莹透彻,醇香可口,与浙江绍兴老酒齐名。

玫瑰米醋以大米为原料,洗净蒸熟后,让其在酒坛或大缸中自然发霉,然后加水发酵3～4个月,等醋醪成熟后,压榨、灭菌即为成品。由于它是在加工酿制过程中,利用自然界有益的霉菌、野生酵母和细菌等微生物共同参与发酵而生成的一类原汁醋—压榨醋,因此在醋中含有丰富而微妙的成分,主要有:有机酸、糖分、氨基酸及微量的维生素、矿物质、芬香成分等。正因为是自然发花,混合培养多菌种才形成了玫瑰米醋独特的色、香、味、体,并兼备营养、调味、烹调、保健等诸多功能于一身,充分体现了浙江玫瑰米醋独有的风味和鲜明的地方特色。

玫瑰米醋以其独特的口味,深受浙江绍兴、杭州、湖州、嘉兴等地的百姓所喜爱。在许多的菜肴中离不开玫瑰米醋,如糖醋里脊、醋溜茭白、糖醋乳黄瓜,用于蘸湖蟹、蘸臭青方更是后味无穷。

玫瑰米醋不仅有食用、保健的作用,而且对农作物的生长也有一定的作用。据有关资料报道,用玫瑰米醋喷施或处理稻麦等作物,有三方面作用:一是三增,即增粒、增重、增产;二是增效,即在防病农药中适当添加玫瑰醋可以提高其功效。三是防贪青可减少晚稻因受低湿影响损失。另外,用米醋浸种可以使秋苗抗寒性提高。

【主要原料】

大米、水。

【工艺流程】

大米→浸泡→洗净→沥干→蒸熟→发花(培菌)→加水→入缸→发酵→压榨→配制→灭菌→包装→成品

【工艺要点】

(1)浸泡、洗净、沥干:选择优质大米,将米在竹箩中冲洗一次,倒入缸中,加水高出料面约20cm,中央插入空气竹篓筒高出水面。每天由篓中换水1~2次,要求米粒充分吸水,余水无浑浊状为度。一般需6d左右,捞出置竹箩中以清水冲净,沥干。

(2)蒸熟:蒸熟的程度要求米粒成饭不结块,无白心。蒸熟后立即取出。

(3)发花(即培菌):培菌的方法有两种,装米饭入酒坛中培菌的叫"坛花";入大缸培菌的叫"缸花"。蒸熟的米饭分装入清洁的酒坛或大缸,容量约为容器的1/2,略略压紧,然后在米饭中央挖一凹形,缸、坛上加盖草席,任其自然发酵。在春季气温下约10d左右,米饭上杂菌丛生,即为"发花"完成。发花期间品温或升至40℃左右,5~6d后凹处析出汁液,味甜,后逐渐变酸,品温也逐渐下降。

(4)加水、入缸、发酵:"发花"完成后,每缸(坛)约按米饭质量1.2倍加入温水,搅匀,加盖后堆放室内或室外。待米粒沉降,倒入大缸,上加草盖,约20d后,液面上出现薄层菌膜,闻之有酸味。以后每隔一天将液面轻轻搅动,并保持室内温度。持续3~4个月,醪液逐渐澄清,醋液呈玫瑰红色,即为发酵完毕。

(5)压榨:成熟醋醪用杠杆式木榨压滤,醪以丝袋装盛,醋液流入缸内,一次压榨完后,滤渣再以清水稀释,进行第二次压榨。

（6）配制及灭菌:将一次和二次滤液按比例（可经化验后计算）配成等级产品,再移入锅中以 90℃ 灭菌,即成。成品 1t 约需大米 300kg。

【产品特色】

本品呈玫瑰红色,有光泽,具有该品种特有的醋香气,且酸味柔和,稍有甜味,体态澄清,是凉拌菜、小吃的上等佐料。

### （四）四川老法麸皮醋

四川各地多用麸皮酿醋,而以保宁醋（今阆中县、位于嘉陵江上游）最有名。保宁醋以麸皮为主要原料,加入药曲或辣蓼汁制造酵母,以麸皮进行醋酸发酵,醋醅陈酿需长达一年之久,所产食醋,色泽黑褐,酸味浓厚,并有特殊的芳香。

【主要原料】

（1）主料:糯米、麸皮、水。

（2）辅料:陈皮、甘草、花椒、苍术、川芎、菱粉、辣蓼汁。

【工艺流程】

糯米→浸泡→沥干→蒸熟→入缸→发酵→醋母制造→拌和→醋酸发酵→醋醅陈酿→淋醋→加热灭菌→装坛→成品

【工艺要点】

前部分工艺同一般制醋操作。

（1）醋母制造:制造醋母须先制备药曲或蓼汁。

①制药曲:取陈皮、甘草、花椒、苍术、川芎等药材晒干,磨成粉末与菱粉混合,加水调湿,压成饼形,每块约重2kg,放置于温暖室内,使其发热。约六、七日后,热退转凉,置于通风场所,干燥一月,磨成粉末即成药曲粉。

②制辣蓼汁:采取野生辣蓼,晒干贮于罐或坛中,加水浸泡,放置

于露天,一个月即可使用。

制造醋母的方法是:于制醋前一星期,取糯米 30kg,加水适当浸泡,再沥干,蒸熟成饭,盛于缸中,加水 100kg,加药曲粉 0.3kg,加辣蓼汁 1~1.5kg,拌和均匀,上加木盖,缸的四周用麻布包扎。次日即可发酵,定时搅拌,约发酵一星期泡沫停止,上部澄清,可以制醅。

(2)醋酸发酵:取麸皮 650kg,盛于发酵槽中。槽长方形杉木制,长约 2.4m,宽约 1.25m,深约 70cm,上口稍大,下底较窄,倾斜放置。将麸皮在槽中摊开,加入上述制备的醋母,再加水 40kg,充分拌和,使醋醅蓬松地放置于槽内,不加盖使其发酵。每天翻拌一次。第三天先上层发热,再逐渐热至下层。第五天全部发热,第八天温度开始下降,经 14d 发酵后,即可移入坛中贮藏。

(3)醋醅陈酿:醋醅主发酵终了,即贮入坛中,用木锤压紧,盛满后上撒一层盐,厚约 3cm,坛口盖木板,即可放置于露天。陈酿期普通为 1 年。时间越长,醋的风味越好。

(4)淋醋:淋醋设备也是利用缸,与普通所用淋醋缸相同,唯假底上铺一层棕榈,使醋汁能滤清,俗称"棕滤法"。将醋醅盛入淋醋缸中,加水或二醋汁浸泡一夜后,即可淋醋,第一次淋出的头醋,醋味浓郁。淋毕再加水浸泡,淋出二醋,醋味较淡,一般留作下一次淋头醋用。

(5)灭菌、装坛:生醋经加热煮沸,定量装坛封泥,即为成品。每批 650kg 麸皮及 30kg 糯米可出醋 1200kg 左右。

【产品特色】

本品色泽呈黑褐色,无沉淀;有特殊芳香;酸味浓厚,稍带鲜味。

(五)福建红曲老醋

福建红曲老醋是选用糯米、红曲、芝麻为原料,采用分次添加,进行液体发酵,并经多年陈酿精制而成。它是一种色泽棕黑,酸而不涩,香中有甜、风味独特的酸性调味品。产品畅销于国外 30 多个国家和地区,颇受消费者欢迎。

【主要原料】

糯米、古田红曲、芝麻、白糖。

【工艺流程】

糯米→浸泡→蒸熟→出料→摊冷→拌曲→入缸→糖化及酒精发酵→醋酸发酵→芝麻调味→搅拌→陈酿→老醋→加糖→澄清→抽取澄清老醋→包装→成品

【工艺要点】

(1)浸泡:将每次投料 285kg 糯米,置于浸泡池中,加入清水,水层比米粒高出 20 cm 左右。冬春浸泡时间控制在 10~12h,夏秋一般控制在 6~8h,要求米粒浸透又不生酸。浸泡后,捞出放入竹箩内,以清水洗去白浆,淋到清水出现为止,适当沥干。

(2)蒸熟:将沥干的糯米分批蒸料,每次约 75kg 左右。糯米放入蒸桶内铺平后,开始有少量蒸汽。若局部冒蒸汽,则用铁铲将米摊在冒汽的地方,力求出汽均匀。然后逐层加入糯米,铺平,盖上木盖,开大蒸汽,待冒汽后,继续蒸约 20~30min,糯米就充分熟透。

(3)出料、拌曲、入缸:趁热将糯米饭用铁铲取出,放置于饭盘上,待冷却到35℃(夏秋)或38℃(冬春),拌入相当于米量的25%的古田红曲,迅速翻匀,翻匀后及时入缸。

(4)糖化及酒精发酵:依自然气候条件,掌握好入缸的初温、加水次数、加水温度以及保温降温等措施,控制糖化的品温在 38℃,加水量一般控制在每 50kg 糯米饭约加 100kg 左右的冷开水。将 50kg 拌曲的糯米饭放入缸后,第一次加入 60kg 冷开水(冬、春约 30℃ 冷开水),迅速翻匀,饭团搅碎,让饭、曲、水充分混合,铺平后加盖,进入以糖化为主的发酵。此时应注意保温和降温等措施,控制主发酵品温为38℃。约隔 24h 左右,饭粒糊化、发酵醪清甜,可加入第二次冷开水(冬、春约30℃左右冷开水)40kg,进入以酒精发酵为主的发酵阶段,品温可达38℃左右。以后每天搅拌一次,第五天左右,每缸加入约10kg的米香液(由4kg晚粳米制成),每隔一天搅拌一次,直至红酒糟沉淀为止。糟沉淀后,及时插入竹箩,以便抽取澄清的红酒液。生产期约70d左右。

(5)醋酸发酵、芝麻调味、陈酿:采用分次添加进行液体发酵法酿醋,分期分批地将红酒液用泵抽取放入半成品醋液中。每缸抽出和添加50%左右,即将第一年醋液抽取50%放入第二年的醋缸中,将第二年醋液抽取50%放入第三年的醋缸中,将第三年已成熟的老醋抽取50%放入成品缸中,依次抽取和添加进行醋酸发酵和陈酿。在第一年醋缸进行液体发酵时,加入醋液量4%的炒熟芝麻作为调味料用。醋酸发酵期间,要加强管理,每周搅拌一次。如能控制品温在25℃左右,则醋酸菌繁殖良好。液体表面具有菌膜,色灰有光泽。

(6)老醋、加糖、澄清、抽取澄清老醋、包装:将第三年已陈酿成熟的老醋抽出,过滤于成品缸中。按每50kg老醋加入2%的白糖,(白糖经醋液煮沸溶化),搅匀后,让其自然沉淀。吸取澄清的老醋包装,即得成品。每100kg糯米生产福建红曲老醋100kg。

【产品特色】

本品呈棕色,澄清;有浓郁的香气;口味酸中带甜,味醇厚。

## 二、新型米醋制品

新型米醋制品是在传统的米醋酿造方法上,通过添加新的原辅料来满足人们在口味上的变化以及在营养上的需求。本书收集整理了部分新型产品,介绍如下。

### (一)姜汁米醋

姜汁米醋饮料即是在继承和发挥我国传统的食醋文化的基础上

研制的一种新型饮料,利用营养互补的原理,把姜和醋的营养有机结合起来制成的保健品,能够满足人们对保健的需求。

姜属姜科薯芋类多年生宿根草本植物,含有多种对人体有益的有效成分及微量元素,如氨基酸、脂类、淀粉、锌、钙、铁、姜辣素及挥发油等,具有很好的保健功能。中医认为姜味辛微热,有解表散寒,温中止痛,化痰止咳,助消化,利分泌解毒之功效。近代对生姜研究表明其药理作用主要为:对消化系统有保护作用,能抗溃疡、止吐,促进胃液分泌,加强胃肠运动,保肝利胆,促进食欲;有抗氧化作用,姜的提取物能抑制活性氧的产生和亚油酸的氧化,可减少 DNA 的损伤,清除活性氧,抑制氧、过氧化物的形成;抗微生物的作用,对许多病原菌有强大杀灭作用,能杀灭软体动物和血吸虫,可用于治疗血吸虫病;对心血管系统,能显著降低血清和肝脏的胆固醇含量;调节中枢神经系统,可止痛、提神。

米醋含有丰富的营养成分,含有大量的醋酸、乳酸、葡萄酸、琥珀酸等,还含有 20 多种氨基酸及微量的糖、甘油、糊精、氮类、脂类、醛类化合物和乙酸乙酯等人体所需要的营养成分。现代医学表明:醋具有杀菌解毒、健胃消食等医疗保健作用,可以使人体内的 $VB_1$、$VB_2$、$VC$ 增加稳定性,可使食物骨中的钙溶出,促进人的食欲,促进营养物质的消化和吸收,而且还能抑制有害细菌的生长。

【主要原料】

(1)主料:糯米、甜药酒、醋酸菌、水。

(2)辅料:生姜、白砂糖、蜂蜜、海藻酸钠、黄原胶、CMC – Na。

【工艺流程】

糯米→浸米→蒸米→淋冷→糖化→酒精发酵→醋酸发酵→过滤→澄清→米醋→调配→均质→灌装→杀菌→冷却→成品

　　　　　　　　↑

　　　　姜汁制取

【工艺要点】

(1)浸米:新鲜糯米经去杂、淘洗后加清水浸泡,使其充分吸水,水层高出水面20cm左右。常温下(25~30℃),干米含水量在12%~15%,浸泡10~12h,浸好的米要求米粒浸透无白心,手搓米粒成粉状,不酸不馊。

(2)蒸米:将浸好的米用水冲去白浆,直至出现清水为止。适当沥干。放入蒸锅。常压蒸米,上大汽后蒸30min,停水。蒸好的米粒膨胀发亮,松散柔软,不烂粒,均匀一致。

(3)淋冷:将蒸好的米用冷水淋冷,目的是降品温和淋去饭粒间粘物,以利接种后微生物生长。夏天淋饭品温越低越好,冬天品温应控制在25~30℃,然后沥干水,使米粒松散。

(4)糖化:冷却后的米拌入1%的甜酒药,装坛。做醋一般用肚大口小的大肚坛,若坛的容积为15kg左右,则坛内只需放醋饭约2kg。装坛的手法要轻,使饭粒疏松透风。饭的中间应留一个凹窝,目的是增加接触面积。然后在米表面撒一层酒药粉,用湿纱布盖住容器口。置25~30℃下糖化,12h后饭粒间长出白色糖化菌丝,24h后窝内出现甜液,36~48h酒液满窝,饭粒嚼之绵软无颗粒,说明糖化完全。

(5)酒精发酵:在糖化好的米饭中加入干米量1.5倍的冷开水和干米量0.1的活化后的干酵母。加水后糖为14%,27℃下密封发酵,7d后酒味很浓,继续发酵,到酒液开始微酸,说明酒精发酵基本结束。

(6)醋酸发酵:将发酵好的醪液加干米重的2.5~3倍的水,然后加入12%醋酸菌培养液,液面离盖7cm左右,合上盖子,露天醋化。夏秋季一般醋化20~30d,冬春季为40~50d。成熟的醋面有一层薄的醋酸菌膜,嗅之有刺鼻酸味。成熟的上层醋液清亮橙黄,中下层为乳白色。

(7)过滤、澄清:用纱布过滤醋醪,所得醋液放在低温下澄清,取上清液,得成品米醋。

(8)姜汁制取:经挑选的鲜姜用水浸泡30min,清洗去皮后,切成0.2~0.3cm厚的薄片,投入100℃沸水中(姜:水=1:2)热烫2min,冷却到室温,捣碎榨汁。

(9)调配:将过滤好的姜汁和米醋按一定比例进行混合(米醋5%,姜汁8%),加入8%的白砂糖和蜂蜜。白砂糖、蜂蜜按1:1的比例混合对饮料进行糖酸比调配,增加饮料的口感和滋味。加入0.01%的稳定剂(黄原胶:CMC-Na=2:1)。

(10)均质:将调配好的料液进行均质,均质压力25Mpa,温度50~55℃。

(11)灌装、杀菌:在热水中进行巴氏杀菌,控制瓶中心温度85℃,维持15min。

(12)冷却:采取分段冷却,温度差不宜超过40℃,以防爆瓶,成品最终冷却温度控制在35℃以下,即为成品。

【产品特色】

本品色泽呈浅黄色,有光泽;口感具有清淡的姜香和醋香气味,酸味柔和无异味;形态呈透明液体,无悬浮物、无沉淀。

**(二)草莓糯米醋**

草莓是一种营养丰富,色、香、味俱佳的水果。维生素C的含量比苹果高7倍,而且含有丰富的矿物质(钙、磷、铁)。糯米有较高的营养价值,尤其含有赖氨酸和苏氨酸。用糯米和草莓研制成的草莓糯米醋,不仅增加了食醋的风味,而且提高了营养价值和保健作用。

【主要原料】

(1)主料:糯米、草莓、甜酒药、干酵母、醋酸菌、水。

(2)辅料:蔗糖、亚硫酸钠、甲壳素。

【工艺流程】

糯米→浸米→蒸米→淋冷→糖化→酒精发酵→醋酸发酵→过滤→澄清→米醋→调配→澄清→装瓶→灭菌→成品

　　　　　　　　↑
　　草莓原料处理

【工艺要点】

(1)浸米:新鲜糯米经去杂、淘洗后加清水浸泡,使其充分吸水,水层高出水面20cm左右。常温下(25~30℃),干米含水量在12%~15%,浸泡10~12h,浸好的米要求米粒浸透无白心,手搓米粒成粉状,不酸不馊。

(2)蒸米:将浸好的米用水冲去白浆,直至出现清水为止。适当沥干。放入蒸锅。常压蒸米,上大汽后蒸30min,停水。蒸好的米粒膨胀发亮,松散柔软,不烂粒,均匀一致。

(3)淋冷:将蒸好的米用冷水淋冷,目的是降品温和淋去饭粒间粘物,以利接种后微生物生长。夏天淋饭品温越低越好,冬天品温应控制在25~30℃,然后沥干水,使米粒松散。

(4)糖化:冷却后的米拌入1%的甜酒药,装坛。做醋一般用肚大口小的大肚坛,若坛的容积为15kg左右,则坛内只需放醋饭约2kg。装坛的手法要轻,使饭粒疏松透风。饭的中间应留一个凹窝,目的是增加接触面积。然后在米表面撒一层酒药粉,用湿纱布盖住容器口。置25~30℃下糖化,12h后饭粒间长出白色糖化菌丝,24h后窝内出现甜液,36~48h酒液满窝,饭粒嚼之绵软无颗粒,说明糖化完全,糖度计量糖度35%。

(5)酒精发酵:在糖化好的米饭中加入干米量1.5倍的冷开水和干米量0.1的活化后的干酵母。加水后糖为14%,27℃下密封发酵,7d后酒味很浓,继续发酵,到酒液开始微酸,说明酒精发酵基本结束,测得糖度1.5%,酸度0.6%,乙醇含量15%

（6）醋酸发酵:将发酵好的醪液加干米重的 2.5～3 倍的水,然后加入 12% 醋酸菌培养液,液面离盖 7cm 左右,合上盖子,露天醋化。夏秋季一般醋化 20～30d,冬春季为 40～50d,成熟的醋面有一层薄的醋酸菌膜,嗅之有刺鼻酸味。成熟的上层醋液清亮橙黄,中下层为乳白色。

（7）过滤、澄清:用纱布过滤醋醪,所得醋液放在低温下澄清,取上清液,得成品米醋。

（8）草莓原料处理:选用新鲜草莓,去叶、去蒂、去青白果,然后除去有虫害、腐烂的果实,用清水冲洗干净。

（9）榨汁:清洗后的草莓淋干水分,用榨汁器榨出汁液。为了使草莓的颜色持久,在破碎压榨的同时加入 0.2% 的亚硫酸钠护色。

（10）过滤:榨出的果汁放在 10℃ 下的地方静置,沉淀后,取上清液,过滤,去籽,去杂得草莓汁。

（11）调配:米醋加入量为 93.5% ,草莓汁用量为 4.5% ,蔗糖添加量为 2% 。

（12）澄清:为了使草莓糯米醋鲜亮透明,把调配好的草莓糯米醋用 3% 的甲壳素处理。

（13）装瓶:把经澄清处理的米醋装瓶。

（14）灭菌:采用 85～90℃ ,15min 灭菌。

【产品特色】

本品色泽呈橙红色,均匀一致;汁液呈透明状,无沉淀,无杂质;即有糯米醋的风味,又有草莓果汁的新鲜水果味,无其他异味。

（三）玉米醋

玉米醋是采用玉米为原料酿造而成的一种米醋,在陕西、山西等地有着悠久的酿制历史。与一般大米等原料酿制的米醋相比,玉米醋在色泽上更鲜红,食之有淡淡的玉米香,醋香浓厚,是不可多得的调味佳品。

【主要原料】

（1）主料：玉米、曲、水。

（2）辅料：食盐、糖色（把红糖炒黑）、谷糠、花椒、小茴香等。

【工艺流程】

原料处理→配料→加曲发酵→淋醋→杀菌→包装→成品

【工艺要点】

（1）原料处理：选择无病虫害的玉米，经浸泡后去皮去胚，粉碎后焖成干饭备用。

（2）配料：玉米 100kg、曲 20kg、食盐 25kg、糖色 10kg、谷糠 80kg、花椒和小茴香各 0.5kg。

（3）加曲发酵：将干饭凉至不烫手时，按每公斤粮加 200g 曲，放入发酵缸内搅拌均匀，进行糖化发酵。每天搅拌一次，7d 后发酵成熟拌糠（每公斤粮用谷糠 0.8kg），搅拌均匀，以用手紧捏醋料，手指缝出水为宜。然后盖严缸，每天搅拌一次，待缸内醋料温度上升到 40℃左右，放置 7~8d，醋料自然变酸，温度随之下降，等下降到 25℃左右时，醋料即发酵成熟。

（4）淋醋：将发酵成熟的醋料取出，放入淋醋缸，塞严淋缸孔，用占淋料 60% 的滚开水进行浸泡，4h 后，放开淋孔，流入容器，让其充分淋透，接着把流出的基醋（未熬煮的醋液）放入锅内（砂锅较好）进行熬煮。待基醋在锅中滚沸时，加入食盐、糖色、花椒、小茴香等适量调味料，沸煮 15~20min，舀出来放入贮醋缸进行冷却。

（5）杀菌、包装：经杀菌后包装成瓶或小袋即为成品。

【产品特色】

本品色泽鲜红、味香且久存不变质，兼有玉米的香气。

### （四）保健米醋

本品是新型工艺产品，以优质糯米为原料，以燕麦、麸皮、砻糠为辅料，以山楂、泽泻为主药，辅以橘红、枸杞子、丹参、干姜、薏苡仁、川芎等多味中草药，采用传统与现代酿造技术相结合的方法，制成具有化痰降脂、降血压、降低胆固醇、平肝柔肝、育阴潜阳功效的新型保健米醋。

**【主要原料】**

（1）主料：糯米、燕麦适量、麸皮、麸曲，干酵母适量。

（2）辅料：山楂 190g、泽泻 210g、橘红 60g、干姜 30g、麦冬 30g、丹参 30g、龟板 30g、枸杞子 60g、薏苡仁 60g、川芎 60g、醋 10kg、$\alpha$ - 淀粉酶适量。

**【工艺流程】**

多味中草药原汁、燕麦粗粉、麸皮、砻糠

糯米→浸水→磨浆→液化与糖化→酒精发酵→拌和↓→醋酸发酵→过滤→调浆→装坛→陈酿→成品

**【工艺要点】**

（1）浸水、磨浆：先将糯米放入清水中浸泡 24 h，再把米与水以 1:2 的比例均匀送入磨中，磨成米浆。

（2）液化与糖化：将糯米浆液在不断搅拌下用蒸汽加热至 85 ~ 90℃，加入 $\alpha$ - 淀粉酶，保持品温，液化 20 min。待液化至终点（碘液反应呈棕黄色），冷却降温至 63 ~ 65℃，加入麸曲，糖化 3.5 h。

（3）酒精发酵：将糖化液调整糖度为 12%，加入 0.1% 的干酵母，控制发酵温度 32 ~ 33℃，发酵时间为 90 ~ 96 h，发酵醪最终酒度为 10%，酸度为 0.35 ~ 0.40%，还原糖为 1% 时，酒精发酵即告完成。

（4）拌和、醋酸发酵：在成熟酒醪中加入适量软化水、中草药浸提原汁,调整酒度为 6.5% ~7.0%,最后加入燕麦粗粉、麸皮、砻糠和醋。控制发酵温度 36~38℃,但品温不应超过 40℃,发酵 20 d,当醋汁酸度达到 7.5 g/dL 以上,酸度停止上升时,即认为醋酸发酵结束。此时应立即将食盐撒于醋醅表面,以防氧化。再加入炒米色,经混合后准备过滤。

(5)过滤、调浆、装坛、陈酿:醋醪经过滤后可得清亮生醋。再将生醋加热至 80℃~85℃,加入适量砂糖,待其完全溶解并经搅拌均匀后,趁热入坛,严密封口后,陈酿 50~60 d,即为成熟新型保健米醋。

【产品特色】

醋色呈深酱黄色,色泽光亮;滋味酸而微甜;醋香芬芳;浓郁;由于醋中含有一定量中草药原汁,该醋又具有独特的药香。

(五)米醋饮料

米醋饮料是以高粱、大米等粮谷为原料,经发酵而制成的。以前,米醋仅仅作为一种调味品使用在菜肴的制作上,但随着科学技术的发展人们发现米醋除用作调料外,在医学保健领域也有相当大的作用。由于醋在人体内被吸收后,有解除人体的动脉硬化、预防脑出血、心肌梗塞症的效果。因此,每天喝适量的米醋有益于身体健康。

【主要原料】

(1)主料:米醋 120kg。

(2)辅料:白糖 80kg、蜂蜜 25kg、果汁 20kg、乙酰磺胺酸钾(安赛蜜)0.4kg、维生素 C 0.1kg、香精 1.5kg。

【工艺流程】

煮糖→化糖→汁液→混合→定重→过滤→灌装→杀菌→冷却→包装→成品

【工艺要点】

(1)煮糖、化糖:白糖加净化水,按 1:1 的比例于夹层锅中加热溶解,煮沸后即可。化好的糖浆要尽早使用或移入储糖罐中,避免糖浆颜色褐变。

(2)汁液混合:将糖浆、果汁、米醋按原料量投入缸中,乙酰磺胺酸钾(安赛蜜)、维生素 C 分别用净化水溶解后,按工艺流程的顺序分别加入,继续加入纯净水至所需量,充分搅拌均匀,待用。

(3)过滤:将醋饮料进行过滤。

(4)灌装:将过滤后的醋饮料灌入包装容器内。

(5)杀菌:在热水中进行杀菌,控制容器中心温度为 82℃,维持 12min。

(6)冷却、包装:采用水喷淋冷却,要采取分段冷却,温度差不宜超过 40℃,以防爆瓶,成品最终冷却温度要控制在 35℃以下。包装后即为成品。

【产品特色】

本品呈浅黄色,有光泽;澄清透明的液体,无悬浮物,允许有轻微沉淀;具有果香味,酸甜适口,酸味柔和,无异味。

# 参考文献

[1]李敬伯,郑秀卿.家庭自制果酒米酒[M].南京:江苏科学技术出版社,2008.

[2]夏扬.米制品加工工艺与配方[M].北京:科学技术文献出版社,2001.

[3]傅晓如.米制品加工工艺与配方[M].北京:化学工业出版社,2008.

[4]周家骐.黄酒生产工艺[M].北京:中国轻工业出版社,1996.

[5]殷维松.黄酒简易酿造法[M].北京:中国食品出版社,1987.

[6]傅金泉.黄酒生产技术[M].北京:化学工业出版社,2005.

[7]徐清萍.食醋生产技术[M].北京:化学工业出版社,2008.

[8]路甬祥.酿造[M].郑州:大象出版社,2007.

[9]轻工业科学研究院编.黄酒酿造[M].北京:中国轻工业出版社,1990.

[10]佚名.中国芳香植物[M].北京:科学出版社,2004.

[11]张雪松.醪糟酒的酿制[J].农村新技术,2009,16:50-51.

[12]尹礼国,钟耕,刘雄,等.荞麦营养特性、生理功能和药用价值研究进展[J].粮食与油脂,2002,(5):32-34.

[13]洪文艳,孙宇霞,陈志强.荞麦甜酒饮品的研制[J].中国酿造,2005,7(148):60-61.

[14]李魁,毛利厂.新型保健米醋生产工艺及功效研究[J].中国调味品,2009,9(34):80-81.

[15]石发祥.糯米酒酿造技术[J].农村新技术,2009,14:60-61.

[16]李兰,孙俊良,赵瑞香.菠萝糯米发酵饮料研制[J].食品研

究与开发,2000,21(1):23-25.

[17]刘凤珠,王岁楼,牛小明.芦荟糯米甜酒的研制[J].食品研究与开发,2002,23(6):41-43.

[18]刘道五.西瓜综合利用的研究[J].食品工业科技,1993(4):12.

[19]黄新发,李瑞耀,袁琛.瓜果甜酒的研究[J].海南农业科技,1997(1):11-13.

[20]沈子林.话说浙江玫瑰米醋[J].中国酿造,2005,2(143):60.

[21]史秀锋,侯红萍.甜米酒系列发酵饮料的研究[J].山西农业大学学报.2003(03):04.

[22]张惠雄,曹银宁.桂花甜酒酿酒曲的优选和工艺研究[J].酿酒,2007,34(3):91-93

[23]李雨露.姜的功能特性及在食品中的开发应用[J].食品研究与开发,2002,23(4):49-50.

[24]王林山,李应华.姜汁米醋饮料的研制[J].试验报告与理论研究,2007,10(2):27-28.

[25]张玉姐.湖北糯米酒加工方法[J].农家顾问,2008(6):58-60.

[26]严怡红.魔芋甜酒生产工艺[J].安徽农业科学,2006,34(8):1666.

[27]孙俊良,李兰、梁新红.草莓糯米醋的研制[J].食品工业科技,1999,20(2):64-65.

[28]熊兴林.营养糯米甜酒[J].农业知识,2005,4:32.

[29]赵贵红,周天华.发酵型山药米酒的研制[J].酿造,2007,34(5):85-86.

[30]陈启武."东山老米酒"的酿造[J].酿造科技,1997,1:61.

[31]吴海霞.发酵型黄米酒酿制工艺的研究[J].农产品加工·学刊,2009,4(169):4-5.

[32]刘殿峰,张志轩,朱学文.番茄米酒发酵工艺的研究[J].中国酿造,2009,2(203):154-156.